Adobe Animate CC 2018
经典教程

[美] 拉塞尔·陈（Russell Chun）著

罗骥 译

人民邮电出版社

北　京

图书在版编目（CIP）数据

Adobe Animate CC 2018经典教程 / （美）拉塞尔·
陈（Russell Chun）著；罗骥译. -- 北京：人民邮电
出版社，2019.2（2022.1重印）
　ISBN 978-7-115-50466-1

　Ⅰ. ①A… Ⅱ. ①拉… ②罗… Ⅲ. ①超文本标记语言
－程序设计－教材 Ⅳ. ①TP312.8

中国版本图书馆CIP数据核字(2018)第294028号

版权声明

◆ 著　　　　[美] 拉塞尔·陈（Russell Chun）
　　译　　　　罗　骥
　　责任编辑　傅道坤
　　责任印制　焦志炜

◆ 人民邮电出版社出版发行　　北京市丰台区成寿寺路 11 号
　　邮编　100164　　电子邮件　315@ptpress.com.cn
　　网址　http://www.ptpress.com.cn
　　北京天宇星印刷厂印刷

◆ 开本：800×1000　1/16
　　印张：24　　　　　　　　　　2019 年 2 月第 1 版
　　字数：577 千字　　　　　　　2022 年 1 月北京第 9 次印刷
　　著作权合同登记号　图字：01-2017-4813 号

定价：79.00 元
读者服务热线：(010)81055410　印装质量热线：(010)81055316
反盗版热线：(010)81055315
广告经营许可证：京东市监广登字 20170147 号

内容提要

本书由 Adobe 公司的专家编写，是 Adobe Animate CC 软件的官方指定培训手册。

本书共 11 课，每课都围绕着具体的示例讲解，步骤详细、重点明确，手把手教读者进行实际操作。本书是一个有机的整体，涵盖了 Animate 的基础知识，创建图形和文本，创建和编辑元件，制作元件动画，传统补间，控制摄像机，制作形状的动画和使用遮罩，自然和人物动画，创建交互式导航，处理声音和视频，发布动画等，并在适当的地方穿插介绍了 Animate CC 版本中的最新功能。

本书语言通俗易懂，并配以大量图示，特别适合 Animate 新手阅读；有一定使用经验的用户也可以通过本书学到大量高级功能和 Animate CC 的新增功能。本书也适合作为相关培训班的教材。

前　言

Adobe Animate CC 2018 提供了一个全面的创作环境，可以用来创建复杂的动画和交互式的富媒体应用程序，并将其发布到各种平台。Animate CC 在创意行业中得到了广泛应用，可以用来开发融合了视频、声音、图形和动画的引人入胜的项目。用户可以在 Animate CC 中创建原创内容，或者从其他 Adobe 应用程序（比如 Photoshop CC 或 Illustrator CC）中导入素材来快速设计动画和多媒体，并使用代码来集成复杂的交互性。

使用 Animate CC 可以生成图形和动画素材，建立具有创新性和沉浸式的网站，为桌面端创建独立的应用程序，还可以创建能在 Android 或 iOS 等移动设备上运行的移动应用。

对动画的控制能力，直观而又灵活的绘图工具，以及针对高清视频、HTML5、WebGL、SVG、移动应用、桌面应用程序和 Flash Player 等的输出选项，使得 Adobe Animate CC 成为能够将创意变为现实的一个健壮的多媒体创作环境。

关于经典教程

本书是 Adobe 图形和出版软件系列官方培训教材的一部分，由 Adobe 产品专家指导撰写。本书中的课程设计有利于用户自己掌握学习进度。如果用户刚接触 Animate，可以先了解使用该软件所需具备的基本概念和软件功能。本书还介绍了许多高级功能，包括使用该软件最新版本所需要的技巧和技术。

虽然本书各课提供按部就班的操作指南，用于创建特定项目，但用户仍可以自由地探索和体验。用户可以按书中的课程顺序从头到尾阅读，也可以只阅读感兴趣或需要的课程。各课都包含一个复习小节，对该课内容进行总结。

新增功能

Adobe Animate CC 2018 版本提供了更多具有表现力的工具、更强大的动画控件，以及对各种播放平台的强大支持。

本课程提供了使用 Animate CC 中一些更新功能和改进功能的机会，包括：

- 新的图层深度（Layer Depth）面板允许用户通过更改单个图层的深度级别来建立逼真的空间感；

- 能够将单个图层固定到相机上，以免因为相机移动而受到影响；

- 对相机（Camera）工具进行了改进，使得可以从导演的角度，通过相机的移动（比如缩放和平移）来设计动作（frame the action）；

- 时间轴得以增强，其中包括能够更容易地在关键帧之间进行导航，拖动动画的播放，以及显示第二个标记和帧编号（frame-number）标记的方式；

- 对传统的补间动画（tween）从属性级别进行了简化；

- 在动作（Actions）面板中集成了一个向导，从而可以迅速轻松地将 JavaScript 代码添加到 HTML5 Canvas 文档中。

必备知识

开始使用本书前，请确认系统已正确设置，并确认已安装了所需的软件和硬件。用户需要具备计算机和操作系统方面的使用知识，应该知道怎样使用鼠标、标准菜单和命令，以及怎样打开、保存和关闭文件。如果需要复习这些技术，请参见 Microsoft Windows 或 Apple macOS 软件的印刷或联机文档。

此外，还需要下载免费的 Adobe AIR 运行时，以便在第 11 课发布桌面版应用程序。

安装 Animate CC

必须购买作为 Adobe Creative Cloud 一部分的 Adobe Animate CC 软件。下述规范是系统配置所需要的最低要求。

Windows

- Intel Pentium 4、Intel Centrino、Intel Xeon 或 Intel Core Duo（或兼容）处理器。

- Microsoft Windows 7（64 位）、Windows 8.1（64 位）或 Windows 10（64 位）。

- 2GB 内存（推荐 8GB）。

- 1024×900 分辨率（推荐 1280×1024）。

- 4GB 可用硬盘空间用于安装软件；安装期间需要额外的可用空间（无法安装在可移动的闪存设备上）。

- 需要 Internet 宽带连接和注册，以便激活软件、订阅验证以及访问在线服务。

macOS

- Intel 多核处理器。

- macOS v10.10（64 位）、10.11（64 位）或 10.12（64 位）。

- 2GB 内存（推荐 8GB）。

- 1024×900 分辨率（推荐 1280×1024）。

- 推荐 QuickTime 12.x 软件。

- 4GB 可用硬盘空间用于安装软件；安装期间需要额外的可用空间（无法安装在使用区分大小写的文件系统的卷上或可移动的闪存设备上）。

- 需要 Internet 宽带连接和注册，以便激活软件、订阅验证以及访问在线服务。

有关系统要求的更新和软件安装的完整说明，请访问 Adobe 官方网站的帮助页面，进行查找。

从 Adobe Creative Cloud 安装 Animate CC，并确保拥有登录名和密码。

怎样使用本书

本书各课将一步步指导用户怎样创建实际项目中的一个或多个特定元素。有些以前面的课程所构建的项目为基础，大多数的课程是独立的。所有课程在概念和技巧上都是相互关联的，所以学习本书的最佳方式是按顺序阅读各课。本书中，有些技巧和方法仅在前几次操作过程中才会详细解释和描述。

在本书某些课程中，用户将创建和发布最终的项目文件，比如 SWF 文件、HTML 文件、视频以及 AIR 桌面端应用程序。在 Lessons 文件夹内的 End 文件夹（比如 01End、02End 等）中的文件，是每一课中已完成项目的示例文件。如果想要将正在进行的工作与用来生成示例项目的项目文件进行比较，则可以使用这些示例文件作为参考。

本书在编排上是面向项目的，而不是面向功能的。以元件（symbol）为例，这意味着我们会在好几课中的实际设计项目中使用元件，而不是只在一课中使用。

其他资源

本书并不能代替程序自带的文档，也不是全面介绍 Adobe Animate CC 2018 中每种功能的参考手册。本书只介绍课程中使用的命令和选项，有关 Animate 软件功能和教程的详细信息，请通过在帮助（Help）菜单中选择相应的命令，或者单击欢迎（Welcome）屏幕中的链接，参阅以下资源。

- Adobe Animate Learn and Support：在这里可以查找并浏览 Adobe 官网中的帮助和支持内容。可以通过以下方法打开该页面：选择 Help > Animate Help；单击 Welcome Screen > Introduction 上的 Designers；按下 F1 键。

- Animate 教程：提供了有关 Animate CC 功能的大量交互式课程。可通过下述方法访问：选择 Help > Animate Tutorial；单击 Welcome Screen > Introduction 中的 Getting Started。

- Adobe Creative Cloud Learn：提供了灵感、关键技术、跨产品工作流和新特性更新等方面的内容。

- Adobe 论坛：可就 Adobe 产品展开对等讨论以及提出和回答问题。Adobe Animate CC 论坛可通过 Help > Adobe Online Forums 来访问。

- Adobe Create：提供了与设计有关的颇具思想性的文章，还在其中展示了一些顶级设计师的作品、教程等内容。

- 教师资源：向讲授 Adobe 软件课程的教师提供珍贵的信息。可在这里找到各种级别的教学解决方案（包括使用整合方法介绍 Adobe 软件的免费课程），可用于备考 Adobe 认证工程师考试。

还可以查看下面这两个有用的链接。

- Adobe 增效工具：在这里可查找补充和扩展 Adobe 产品的工具、服务、扩展、示例代码等。

- Adobe After Effects CC 产品主页。

Adobe 授权的培训中心

Adobe 授权的培训中心（AATC）提供由教师讲授的有关 Adobe 产品的课程和培训。

资源与支持

本书由异步社区出品，社区（https://www.epubit.com/）为您提供相关资源和后续服务。

配套资源

本书提供如下资源：

● 本书素材。

要获得以上配套资源，请在异步社区本书页面中单击 配套资源 ，跳转到下载界面，按提示进行操作即可。注意：为保证购书读者的权益，该操作会给出相关提示，要求输入提取码进行验证。

提交勘误

作者和编辑尽最大努力来确保书中内容的准确性，但难免会存在疏漏。欢迎您将发现的问题反馈给我们，帮助我们提升图书的质量。

当您发现错误时，请登录异步社区，按书名搜索，进入本书页面，单击"提交勘误"，输入勘误信息，单击"提交"按钮即可。本书的作者和编辑会对您提交的勘误进行审核，确认并接受后，您将获赠异步社区的 100 积分。积分可用于在异步社区兑换优惠券、样书或奖品。

详细信息	写书评	提交勘误

页码：☐　页内位置（行数）：☐　勘误印次：☐

B I U ABC ☰· ☰· " ⌐ 🖼 ☰

字数统计

提交

扫码关注本书

扫描下方二维码，您将会在异步社区微信服务号中看到本书信息及相关的服务提示。

与我们联系

我们的联系邮箱是 contact@epubit.com.cn。

如果您对本书有任何疑问或建议，请您发邮件给我们，并请在邮件标题中注明本书书名，以便我们更高效地做出反馈。

如果您有兴趣出版图书、录制教学视频，或者参与图书翻译、技术审校等工作，可以发邮件给我们；有意出版图书的作者也可以到异步社区在线提交投稿（直接访问 www.epubit.com/selfpublish/submission 即可）。

如果您是学校、培训机构或企业，想批量购买本书或异步社区出版的其他图书，也可以发邮件给我们。

如果您在网上发现有针对异步社区出品图书的各种形式的盗版行为，包括对图书全部或部分内容的非授权传播，请您将怀疑有侵权行为的链接发邮件给我们。您的这一举动是对作者权益的保护，也是我们持续为您提供有价值的内容的动力之源。

关于异步社区和异步图书

"异步社区"是人民邮电出版社旗下 IT 专业图书社区，致力于出版精品 IT 技术图书和相关学习产品，为作译者提供优质出版服务。异步社区创办于 2015 年 8 月，提供大量精品 IT 技术图书和电子书，以及高品质技术文章和视频课程。更多详情请访问异步社区官网 https://www.epubit.com。

"异步图书"是由异步社区编辑团队策划出版的精品 IT 专业图书的品牌，依托于人民邮电出版社近 30 年的计算机图书出版积累和专业编辑团队，相关图书在封面上印有异步图书的 LOGO。异步图书的出版领域包括软件开发、大数据、AI、测试、前端、网络技术等。

异步社区

微信服务号

目　录

第 1 课　开始了解 Adobe Animate CC ·················· **0**

　　课程概述 ··· 0

　　1.1　启动 Animate 并打开文件 ························· 2

　　1.2　理解文档类型 ······································· 4

　　1.3　了解工作区 ··· 5

　　1.4　使用"库"面板 ····································· 9

　　1.5　理解时间轴 ··· 11

　　1.6　在时间轴中组织图层 ······························· 17

　　1.7　使用"属性"面板 ··································· 20

　　1.8　使用"工具"面板 ··································· 24

　　1.9　在 Animate 中撤销执行的步骤 ····················· 27

　　1.10　预览影片 ··· 28

　　1.11　修改内容和舞台 ··································· 29

　　1.12　保存影片 ··· 30

　　1.13　复习题 ··· 31

　　1.14　复习题答案 ······································· 31

第 2 课　创建图形和文本 ····························· **32**

　　课程概述 ··· 32

　　2.1　开始 ··· 34

　　2.2　理解描边和填充 ··································· 34

　　2.3　创建形状 ··· 35

　　2.4　进行选择 ··· 36

　　2.5　编辑形状 ··· 37

　　2.6　使用渐变填充和位图填充 ··························· 42

　　2.7　使用可变宽度的描边 ······························· 46

　　2.8　使用色板和标记色板 ······························· 48

　　2.9　创建曲线 ··· 51

　　2.10　使用透明度来创建深度感 ························· 54

2.11 使用"画笔"工具进行更有表现力的创作 ············ 56

2.12 创建和编辑文本 ············ 63

2.13 对齐和分布对象 ············ 71

2.14 转换和导出作品 ············ 72

2.15 复习题 ············ 75

2.16 复习题答案 ············ 75

第 3 课 创建和编辑元件 ············ 76

课程概述 ············ 76

3.1 开始 ············ 78

3.2 导入 Illustrator 文件 ············ 78

3.3 关于元件 ············ 82

3.4 创建元件 ············ 83

3.5 导入 Adobe Photoshop 文件 ············ 85

3.6 编辑和管理元件 ············ 89

3.7 更改实例的大小和位置 ············ 94

3.8 更改实例的色彩效果 ············ 97

3.9 理解显示选项 ············ 99

3.10 应用滤镜以获得特效 ············ 100

3.11 在 3D 空间中定位对象 ············ 102

3.12 复习题 ············ 110

3.13 复习题答案 ············ 110

第 4 课 制作元件动画 ············ 112

课程概述 ············ 112

4.1 开始 ············ 114

4.2 关于动画 ············ 114

4.3 理解项目文件 ············ 115

4.4 针对位置制作动画 ············ 116

4.5 改变节奏和时序 ············ 119

4.6 制作透明度的动画 ············ 124

4.7 制作滤镜动画 ············ 126

4.8 制作变形的动画 ············ 129

4.9 更改运动的路径 ············ 132

4.10　交换补间目标 135

4.11　创建嵌套的动画 136

4.12　缓动 139

4.13　逐帧动画 141

4.14　制作 3D 运动的动画 143

4.15　导出最终的影片 146

4.16　复习题 149

4.17　复习题答案 149

第 5 课　传统补间 150

课程概述 150

5.1　开始 152

5.2　使用传统补间 153

5.3　传统补间的运动引导 164

5.4　复制和粘贴补间 171

5.5　为传统补间添加缓动效果 173

5.6　图形元件 177

5.7　复习题 182

5.8　复习题答案 182

第 6 课　控制摄像机 184

课程概述 184

6.1　对摄像机的移动进行动画处理 186

6.2　开始 186

6.3　使用摄像机 188

6.4　创建景深 198

6.5　将图层附在摄像机上以固定图形 203

6.6　导出最终的影片 208

6.7　复习题 210

6.8　复习题答案 210

第 7 课　制作形状的动画和使用遮罩 212

课程概述 212

7.1　开始 214

7.2　制作形状动画 214

7.3　理解项目文件 215

7.4　创建形状补间 ··· 215

7.5　改变节奏 ·· 218

7.6　增加更多的形状补间 ··· 218

7.7　创建循环动画 ·· 222

7.8　使用形状提示 ·· 225

7.9　使用绘图纸预览动画 ··· 228

7.10　制作颜色动画 ·· 230

7.11　创建和使用遮罩 ··· 233

7.12　制作遮罩图层和被遮罩图层的动画 ··· 236

7.13　对形状补间进行缓动处理 ·· 240

7.14　复习题 ··· 241

7.15　复习题答案 ·· 241

第 8 课　自然和人物动画 ··· **242**

课程概述 ·· 242

8.1　开始 ··· 244

8.2　反向运动学中的自然运动和角色动画 ··· 244

8.3　创建行走周期 ·· 252

8.4　禁用和约束骨节点 ·· 255

8.5　添加姿势 ·· 261

8.6　形状的反向运动学 ·· 264

8.7　利用弹性模拟物理运动 ··· 271

8.8　复习题 ··· 275

8.9　复习题答案 ··· 275

第 9 课　创建交互式导航 ··· **276**

课程概述 ·· 276

9.1　开始 ··· 278

9.2　关于交互式影片 ·· 279

9.3　ActionScript 和 JavaScript ·· 279

9.4　创建按钮 ·· 280

9.5　准备时间轴 ··· 290

9.6　创建目标关键帧 ·· 290

9.7　导航 Actions（动作）面板 ·· 293

9.8　使用动作面板向导添加 JavaScript 交互性 ··································· 294

9.9　创建主按钮 ··· 303

9.10　在目标处播放动画 308

9.11　动画式按钮 312

9.12　复习题 315

9.13　复习题答案 315

第 10 课　处理声音和视频 316

课程概述 316

10.1　开始 318

10.2　理解项目文件 319

10.3　使用声音文件 321

10.4　理解 Animate 视频 329

10.5　使用 Adobe Media Encoder CC 330

10.6　理解编码选项 335

10.7　播放项目中的外部视频 338

10.8　添加不带播放控件的视频 344

10.9　复习题 347

10.10　复习题答案 347

第 11 课　发布 348

课程概述 348

11.1　理解发布 350

11.2　转换为 HTML5 Canvas 351

11.3　针对 HTML5 的发布 353

11.4　发布桌面端应用程序 356

11.5　发布到移动设备 364

11.6　下一步 367

11.7　复习题 368

11.8　复习题答案 368

第1课 开始了解Adobe Animate CC

课程概述

本课将学习如下内容：

- 在Adobe Animate CC中创建新文件；
- 调整Stage（舞台）设置和文档属性；
- 向Timeline（时间轴）添加图层；
- 理解并管理"时间轴"中的关键帧；
- 在Library（库）面板中处理导入的图像；
- 在舞台上移动和重新定位对象；
- 打开和使用面板；
- 在Tools（工具）面板中选择和使用工具；
- 预览动画；
- 保存文件。

本课大约要用60分钟完成。

开始之前，请先将本书的课程资源下载到本地硬盘中，并进行解压。在学习本课时，将覆盖相应的课程文件。建议先做好原始课程文件的备份工作，以免后期用到这些原始文件时，还需重新下载。

在 Animate 中，Stage（舞台）是用来布置所有可视元素的场所，Timeline（时间轴）用来组织帧和图层，其他面板用来编辑和控制所创建的内容。

1.1 启动 Animate 并打开文件

第一次启动 Adobe Animate CC 时，用户将会看到一个 Welcome（欢迎）屏幕，该屏幕中有指向标准文件模板、教程及其他资源的链接。本课将创建一个简单的幻灯片类型的动画，用来显示一些度假时拍的照片。我们将添加一些背景、照片以及装饰元素，在这个过程中将学习如何在"舞台"上定位元素，以及沿着"时间轴"放置它们，以便它们按顺序依次显示。我们将学到如何利用"舞台"从空间上管理可视元素，以及如何利用"时间轴"从时间上管理元素。

 注意：如果还没有下载本课的项目文件，请参见前言中的相应内容进行下载。

1. 启动 Adobe Animate CC。在 Windows 中，选择 Start（开始）>Programs（程序）>Adobe Animate CC。在 Mac 中，在 Applications 文件夹的 Adobe Animate CC 文件夹中双击 Adobe Animate CC。

 提示：也可以双击一个 Animate 文件（*.fla 或.xfl）来打开 Animate，比如双击 01End.fla 文件，这个文件显示了完成后的项目。

 注意：第一次启动 Adobe Animate CC时，系统会询问，是否要与 Creative Cloud（CC）同步设置，这里要选择 Disable Sync Settings（禁用同步设置）。选择与CC同步设置之后，会将应用程序和工作区首选项保存在多台计算机上。

2. 选择 File（文件）>Open（打开）。在"打开"对话框中，选择 Lesson01/01End 文件夹中的 01End. fla 文件，并单击"打开"按钮打开最终的项目。

3. 选择 File（文件）>Publish（发布）。

Animate 会创建一些在目标平台播放时必要的文件。在这个例子中，HTML5 Canvas Document（画布文档）创建了一个 HTML 文件、一个 JavaScript 文件以及一个图片文件夹，以便在浏览器中播放最终的动画。这些文件被保存在与 Animate 文档相同的文件夹内。

4. 双击 HTML 文件。

此时将会播放一个动画。在动画播放期间，将会逐一显示多张重叠的照片，最后将显示一些星星的图案，如图 1.1 所示。

 注意：Output（输出）面板将显示警告消息，指出位图被打包到一个spritesheet（精灵表单）中，而且EaselJS的帧编号是从0而不是从1开始。可以忽略这些警告。第一个警告只是一个通知，第二个警告无关紧要，因为我们直接是从头到尾播放"时间轴"的。

5. 关闭浏览器。

图1.1

1.1.1 创建一个新文档

要想创建刚才预览的简单动画，首先要新建一个新文档。

1. 在 Animate 中选择 File（文件）>New（新建）。

弹出 New Document（新建文档）对话框，如图 1.2 所示。

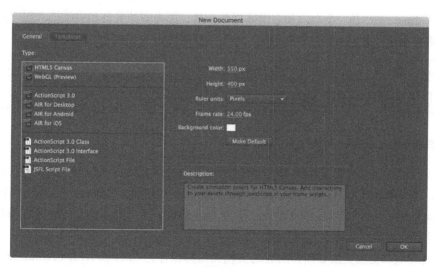

图1.2

2. 在 General（常规）选项卡中选择第一个选项 HTML5 Canvas。

其他选项用于不同的播放技术。例如，WebGL 是这样一种动画的文档格式，即该动画能够利用硬件图形加速功能。ActionScript 3.0 是用于 Flash Player 的文档类型。AIR for Android 和 Air for iOS 是配置为以 App 方式在 Android 或 Apple 移动设备上运行的文档。AIR for Desktop 针对的是在 Windows 或者 Mac 桌面上以独立程序播放的文档。

3. 在右边的对话框中，通过为 Width（宽）和 Height（高）输入一个新的像素值，可以设定 Stage（舞台）的尺寸。输入"宽"为 800，"高"为 600。保持 Ruler Units（标尺单位）选项为 Pixels（像素）不变，如图 1.3 所示。

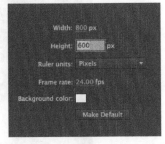

保持 Frame Rate（帧速率）和 Stage 的 Background color（背景颜色）选项为默认设置。也可以随时编辑这些文档属性，本课在后面将会讲解。

图1.3

4. 单击 OK 按钮。

Animate 会依照所有指定的设置新建一个 HTML5 Canvas 文档。

5. 选择 File（文件）>Save（保存）。将文件命名为 01_workingcopy.fla，并从 File Format/ Save As Type（文件格式 / 保存类型）菜单中选择 Animate 文档（*.fla），尽管软件程序现在是叫 Animate，但是文件后缀名是 .fla 或者 .xfl，这些都体现了 Animate 的前身是 Flash。

将文件保存在 01Start 文件夹中。立即保存文件是一种良好的工作习惯，可以确保当应用程序或计算机崩溃时所做的工作不会丢失。应该总是使用 .fla 后缀名（或者 .xfl，如果将其保存为 Animate 未压缩文档的话）来保存 Animate，以表示这是一个 Animate 源文件。

1.2 理解文档类型

Adobe Animate CC 是一个动画和多媒体制作工具，可为多种平台和播放技术创建媒体。知道最终的动画将在哪里播放，可以确定在创建动画时该选择哪种文档类型。

 注意：并非所有的文档类型都支持所有的特性。例如，WebGL文档不支持文本，HTML5 Canvas文档不支持3D旋转和平移工具。不支持的工具将呈灰色显示。

1.2.1 播放环境

播放或运行时环境是最终发布的文件播放时使用的技术。动画既可以在支持 Flash Player 的浏览器中播放，也可以在支持 HTML5 和 JavaScript 的浏览器中播放。动画也可以作为高清视频导出并上传到 YouTube 上，还可以在移动设备上作为 App 播放。用户应该首先需要确定播放或运行时环境，以便选择合适的文档类型。

无论播放环境和文档类型如何，所有的文档类型都保存为 FLA 或 XFL（Animate）文件。区别是每个文档类型导出的最终发布文件会不同。

注意：最新版本的Animate CC仅支持ActionScript 3.0。如果需要ActionScript 1.0或2.0，则必须使用Flash Professional CS6或更低版本。

- 选择HTML5 Canvas可以创建在使用HTML5和JavaScript的现代浏览器中播放的动画素材。可以在Animate CC内插入JavaScript或者将其添加到最终的发布文件中，从而添加交互性。
- 为纯动画素材选择WebGL，以充分利用硬件图形加速功能。
- 选择ActionScript 3.0可以创建在桌面浏览器的Flash Player中播放的动画和交互性。ActionScript 3.0是Animate原生脚本语言的最新版本，它与JavaScript类似。选择ActionScript 3.0文档并不意味着必须包括ActionScript代码。它只是意味着播放目标是Flash Player。

要知道从2020年起，Adobe将不再支持Flash Player。尽管Flash Player即将寿终正寝，但最好还是将ActionScript 3.0文档作为支持Animate中的绘画和动画特性最广泛的一个文档，可以从中导出动画素材，比如精灵表单（spritesheet）、PNG序列或者已完成的高清视频。

注意：ActionScript 3.0文档还支持将内容发布为Mac或Windows的放映文件。放映文件作为独立的应用程序在桌面上播放，不需要浏览器。

- 选择AIR for Desktop可以创建在Windows或者Mac桌面上以应用程序播放的动画和交互性，而且无须浏览器。可以使用ActionScript 3.0在AIR文档中添加交互性。
- 选择AIR for Android或AIR for iOS可以为Android或Apple移动设备发布一个App。可以使用ActionScript 3.0为移动App添加交互性。

提示：可以轻松地从一种文档类型切换到另一种文档类型。例如，如果有一个旧的Flash条幅广告动画想要更新，可以将ActionScript 3.0文档转换为HTML5 Canvas文档。使用Command（命令）> Convert To Other Document Format（转换为其他文档格式），或者使用File（文件）> Convert To（转换为），以选择新的文档类型。但是，某些功能和特性可能会在转换中丢失。例如，转换为HTML5 Canvas文档将注释掉ActionScript代码。

1.3 了解工作区

Adobe Animate CC的工作区包括位于屏幕顶部的命令菜单以及用于在影片中编辑和添加元素的多种工具和面板。可以在Animate中为动画创建所有的对象，也可以导入在Adobe Illustrator、Adobe Photoshop、Adobe After Effects及其他兼容的应用程序中创建的元素。

默认情况下，Animate会显示菜单栏、Timeline（时间轴）、Stage（舞台）、Tools（工具）面板、Properties（属性）面板、Edit（编辑）栏以及其他面板，如图1.4所示。在Animate中工作时，可以打开、关闭、分组和取消面板分组、停放和取消停放面板，以及在屏幕上移动面板，以适应自己的工作风格或屏幕分辨率。

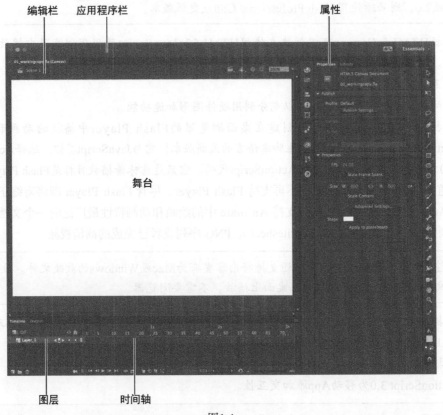

图1.4

1.3.1 选择新工作区

Animate 还提供了几种预设的面板排列方式（工作区），它们可能更适合于特定用户的需要。使用 Window（窗口）>Workspaces（工作区）子菜单，选择一个不同的工作区或者保存一个新的工作区。Application（应用程序）栏右端的工作区切换器也提供了相同的功能。

1. 单击工作区切换器，选择一个新的工作区，如图 1.5所示。

2. 如果移动了一些面板，并且希望返回到一个预设的工作区，可以选择 Window（窗口）>Workspaces（工作区）>Reset[preset name]（重置 [预设名]），然后单击确认对话框中的 OK 按钮。

图1.5

3. 要返回到默认的工作区，可以选择 Window（窗口）>Workspaces（工作区）>Essentials（基本）。在本书中，将使用"基本"工作区。

1.3.2 保存工作区

如果发现面板的一种排列方式适合我们的工作风格，就可以将它保存为自定义工作区，并在以后返回到该工作区。

1. 单击工作区切换器，然后选择 New Workspace（新建工作区）。

这将打开 New Workspaces（新建工作区）对话框，如图 1.6 所示。

2. 为新工作区输入一个名称，然后单击 OK 按钮，如图 1.7 所示。

图1.6

图1.7

Animate 将保存面板的当前排列方式，并将它添加到 Workspace（工作区）菜单的选项中，以便随时访问。

> **提示：** 默认情况下，Animate的界面为黑色。但是，如果愿意，可以将界面更改为浅灰色。选择Edit（编辑）>Preference（首选项）（Windows）或Animate>Preferences（Mac），然后在General（常规）选项中，从User Interface（用户界面）中选择Light（浅）。

1.3.3 关于舞台

屏幕中间的大白色矩形称为 Stage（舞台）。与剧院的舞台一样，Animate 中的舞台是在播放电影时，观众用来看电影的区域。它包括出现在屏幕上的文本、图像和视频。为了让观众看到或者不看到元素，就需要把元素移入或者移出舞台。可以使用标尺（View（视图）>Rulers（标尺））或网格（View>Grid（网格）>Show Grid（显示网格））在舞台上定位元素。此外，可以使用标尺中的参考线（View>Guides（参考线））或者使用 Align（对齐）面板以及后续课程中将学到的其他工具。

默认情况下，将看到舞台外面的灰色区域，可以在这个区域放置不被观众看到的元素。这个灰色区域称为粘贴板（pasteboard）。要想只查看舞台，可选择 View（视图）>Magnification（缩放比率）>Clip To Stage（剪切到舞台）以选择该选项。就现在而言，保持该选项不变，以查看选择的粘贴板。

也可以单击 Clip Content Outside The Stage（剪切掉舞台外面的内容）按钮来裁剪舞台区域之外的图形元素，以查看观众观看最终项目的方式，如图 1.8 所示。

默认的舞台   剪切掉舞台外面内容后的舞台

图1.8

要缩放舞台，使之能够完全放在应用程序窗口中，可选择View（视图）>Magnification（缩放比率）>Fit In Window（符合窗口大小）。也可以从舞台上方的菜单中选择不同的缩放比率视图选项，如图1.9所示。

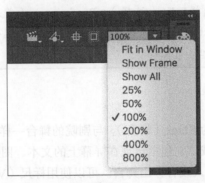

图1.9

  提示：可以全屏模式查看舞台，以排除各种面板的干扰，为此可选择View（视图）>Screen Mode（屏幕模式）>Full Screen Mode（全屏模式）。按F4键可以切换面板，按Esc键可返回Standard Screen Mode（标准屏幕模式）。

1.3.4 更改舞台属性

现在来更改舞台的颜色。舞台的颜色以及其他文档属性，例如舞台尺寸和帧速率，可以在Properties（属性）面板中修改，该面板是舞台右边的一个垂直面板。

1. 在"属性"面板的 Properties（属性）区域，注意到当前舞台的尺寸被设置为 800×600 像素，这是在创建新文档时选择的，如图 1.10 所示。

2. 还是在"属性"区域，单击靠近 Stage 的 Background Color（背景颜色）按钮，并从调色板中选择一种新颜色。这里选择深灰色（#333333），如图 1.11 所示。

图1.10

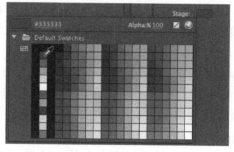

图1.11

现在，舞台有了不同的颜色。用户可以随时更改舞台的属性。

1.4 使用"库"面板

可以从 Properties（属性）面板右侧的选项卡中访问 Library（库）面板。"库"面板用于存储和组织在 Animate 中创建的元件，以及导入的文件，包括位图、图形、声音文件和视频剪辑。元件是经常用于动画和交互的图形。

> **An** 注意：在第3课中将学习到更多关于元件的知识。

1.4.1 关于"库"面板

"库"面板可以用来组织文件夹中的库项目，查看文档中的某个项目多久使用一次，以及按类型对项目进行排序。当将项目导入到 Animate 中时，可以把它们直接导入到舞台上或导入到库中。不过，导入到舞台上的任何项目也会被添加到库中，就像创建的任何元件一样。然后可以轻松地访问这些项目，把它们再次添加到舞台上，并进行编辑或查看属性。

要显示"库"面板，可选择 Window（窗口）>Library（库），也可以按 Ctrl + L（Windows）或 Command+L（Mac）组合键。

1.4.2 把项目导入到"库"面板中

通常，可以直接使用 Animate 的绘图工具创建图形并将其保存为元件，它们都存储在"库"中。有时也导入 JPEG 图像或 MP3 声音文件等媒体文件，它们也存储在"库"中。在本课中，将导入几幅图像到"库"中，以便在动画中使用。

1. 选择 File（文件）>Import（导入）>Import To Library
（导入到库）。在 Import To Library（导入到库）对话框中，选
择 Lesson01/01Start 文件夹中的 background.png 文件，并单击
Open 按钮。

Animate 将导入所选的 PNG 图像，并把它存放在"库"
面板中。

2. 继续导入 01Start 文件夹中的 photo1.jpg、photo2.jpg
和 photo3.jpg 图像。

可以按住 Shift 键选择多个文件，然后一次导入所有
图像。

"库"面板将显示所有导入的 JPEG 图像，以及它们的文
件名和缩略图预览，如图 1.12 所示。这些图像现在就可以在
Animate 文档中使用。

图1.12

1.4.3 将"库"面板中的项目添加到舞台上

要使用导入的图像，只需把它从"库"面板中拖到舞台上即可。

1. 如果还没有打开"库"面板，可选择 Window（窗口）>Library（库）将其打开。

2. 在"库"面板中选择 background.png 项目。

3. 把 background.png 项目拖到舞台上，并放在舞台中大约中央的位置，如图 1.13 所示。

图1.13

提示：也可以选择File（文件）>Import（导入）>Import To Stage（导入到舞台），或按Ctrl + R（Windows）或Command + R（Mac）组合键，一次性将图片文件导入到"库"并放置在舞台上。

1.5　理解时间轴

在默认的"基本"工作区中，Timeline（时间轴）位于舞台的下方。像电影一样，Animate文档以帧为单位度量时间。在影片播放时，播放头（如红色垂直线所示）通过时间轴中的帧向前移动。可以针对不同的帧更改舞台上的内容。要在任何特定的时间在舞台上显示帧的内容，可以将播放头移动到时间轴中的那个帧上。帧的编号以及时间（单位为秒）将总是显示在时间轴的上方。

在时间轴的底部，Animate 会指示所选的帧编号、当前帧速率（每秒钟播放多少帧），以及迄今为止在影片中所流逝的时间，如图 1.14 所示。

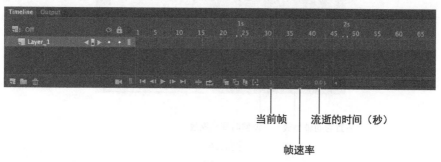

当前帧　　　流逝的时间（秒）

帧速率

图1.14

时间轴还包含图层，它有助于在文档中组织作品。当前项目只含有一个图层，名为Layer_1。可以把图层看作彼此相互堆叠的多个电影胶片。每个图层都包含一幅出现在舞台上的不同图像，可以在一个图层上绘制和编辑对象，而不会影响另一个图层上的对象。图层按它们互相重叠的顺序堆叠在一起，使得位于时间轴底部图层上的对象在舞台上显示时也将出现在底部。单击图层选项图标下方的每个图层的圆点，可以隐藏、锁定或只显示图层内容轮廓，如图 1.15 所示。

图层名称　　　显示/隐藏图层

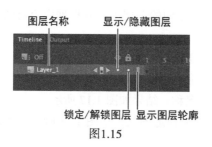

锁定/解锁图层　显示图层轮廓

图1.15

更改时间轴的外观

可以调整时间轴的外观，以适应我们的工作流。当想要查看更多图层时，请从时间轴右上角的Frame View（框架视图）菜单中选择Short（较短）选项。该选项会减小帧单元格的行高。Preview（预览）和Preview in Context（关联预览）选项显示时间轴中关键帧的内容的缩略图版本。

也可以通过选择Tiny（很小）、Small（小）、Normal（正常）、Medium（中）或Large（大）来更改帧单元格的宽度，如图1.16所示。在本书中，我们以Normal的默认大小来显示时间轴的帧。

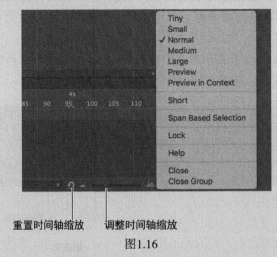

重置时间轴缩放　　　调整时间轴缩放

图1.16

为了更好地控制时间轴帧的大小，请拖动Resize Timeline View（调整时间轴视图）滑块。该滑块将调整帧的大小，以便看到更多或更少的时间轴。单击Reset Timeline Zoom To The Default Level（重置时间轴缩放到默认级别）按钮，将时间轴视图还原为其正常（Normal）大小。

1.5.1 重命名图层

一种好的做法是把内容分隔在不同的图层上，并根据内容对图层进行命名，以便日后可以轻松地查找所需的图层。

1. 在时间轴中选择现有的图层，名为 Layer 1。

2. 双击图层的名称，将其重命名为 background。

3. 在名称框外单击，应用新名称，结果如图 1.17 所示。

4. 单击锁形图标下面的圆点以锁定图层，如图 1.18 所示。锁定图层可以防止因意外而移动或更改图层中的内容。

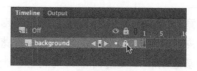

图1.17 图1.18

图层中将出现一个锁形图标。该图标表示因为图层被锁定，所以无法进行编辑。

1.5.2 添加图层

新的 Animate 文档只包含一个图层，但是可以根据需要添加多个图层。上方图层中的对象将重叠下方图层中的对象。

1. 在时间轴中选择 background 图层。

2. 选择 Insert（插入）>Timeline（时间轴）>Layer（图层），也可以单击时间轴下面的 New Layer（新建图层）按钮，如图 1.19 所示。新图层将出现在 background 图层上面。

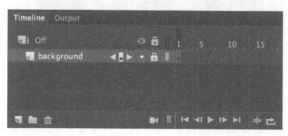

图1.19

3. 双击新创建的图层并重命名为 photo1。在名称框外单击，应用新名称。

时间轴上现在有两个图层。background 图层包含背景照片，其上方新创建的 photo1 图层是空的。

4. 选择顶部名为 photo1 的图层。

5. 如果"库"面板还没有打开，可选择 Window（窗口）>Library（库）将其打开。

6. 从"库"面板中把名为 photo1.jpg 的库项目拖到舞台上。

photo1 JPEG 图像将出现在舞台上，并且会重叠 background 图像，如图 1.20 所示。

7. 选择 Insert（插入）>Timeline（时间轴）>Layer（图层）或单击时间轴下面的 New Layer（新建图层）按钮（ ），添加第 3 个图层。

8. 把第 3 个图层重命名为 photo2。

图1.20

处理图层

如果不想要某个图层，可以轻松地删除，方法是选中图层，然后单击时间轴下面的 Delete（删除）按钮，如图 1.21 所示。

图1.21

如果想重新排列图层并修改图像相互之间的重叠方式，只需简单地拖动任何图层，将其移到图层堆栈中的新位置即可。

1.5.3　插入帧

目前为止，在舞台上有一张背景图片以及另一张重叠的图片，但是整个动画只有一个帧，这个帧只是一秒钟的一小部分。要在时间轴上创建更多的时间，让这个动画能运行更长的时间，必须添加额外的帧。

1. 在 background 图层中选择第 48 帧。使用时间轴右下角的 Resize Timeline View（调整时间轴视图）滑块来展开时间轴帧，以便更容易识别第 48 帧，如图 1.22 所示。

图1.22

2. 选择 Insert（插入）>Timeline（时间轴）>Frame（F5 键），也可以单击鼠标右键，然后从弹出的菜单中选择 Insert Frame（插入帧）。

Animate 将在 background 图层中添加帧，一直到所选的帧（第 48 帧），结果如图 1.23 所示。

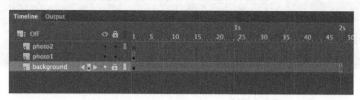

图1.23

3. 在 photo1 图层中选择第 48 帧。

4. 选择 Insert（插入）>Timeline（时间轴）>Frame（F5 键），也可以单击鼠标右键，然后从弹出的菜单中选择 Insert Frame（插入帧）。

Animate 将在 photo1 图层中添加帧，一直到所选的位置（第 48 帧）。

5. 在 photo2 图层中选择第 48 帧，并向这个图层中插入帧。

现在 Timeline 上有 3 个图层，每个图层全都有 48 个帧。由于 Animate 文档的帧速率是 24 帧 / 秒，因此当前的动画将持续 2 秒钟，如图 1.24 所示。

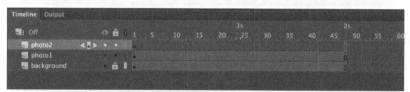

图1.24

选取多个帧

如同可以按住Shift键在桌面上选取多个文件那样，也可以按住Shift键在Animate的时间轴上选取多个帧。如果有多个图层，并且希望在所有图层中都插入一些帧，可按住Shift键，拖动想要添加帧的位置，然后选择Insert（插入）>Timeline（时间轴）>Frame（帧）。

1.5.4 创建关键帧

关键帧指示舞台上内容的变化。关键帧在时间轴上用圆圈表示。空心圆圈表示在这个特定的时间，特定的图层中没有任何内容。实心黑色圆圈则表示在特定的时间，特定的图层中具有某些内容。例如，background 图层在第 1 帧中包含一个实心关键帧（黑色圆圈），photo1 图层也在第 1 帧中包含一个实心关键帧。这两个图层都包含照片，不过 photo2 图层在第 1 帧中包含一个空心关键帧，这表示当前是空的，如图 1.25 所示。

空心关键帧

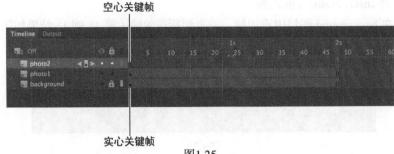

实心关键帧

图1.25

现在，在 photo2 图层中，我们在想要下一张照片出现的时间点插入一个关键帧。

1. 在 photo2 图层中选择第 24 帧，如图 1.26 所示。在选择一个帧时，Animate 将会在时间轴下面显示帧编号。

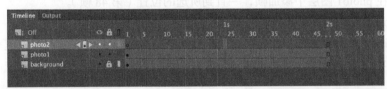

图1.26

2. 选择 Insert（插入）>Timeline（时间轴）>Keyframe（F6 键）。

一个新的关键帧（以空心圆圈表示）将出现在 photo2 图层中的第 24 帧中，如图 1.27 所示。

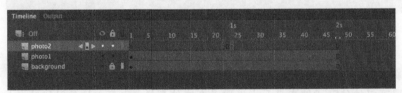

图1.27

3. 在 photo2 图层中的第 24 帧处选择新的关键帧。

4. 从"库"中把 photo2.jpg 项目拖到舞台上。

第 24 帧的空心圆圈将变成实心圆圈，这表示 photo2 图层中现在有了内容。在第 24 帧，照片出现在舞台上。可以拖动时间轴顶部的红色播放头查看，或者在时间轴的任意位置查看舞台上所放生的事情。我们将看到背景图片和 photo1 会在整个时间轴播放期间一直在舞台上，而 photo2 则只会在第 24 帧出现，结果如图 1.28 所示。

理解帧和关键帧对于掌握 Animate 来说是必不可少的。一定要理解 photo2 图层是如何包含包含 48 个帧，并且带有两个关键帧的——一个是位于第 1 帧的空白关键帧，另一个是位于第 24 帧的实心关键帧，如图 1.29 所示。

图1.28

在1~23帧，photo2图层是空的　在24~48帧，photo2图层包含内容

图1.29

1.5.5　移动关键帧

如果想让 photo2.jpg 早点或晚点出现，则需要移动关键帧，使其远离或接近时间轴的右边。可以沿着时间轴轻松移动任何关键帧，方法是选择关键帧，然后将其拖放到一个新位置即可。

1. 选择 photo2 图层中第 24 帧的关键帧。

2. 稍微移动光标，将会看到在光标旁出现一个方框图标，它表示可以重新定位关键帧。

3. 在 photo2 图层中，单击并拖动关键帧到第 12 帧，如图 1.30 所示。

图1.30

现在，photo2.jpg 将提前出现在动画中的舞台上，如图 1.31 所示。

图1.31

清除关键帧

如果想清除关键帧，不要按Delete/Backspace键，这样做将删除舞台上关键帧中的内容，从而只剩下一个空关键帧。应该选取关键帧，然后选择Modify（修改）>Timeline（时间轴）>Clear Keyframe（清除关键帧）（Shift+F6组合键），这样将从时间轴中删除关键帧。

1.6　在时间轴中组织图层

此时，当前的 Animate 文件只有 3 个图层，即 background 图层、photo1 图层和 photo2 图层。要为这个项目添加额外的图层，像大多数其他项目一样，最终将不得不管理多个图层。图层文件夹有助于组合相关的图层，使时间轴保持组织有序且易于管理，就像为桌面上的相关文档创建文件夹一样。尽管创建文件夹需要花费一些时间，但是往后可以节省时间，因为可以很清楚地知道在哪里可以寻找到特定的图层。

1.6.1 创建图层文件夹

对于这个项目，我们将继续为额外的照片添加图层，并且将把这些图层存放在图层文件夹中。

1. 选择 photo2 图层，并单击时间轴底部的 New Layer（新建图层）按钮。

2. 把该图层命名为 photo3。

3. 在第 24 帧插入一个关键帧。

4. 把 photo3.jpg 从库中拖到舞台上。

现在有 4 个图层。上面的 3 个图层包含来自科尼岛的风景照片，它们出现在不同的关键帧中，如图 1.32 所示。

图1.32

5. 选择 photo3 图层，并单击时间轴底部的 New Folder（新建文件夹）图标（ ）。

一个新的图层文件夹将出现在 photo3 图层上面。

6. 把该文件夹命名为 photos，如图 1.33 所示。

图1.33

1.6.2 往图层文件夹中添加图层

现在需要将各个照片图层添加到 photos 文件夹中。在安排图层时，Animate 将会按照各个图层出现在时间轴中的顺序来显示图层中的内容，上面的图层内容出现在前面，下面的图层内容则出现在后面。

1. 把 photo1 图层拖到 photos 文件夹中。

注意粗线条指示图层的目的地，如图 1.34 所示。当把图层放在文件夹内时，Animate 会缩进处理图层的名称。

图1.34

2. 把 photo2 图层拖到 photos 文件夹中。

3. 把 photo3 图层拖到 photos 文件夹中。

现在 3 个图层都位于 photos 文件夹中，且它们的堆叠顺序与在文件夹外部时相同，如图 1.35 所示。

图1.35

可以单击文件夹名称左侧的箭头折叠文件夹，再次单击箭头可展开文件夹。需要知道的是，如果删除一个图层文件夹，那么也会删除此图层文件夹内的所有图层。

剪切、拷贝、粘贴和复制图层

当管理多个图层和图层文件夹时，可以通过使用剪切、拷贝、粘贴和复制图层命令来使工作流更加简单和更有效率。被选中图层的所有属性都会被复制和粘贴，包括帧、关键帧、所有动画以及图层名和类型。可以复制并粘贴任何图层文件夹及其内容。

要剪切或复制图层或图层文件夹，先选中它们，然后用鼠标右键单击图层名称，在弹出的菜单中选择Cut Layers（剪切图层）或Copy Layers（拷贝图层），如图1.36所示。

再次用鼠标右键单击时间轴，选择Paste Layers（粘贴图层）命令，被复制或剪切的图层就会被粘贴到时间轴中。使用Duplicate Layer（复制图层）命令可以同时完成复制和粘贴图层操作。

也可以从Animate的菜单栏中剪切、拷贝、粘贴或复制图层。选择Edit（编辑）>Timeline（时间轴），然后选择Cut

图1.36

Layers（剪切图层）、Copy Layers（拷贝图层）、Paste Layers（粘贴图层）或 Duplicate Layers（复制图层）即可。

1.7 使用"属性"面板

通过 Properties（属性）面板可以快速访问最可能需要的属性。"属性"面板中显示的内容取决于选取的内容。例如，如果没有选取任何内容，"属性"面板中将包括用于常规 Animate 文档的选项，包括更改舞台颜色和尺寸等；如果选取了舞台上的某个对象，"属性"面板将会显示它的 X 坐标和 Y 坐标，以及它的高度和宽度，还包括其他一些信息。可使用"属性"面板移动舞台上的照片。

1.7.1 在舞台上定位对象

下面将使用"属性"面板移动照片，还将使用 Transform（变形）面板旋转照片。

 提示：如果"属性"面板没有打开，选择Window（窗口）>Properties（属性），也可以按Ctrl + F3（Windows）或Command+F3（Mac）组合键。

1. 在时间轴的第 1 帧，选择拖放到 photo1 图层中舞台上的 photo.jpg 图片。蓝色轮廓线表示对象被选中。

2. 在"属性"面板中，X 值输入 50，Y 值输入 50，然后按 Enter（Windows）/Return（Mac）键应用这些值。也可以简单地在 X 值和 Y 值上拖动鼠标，来更改其值。照片移动到舞台的左边，如图 1.37 所示。

图1.37

X 值和 Y 值是从舞台的左上角开始度量的。X 从 0 开始，并向右增加；Y 从 0 开始，并向下增加。用于导入照片的注册点（Animate 开始进行度量的点）位于左上角。

3. 选择 Window（窗口）>Transform（变形），打开"变形"面板。

4. 在"变形"面板中，选择 Rotate（旋转），并在 Rotate 框中输入 -12，或在这个值上拖动来更改旋转值。然后按 Enter（Windows）/Return（Mac）键应用这个值。

选中的照片在舞台上将逆时针旋转 12°，结果如图 1.38 所示。

图1.38

5. 选择 photo2 图层的第 12 帧，单击舞台上的 photo2.jpg，将其选中。

6. 使用"属性"面板和"变形"面板以一种有趣的方式定位和旋转第二张照片。将 X 值设置为 80，将 Y 值设置为 50，将"旋转"值设置为 6，使之与第一张照片产生某种对比效果，如图 1.39 所示。

图1.39

7. 选择 photo3 图层的第 24 帧，单击舞台上的 photo3.jpg，将其选中。

8. 使用"属性"面板和"变形"面板以一种有趣的方式定位和旋转第 3 张图片。将 X 值设置为 360，将 Y 值设置为 65，将"旋转"值设置为 -2，这样所有的图片看起来都不一样了，结果如图 1.40 所示。

图1.40

> An **注意：** 在Animate中缩放或旋转图片时，它们可能呈现出锯齿状，可以通过在"库"面板中双击位图图标来平滑每一个图片。在出现的Bitmap Properties（位图属性）对话框中，选中Allow Smoothing（允许平滑）选项即可。

使用面板

在Animate中所做的任何事情几乎都会涉及面板。在本课中，要使用"库"面板、"工具"面板、"属性"面板、"变形"面板、"历史记录"面板和"时间轴"。在以后的课程中，将使用其他面板来控制项目的不同方面。由于这些面板是Animate工作区的一个组成部分，因此需要学会如何管理面板。

要在Animate中打开任意面板，可以从Window（窗口）菜单中选择其名称，如图1.41所示。

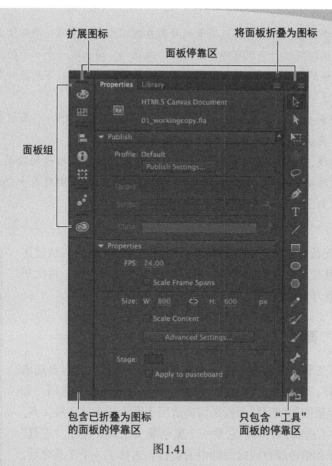

扩展图标　　　　　　将面板折叠为图标

面板停靠区

面板组

包含已折叠为图标　　　　　只包含"工具"
的面板的停靠区　　　　　　面板的停靠区

图1.41

　　单独的面板可以自由浮动，并且可以在停靠区（dock）、组或堆栈（stack）中组合。

　　•停靠区是垂直列中的面板或面板组的集合。停靠区紧贴用户界面的左边缘或右边缘。

　　•组是可以放置在一个停靠区内或可以自由浮动的面板集合。

　　•堆栈类似于停靠区，但可以放置在用户界面中的任何地方。

　　在默认的"基本"工作区中，大多数面板都组织在屏幕右侧的3个停靠区中。时间轴和"输出"面板在底部分组，舞台位于顶部。但是，可以将面板移动到任何方便的位置。

　　•要移动面板，可拖动其选项卡到一个新位置。

　　•要移动面板组或堆栈，请拖动选项卡附近的区域。

　　当面板、组或堆栈通过其他面板、组、停靠区或堆栈时，将出现一个蓝色突出显示的放置区域。如果在放置区域可见时释放鼠标按钮，则面板将添加到组、停靠区或堆栈中。

- 要停靠一个面板，可拖动其选项卡到屏幕左边缘或右边缘的一个新位置。如果在拖动时经过一个现有停靠区的顶部或底部，将出现一个水平的放置区域，来显示面板的新位置。如果出现一个垂直的放置区域，则放下面板时会创建一个新的停靠区。
- 要将一个面板进行分组管理，可将其选项卡拖动到另外一个面板的选项卡上面，或者拖动到一个现有组顶部的放置区域。
- 要创建堆栈，可将一个组拖到停靠区之外或者拖到已有堆栈的外面，以便让面板组自由浮动。此外，也可以将一个自由浮动的面板拖动到另一个浮动面板的选项卡上面。

还可以将大多数面板显示为图标，从而节省空间，但是依然可以快速访问它们。单击面板或堆栈右上角的双箭头，可以将面板折叠为图标。再次单击双箭头可以将图标展开为面板。

1.8 使用"工具"面板

"工具"面板位于工作区最右侧，是一个狭窄细长的面板，它包含选取工具、绘图和文字工具、绘画和编辑工具、导航工具以及其他工具选项，如图1.42所示。我们将频繁使用"工具"面板来切换适用于手头任务的各种工具。最常用的是 Selection（选取）工具，它是一个黑色箭头工具，位于"工具"面板的顶部，用来选择和单击舞台或时间轴中的项目。选择了一个工具之后，在面板底部的选项区域会有更多的选项以及适用于任务的其他设置。

1.8.1 选择和使用工具

当选择一种工具时，"工具"面板底部可用的选项以及"属性"面板将会发生变化。例如，当选择 Rectangle（矩形）工具时，将会出现 Object Drawing Mode（对象绘制模式）和 Snap To Objects（贴紧至对象）选项。当选择 Zoom（缩放）工具时，将会出现 Enlarge（放大）和 Reduce（缩小）选项。

"工具"面板中包含许多工具，以至于不能同时显示。有些工具在"工具"面板中被安排在隐藏的组中，在一个组中只会显示上一次选择的工具。工具按钮右下角的小三角形表示在这个组中还有其他工具。单击并按住可见工具的图标，即可查看其他可用的工具，然后从菜单中选择一种工具。

下面将使用 PolyStar（多角星形）工具为短动画添加一些装饰。

1. 在时间轴中选择文件夹，然后单击 New Layer（新建图层）按钮。
2. 将新图层命名为 stars。

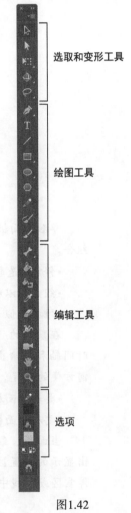

选取和变形工具

绘图工具

编辑工具

选项

图1.42

3. 锁定新图层下面的其他图层，这样不会意外地移入其他东西。

4. 在时间轴中，将播放头移到第 36 帧，然后选择 stars 图层中的第 36 帧。

5. 选择 Insert（插入）>Timeline（时间轴）>Keyframe（关键帧）（F6 键），在 stars 图层的第 36 帧处插入一个新关键帧，如图 1.43 所示。

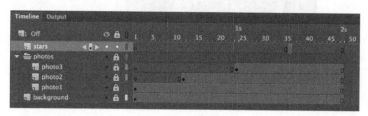

图1.43

这将在该图层的第 36 帧创建星星的形状。

> **注意**：如果使用的显示器较小，则"工具"面板的底部可能会被裁切掉，这将使某些工具和按钮不可见。这里有一个简单的方法可以修复这个问题：拖动"工具"面板的左边缘，将面板加宽，从而显示多列工具，如图1.44所示。

图1.44

6. 在"工具"面板中，选择 PolyStar（多角星形）工具，该工具由一个六边形形状来表示，如图 1.45 所示。

7. 在"属性"面板中，单击铅笔图标旁边的彩色正方形（表示轮廓或者描边的颜色），然后选择红色对角线，如图 1.46 所示。

图1.45

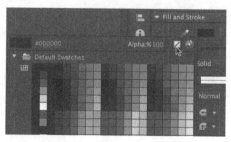

图1.46

红色对角线表示描边没有颜色。

8. 单击靠近油漆桶图标的彩色正方形（表示填充的颜色），然后选择一种明亮爽快的颜色，比如黄色。可以单击右上角的色轮来访问 Adobe Color Picker（拾色器），或者可以更改右上角的 Alpha 百分比，从而确定透明度，如图 1.47 所示。

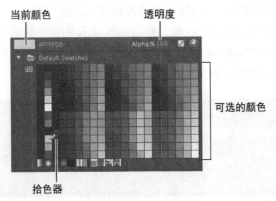

当前颜色　　　　　　　透明度

可选的颜色

拾色器

图1.47

9. 在"属性"面板中，单击 Tool Settings（工具设置）下的 Options（选项）按钮，出现 Tool Settings（工具设置）对话框。

10. 对于 Style（样式），选择 Star。对于 Number of Sides（边数），输入 5，对于 Star point size（星点大小），输入 0.50。单击 OK 按钮，如图 1.48 所示。

图1.48

这些选项决定了星星的形状。

11. 确保选中了标题图层第 36 帧的空关键帧。单击要开始添加星星的舞台，然后拖动调整星星的宽度。围绕第一个单击的位置移动光标来旋转星星。制作不同大小和不同旋转角度的多个星星，结果如图 1.49 所示。

图1.49

12. 选择 Selection（选取）工具，退出 PolyStar（多角星形）工具。

13. 如果需要，使用"属性"面板或"变形"面板在舞台上重新定位或旋转星星。或者，选择"选取"工具，然后单击选中星星并将其拖动到舞台上的新位置。当在舞台上拖动星星时，"属性"面板中的 X 和 Y 值将更新。

14. 本课的动画制作完成了！将文件中的时间轴与最终文件 01End.fla 中的时间轴对比一下。

1.9　在 Animate 中撤销执行的步骤

在理想的世界中，所有的一切都按计划进行，但是有时会需要回退一步或两步，并重新开始。在 Animate 中，可以使用 Undo（撤销）命令或 History（历史记录）面板撤销执行的步骤。

要在 Animate 中撤销单个步骤，可选择 Edit（编辑）>Undo（撤销），也可以按 Ctrl + Z（Windows）/Command + Z（Mac）组合键。要重做已经撤销的步骤，可选择 Edit（编辑）>Redo（重做）。

要在 Animate 中撤销多个步骤，最简单的方法是使用"历史记录"面板，它会显示已经执行的最近 100 个步骤。关闭文档就会清除其历史记录，要访问"历史记录"面板，可选择 Window（窗口）>History（历史记录）。

例如，如果对最近添加的星星不满意，就可以撤销所做的工作，并把 Animate 文档返回到以前的状态。

1. 选择 Edit（编辑）>Undo（撤销），撤销所执行的最后一个动作。可以多次选择"撤销"命令，其回退的步骤与"历史记录"面板中列出的步骤一样多。可以选择 Animate>Preferences（首选项），更改"撤销"命令的最大数量。

2. 选择 Window（窗口）>History（历史记录），打开"历史记录"面板，如图 1.50 所示。

3. 把"历史记录"面板的滑块向上拖动到犯错误之前的步骤，在"历史记录"面板中，那个位置以下的步骤将会灰色显示，并将从项目中被删除，如图 1.51 所示。要添加回某个步骤，可以向下移动滑块。

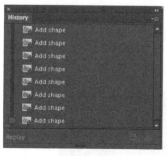

图1.50

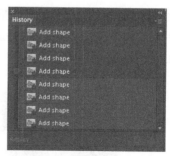

图1.51

![An] **注意：**如果先在"历史记录"面板中删除一些步骤，再执行另外的步骤，那么删除的步骤将不再可用。

1.10 预览影片

在处理项目时，好的做法是频繁地预览，以确保实现了想要的效果。要快速查看动画，可以选择 Control（控制）>Play（播放），或者直接按 Enter/Return 键。

要想知道动画或者影片在运行时环境中如何出现在观众面前，可以选择 Control（控制）>Test Movie（测试影片）>In Browser（在浏览器中）。也可以按 Ctrl + Enter（Windows）或 Command + Return（Mac）组合键来预览影片。

1. 选择 Control（控制）>Test（测试）。

Animate 将在与 FLA 文件相同的位置创建所需的发布文件，然后在默认的浏览器中打开并播放动画，如图 1.52 所示。

图1.52

Animate 会在这种预览模式下自动循环播放影片。

在测试影片时，如果不想让影片循环播放，可选择 File（文件）>Publish Settings（发布设置），然后取消选中 Loop Timeline（循环时间轴）选项，如图 1.53 所示。

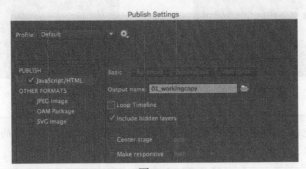

图1.53

2. 关闭浏览器窗口，返回 Animate。

1.11 修改内容和舞台

在首次学习本课时，我们创建了一个舞台尺寸为 800×600 像素的新文件。然而，客户后来可能会需要不同大小的动画来适应不同的布局。例如，他们需要一个具有不同宽高比的更小的版本作为横幅广告，或者需要一个运行在 Android 设备上且具有特定尺寸的版本。

幸运的是，即使所有的内容都已经就位，也可以修改舞台。当修改舞台的大小时，Animate 提供了缩放舞台以及相应内容的选项，可以成比例地自动缩小或放大所有内容。

1.11.1 改变舞台大小和缩放内容

下面将使用不同的舞台大小创建这个动画项目的另一个版本。选择 File（文件）>Save（保存），保存目前为止所做的工作。

1. 在"属性"面板的底部，可以看到当前舞台的大小被设置为 800×600 像素。单击 Properties（属性）区域的 Advanced Settings（高级设置）按钮，如图 1.54 所示。

这将出现 Document Settings（文档设置）对话框。

2. 在 Width（宽）和 Height（高）文本框中，输入新的像素大小。Width 中输入 400，Height 中输入 300。

可以单击 Width 和 Height 字段之间的链接图标来限制舞台的比例。选择该链接图标后，更改一个维度会自动按比例更改另一个维度。

3. 选择 Scale content（缩放内容）选项，如图 1.55 所示。

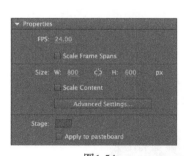

图1.54

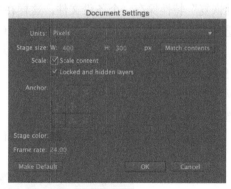

图1.55

4. 保持 Anchor（锚）选项不变。

如果新舞台的比例不同，则 Anchor（锚）选项可以让用户选择内容从何处调整大小，即所谓的原点（origin）。

5. 单击 OK 按钮。

Animate 将修改舞台大小，并自动调整所有内容的大小。如果新的舞台大小与原始的大小不成比例，Animate 将会进行调整，以最大限度地适配内容。也就是说，如果新舞台比原来的宽，那么在舞台右边将会有多余的空间。如果新舞台比原来的高，那么在舞台的底部将会有多余的空间。

6. 选择 File（文件）>Save As（另存为）。

7. 在 Save As（另存为）对话框中，在 File Format（文件格式）菜单中选择 Animate Document（*.fla)"，并将文件命名为 01_workingcopy_resized.fla。

现在有了两个 Animate 文件，内容相同但舞台大小不同。关闭这个文件并且重新打开 01_workingcopy.fla 来继续学习本课。

1.12 保存影片

在多媒体制作中有这样一句口头禅，"早保存，常保存。"应用程序、操作系统和硬件的崩溃总是发生得特别频繁，而且总是发生在意想不到并且特别不合适的时候。所以应该定期保存影片，以确保在崩溃发生时，不会损失太多时间。

Animate 能极大地减轻这种丢失作品的担忧。为了预防崩溃，Auto-Recovery（自动恢复）特性将会创建一个备份文件。

 注意： 如果在打开的文档中有未保存的修改，Animate 将在文档窗口最上方的文件名后面加上一个星号来提醒。

1.12.1 使用"自动恢复"来备份

Auto-Recovery（自动恢复）特性是针对 Animate 应用程序的所有文档的一个首选项设置。"自动恢复"特性保存一个备份文件，这样在发生崩溃时，将有一个可以返回的备用文件。

1. 选择 Edit（编辑）>Preferences（首选项）（Windows）或 Animate CC >Preferences（首选项）（Mac）。

这将出现 Preferences（首选项）对话框。

2. 从左侧边栏中选择 General（常规）类别。

3. 选择 Auto-Recovery（自动恢复）选项（如果还没有选中的话），并且输入一个时间（单位为分钟），Animate 以这个时间为间隔创建备份文件，如图 1.56 所示。

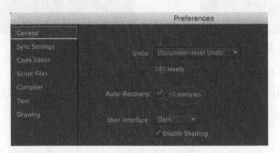

图1.56

4. 单击 OK 按钮。

如果修改了文件，但是没有在"自动恢复"间隔内保存，则 Animate 会在与 FLA 相同的位置创建一个新文件，而且在文件名的前面加上"RECOVER_"。只要文档处于打开状态，则这个文件就一直存在。当关闭文档或安全退出 Animate 时，这个文件将被删除。

 注意： 要了解如何让Animate CC保持最新的版本，以及了解Animate中可用的帮助来源，请参阅本书的"前言"。

1.13 复习题

1. 什么是舞台？

2. 帧与关键帧之间的区别是什么？

3. 什么是隐藏工具，怎样才能访问隐藏工具？

4. 指出并描述在 Animate 中用于撤销步骤的两种方法。

5. 哪种文件类型最适合在现代的浏览器中播放动画？

1.14 复习题答案

1. 舞台是在播放电影时，观众用来看电影的矩形区域。它包括出现在屏幕上的文本、图像和视频。存储在舞台外面的粘贴板上的对象不会出现在影片中。

2. 帧是时间轴上的时间度量。在时间轴上利用圆圈表示关键帧，并且表示舞台内容中的变化。

3. 由于"工具"面板中包含许多工具，以至于不能同时显示，于是就把有些工具组合在一起，并且该组中只显示一种工具（最近使用的工具就是显示的工具）。工具图标上出现的小三角形表示还有隐藏的工具可用。要选择隐藏的工具，可以单击并按住显示的工具图标，然后从菜单中选择隐藏的工具。

4. 在 Animate 中可以使用 Undo（撤销）命令或 History（历史记录）面板撤销步骤。要一次撤销一个步骤，可以选择 Edit（编辑）>Undo（撤销）。要一次撤销多个步骤，可以在"历史记录"面板中向上拖动滑块。

5. HTML5 Canvas 文档可以在现代浏览器中播放动画和交互式内容。HTML5 Canvas 可以导出 HTML、JavaScript 以及在浏览器中播放时所需的所有资源，而无须用到 Flash Player。

第2课　创建图形和文本

课程概述

本课将介绍如下内容：

- 绘制矩形、椭圆及其他形状；
- 修改所绘对象的形状、颜色和大小；
- 理解填充和描边设置；
- 创建和编辑曲线以及可变宽度的描边；
- 使用艺术和图案画笔进行有表现力的绘制；
- 使用标记色板快速编辑颜色；
- 应用渐变和透明度；
- 创建和编辑文本；
- 将网络字体添加到HTML5 Canvas文档中；
- 在舞台上分布对象；
- 将作品导出到SVG。

本课大约要用120分钟完成。

开始之前，请先将本书的课程资源下载到本地硬盘中，并进行解压。在学习本课时，将覆盖相应的课程文件。建议先做好原始课程文件的备份工作，以免后期用到这些原始文件时，还需重新下载。

　　可以在 Adobe Animate CC 中使用矩形、椭圆、线条以及自定义的艺术画笔或图案画笔，创建有趣的、复杂的图形和插图。还可以编辑它们的形状，并将其与渐变、透明度、文本和滤镜结合起来，以创建更具表现力的效果。

2.1 开始

首先来看一下将在本课中创建的最终的动画影片。

1. 双击 Lesson02/02End 文件夹中的 02End.html 文件，在浏览器中查看最终的项目，如图 2.1 所示。

图2.1

 注意： 如果还没有将本课的项目文件下载到计算机上，请现在就这样做。具体可见本书的"前言"。

这个项目是一个简单的静态横幅广告的插图。这幅插图是为一家名为 Mug's Coffee 的虚拟公司设计的，该公司正在使用这个插图为其商店和咖啡做宣传。本课将绘制一些形状并修改它们，以及学习组合简单的元素来创建更复杂的画面。目前还不用创建任何动画。毕竟，在学习跑步之前得先学会走路！学习创建和修改图形是使用 Animate 进行任何动画之前的一个重要步骤。

2. 在 Animate 中选择 File（文件）>New（新建）。在 New Document（新建文档）对话框中选择 HTML5 Canvas。

3. 在对话框的右侧，将 Stage（舞台）的大小设置为 700×200 像素，并把舞台的颜色设置为浅褐色，方法是单击靠近 Background Color（背景颜色）的图标，然后单击 #CC9966 调色板，然后单击 OK 按钮。

4. 选择 File（文件）>Save（保存）。把文件命名为 02_workingcopy.fla，然后将其保存在 02Start 文件夹中。立即保存文件是一种良好的工作习惯（即使没有启用 Auto-Recovery[自动恢复] 特性），可以确保即使应用程序或计算机崩溃，所做的工作也不会丢失。

2.2 理解描边和填充

Animate 中的每一个图形都始于一种形状。形状由两部分组成：填充（fill）和描边（stroke）。前者是形状的内部，后者是形状的轮廓。如果能记住这两个组成部分，就可以比较顺利地创建美观、复杂的视觉效果。

填充和描边的功能是彼此独立的，因此可以修改或删除其中一个，而不会影响到另一个。例如，可以利用蓝色填充和红色描边创建一个矩形，以后可以把填充更改为紫色，并完全删除红色描边，最终得到的是一个没有轮廓线的紫色矩形。也可以独立地移动填充或描边，因此如果想移动整个形状，就要确保同时选取填充和描边。

2.3　创建形状

Animate 包括多种绘图工具，它们在不同的绘制模式下工作。许多创建工作都开始于像矩形和椭圆这样的简单形状，因此能够熟练地绘制、修改形状的外观以及应用填充和描边是很重要的。

下面从绘制一杯咖啡开始。

 注意：在Animate CC、HTML文档以及通常的Web设计与开发中，颜色通常用十六进制的值来表示。#符号后面的6位数表示构成颜色的红、绿、蓝的颜色分量。

2.3.1　使用矩形工具

咖啡杯实质上是一个圆柱体，它是一个顶部和底部都是椭圆的矩形。首先绘制矩形主体。把复杂的对象分解成各个组成部分，可以更容易地绘制。

1. 从 Tools（工具）面板中选中 Rectangle（矩形）工具（▧）。确保没有选择 Object Drawing（对象绘制）模式图标（◉）。

2. 从"工具"面板底部选择描边颜色（✐）和填充颜色（▨）。为描边选择 #663300（深褐色），为填充选择 #CC6600（浅褐色）。

3. 在舞台上绘制一个矩形，其高度比宽度稍大一点，如图 2.2 所示。在第 6 步中可以指定矩形的准确大小和位置。

4. 选取"选择"工具（▸）。

5. 在整个矩形周围拖动"选择"工具，选取其描边和填充，如图 2.3 所示。当一个形状被选取时，Animate 将会用白色虚线显示。也可以双击一个形状，Animate 将同时选取该形状的描边和填充。

图2.2

图2.3

6. 在 Properties（属性）面板的 Position and Size（位置和大小）区域，将宽度设置为 130，将高度设置为 150。按 Enter（Windows）或 Return（Mac）键应用这些值。

 注意： 即使将舞台的颜色设置为棕色，本课中的很多对象（figure）也都是在白色背景中设置的，旨在增加所描述的工具或技术的可见性。

2.3.2　使用椭圆工具

现在创建咖啡杯顶部的杯口和圆形的底部。

1. 在"工具"面板中选择 Oval（椭圆）工具。

2. 确保选择了 Snap To Objects（贴紧至对象）按钮（ ）。该选项会强制让用户在舞台上绘制的形状相互贴紧，确保形状的线条和角相互连接。

3. 将矩形的一侧向另外一侧拖动，创建一个与两边都接触的椭圆，如图 2.4 所示。"贴紧至对象"选项可以使椭圆的边与矩形的边相互连接。

4. 在矩形底部附近绘制另一个椭圆，如图 2.5 所示。

图2.4

图2.5

 注意： 用户所使用的最后一个填充和描边将应用到所绘制的下一个对象上，除非在绘制之前更改了设置。

2.4　进行选择

要修改对象，首先要能够选择它的不同部分。在 Animate 中，可以使用 Selection（选取）、Subselection（部分选取）或 Lasso（套索）工具进行选择。通常情况下，使用"选取"工具可以选择整个对象或者对象的一部分。"部分选取"工具允许选择对象中特定的点或线。利用"套索"工具可以进行任意形状的选取。

2.4.1　选择描边和填充

接下来将使矩形和椭圆看起来更像一个咖啡杯。
将使用"选取"工具来删除不想要的描边和填充。

1. 在"工具"面板中，选取 Selection（选取）工具（ ）。

2. 单击并选取椭圆顶部上面的填充部分。

椭圆顶部上面的形状将高亮显示，如图 2.6 所示。

3. 按 Backspace（Windows）/Delete（Mac）键。

这样就从所选区域中清除了形状，结果如图 2.7 所示。

4. 按 Shift 键单击顶部椭圆上面的 3 条线段，将其选中，然后按 Backspace/Delete 键删除，结果如图 2.8 所示。

Animate 删除了各个描边，只有顶部的椭圆连接到矩形。

5. 现在按 Shift 键并选择底部椭圆下面的填充和描边，以及椭圆的上圆弧（表示杯底的内部），并按 Backspace/Delete 键，结果如图 2.9 所示。

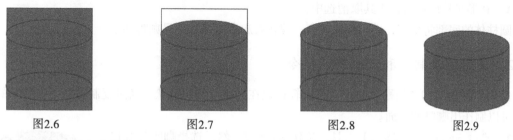

图2.6   图2.7   图2.8   图2.9

剩下的形状看上去就像一个圆柱体。

注意：如果在移动某个控制点时按Alt或Option键，Animate将相对于其变形点（通过圆圈图标表示）来缩放对象。可以随意移动变形点，甚至是在对象的外面移动。移动时按住Shift键可以约束对象的缩放比例。按Ctrl/Command键可以操作单个控制点来扭曲对象。

2.5　编辑形状

在 Animate 中绘图时，通常是从使用"矩形"或"椭圆"工具开始。但是，要创建更复杂的图形，则需要使用其他工具来修改这些基本形状。Free Transform（任意变形）工具、Copy（复制）和 Paste（粘贴）命令以及 Selection（选取）工具可以把普通的圆柱体变成咖啡杯。

2.5.1　使用任意变形工具

如果将咖啡杯底的边缘变窄一些，咖啡杯看起来将更逼真。可以使用 Free Transform（任意变形）工具更改它的总体形状。利用"任意变形"工具，可以更改对象的比例、旋转或斜度（倾斜的方式），或通过在边框周围拖动控制点来扭曲对象。

1. 在"工具"面板中，选择 Free Transform（任意变形）工具（ ）。

2. 在舞台上围绕圆柱体拖动"任意变形"工具以选取它。

圆柱体上将出现变形手柄，如图 2.10 所示。

3. 在向里拖动底部的其中一个角时，按住 Shift + Ctrl/Shift + Command 组合键，以相同的距离同时移动两个角，结果如图 2.11 所示。

图2.10　　　　　　　　　　　图2.11

4. 在形状外面单击，将其取消选中。

圆柱体的底部将变窄，而顶部比较宽。现在看起来更像是一只咖啡杯了。

2.5.2　使用"复制"和"粘贴"命令

使用"复制"和"粘贴"命令，可以轻松地在舞台上复制形状。通过复制和粘贴咖啡杯的上边缘可以制作出咖啡的液面。

1. 选择 Selection（选取）工具，按住 Shift 键，然后选择咖啡杯开口的上圆弧和下圆弧，如图 2.12 所示。

2. 选择 Edit（编辑）>Copy（复制）（Ctrl + C/Command + C 组合键），复制椭圆的顶部描边。

3. 选择 Edit（编辑）> Paste In Place（粘贴到当前位置）（Shift + Ctrl + V/Shift + Command + V 组合键）。

图2.12

在舞台上将会出现一个复制的椭圆，它将完全覆盖被复制的那个原来的椭圆。复制出来的椭圆处于选中状态。

4. 在"工具"面板中，选择"任意变形"工具。椭圆上将出现变形手柄。

5. 在向里拖动一个角时按住 Shift 键，使椭圆缩小 10%。按住 Shift 键可以一致地更改形状，使椭圆维持其宽高比。

咖啡杯的顶部边缘现在已经就位，如图 2.13 所示。

6. 再次选择 Edit（编辑）> Paste In Place（粘贴到当前位置）（Shift + Ctrl + V/Shift + Command + V 组合键），为舞台添加另外一个复制的椭圆，如图 2.14 所示。

7. 选择"任意变形"工具。按住 Shift 键盘并向里拖动新椭圆的一个角，使新椭圆再缩小 10%。

8. 把椭圆拖到咖啡杯的边缘上，使之覆盖住前边缘。也可以按向下的

图2.13

箭头（Down Arrow）键来向下微调所选的椭圆。

9. 在选区外面单击，取消选中椭圆。

10. 选取较小椭圆的下部并删除。

现在咖啡杯中就好像装有咖啡一样，如图 2.15 所示。

图2.14

图2.15

2.5.3 更改形状轮廓

利用"选取"工具，可以推、拉线条和角，从而更改任何形状的整体轮廓。这是处理形状时快速、直观的方法。

1. 在"工具"面板中，选择"选取"工具。

2. 移动鼠标光标，使其靠近咖啡杯的一侧。

在光标附近将出现一条曲线，表示可以更改描边的曲率。

3. 向外拖动描边。

咖啡杯的一侧将弯曲，使得咖啡杯稍微有点凸出，如图 2.16 所示。

4. 稍微向外拖动咖啡杯的另一侧。

咖啡杯现在具有了更圆滑的杯体。

图2.16

 注意：在拖动形状的边缘时按住Alt/Option键可以添加新的角。

2.5.4 更改描边和填充

如果要更改任何描边或填充的属性，可以使用 Ink Bottle（墨水瓶）工具或 Paint Bucket（颜料桶）工具。"墨水瓶"工具更改描边颜色；"颜料桶"工具更改填充颜色。

1. 在"工具"面板中，选择 Paint Bucket（颜料桶）工具（🪣）。

2. 在 Properties（属性）面板中，选择一种深褐色的填充颜色（#663333），如图 2.17 所示。

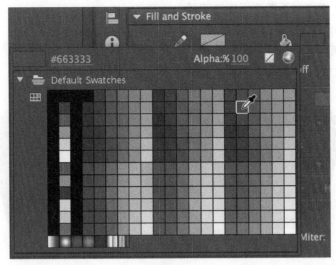

图2.17

3. 单击咖啡杯中咖啡的液面。

顶部椭圆的填充将变成深褐色，如图 2.18 所示。

图2.18

提示：如果"颜料桶"工具改变了周围区域中的填充，则可能是形状轮廓中有一个小间隙，从而导致填充溢出。可手动封闭间隙，或使用"工具"面板底部的Gap Size（间隙大小）菜单，从中选择Animate将要自动封闭的间隙大小，如图2.19所示。

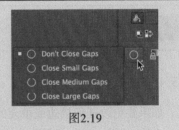

图2.19

4. 在"工具"面板中，选择 Ink Bottle（墨水瓶）工具（![icon]）。

5. 在 Properties（属性）面板中，选择一种深褐色的描边颜色（#330000）。

6. 单击咖啡液面上方的顶部描边。

咖啡液面周围的描边将变成一种深褐色。

Animate绘制模式

Animate提供了3种绘制模式，它们决定了舞台上的对象如何相互交互，以及可以如何编辑这些对象。默认情况下，Animate使用Merge Drawing（合并绘制）模式，也可启用Object Drawing（对象绘制）模式，或使用Rectangle Primitive（矩形粗糙）和Oval Primitive（椭圆粗糙）工具，以使用Primitive Drawing（粗糙绘制）模式。

合并绘制模式

在这种模式下，Animate将在形状重叠的地方合并所绘制的形状（如矩形和椭圆），使得多种形状看起来就像是单个形状一样。如果移动或删除已经与另一种形状合并的形状，合并的部分就会永久删除，如图2.20所示。

图2.20

对象绘制模式

在这种模式下，Animate不会合并绘制的对象，它们仍将泾渭分明，在重叠时也是如此。要启用对象绘制模式，可选择要使用的工具，然后在"工具"面板的底部单击Object Drawing（对象绘制）图标。

要把对象转换为形状（合并绘制模式），可选取对象然后选择Modify（修改）>Break Apart（分离）（Ctrl + B/Command + B组合键）。要把形状转换为对象（对象绘制模式），可选取形状并选择Modify（修改）>Combine Objects（合并对象）>Union（联合），如图2.21所示。

图2.21

当使用"矩形粗糙"工具或"椭圆粗糙"工具时，Animate将把矩形或椭圆形状作为独立的对象进行绘制，这些对象具有某些可编辑的特性，如图2.22所示。与普通对象不同的是，可以使用"属性"面板修改粗糙矩形的角半径，以及起始角和终止角，还可以调整粗糙椭圆的内半径。

图2.22

2.6 使用渐变填充和位图填充

填充（fill）是绘制对象的内部。现在已经选择了纯褐色填充，但是也可以应用渐变或位图图像（比如 JPEG 文件）作为填充，也可以使指定对象没有填充。

在渐变（gradient）中，一种颜色将逐渐变成另外一种颜色。Animate 可以创建线性（linear）渐变或径向（radial）渐变，前者沿着水平方向、垂直方向或对角线方向改变颜色；后者从一个中心焦点向外改变颜色。

本课将使用线性渐变填充给咖啡杯添加三维效果。为了在咖啡顶部展现一层泡沫奶油的效果，将会导入一幅位图图像用作填充，可以在 Color（颜色）面板中导入位图文件。

2.6.1 创建渐变变换

在"颜色"面板中定义要在渐变中使用的颜色。默认情况下，线性渐变将从一种颜色转变成另一种颜色，但是在 Animate 中，在渐变中可以使用多达 15 种颜色变换。颜色指针（color pointer）决定了每种颜色的定义位置，以及在每个指针之间让颜色平滑发生变化。可以在"颜色"面板中的渐变定义条下面添加颜色指针，以添加更多颜色和颜色渐变。

在咖啡杯的表面创建从褐色转变成白色再转变成深褐色的渐变效果，以表现出圆滑的杯体。

1. 选择"选取"工具，选择表示咖啡杯正面的填充，如图 2.23 所示。

2. 打开 Color（颜色）面板（Window > Color）。在"颜色"面板中，单击 Fill Color（填充颜色）（油漆桶图标）并从 Color Type（颜色类型）菜单中选择 Linear gradient（线性渐变），如图 2.24 所示。

咖啡杯的正面现在使用从左到右变化的颜色渐变进行了填充，如图 2.25 所示。

3. 在"颜色"面板中，选择位于颜色渐变定义条左端的颜色指针（当选择它时，它上面的三角形将变成黑色），然后在十六进制值字段中输入 FFCCCC，并按 Enter/Return 键应用该颜色。也可以从拾色器中选择一种颜色，或

图2.23

双击颜色指针，从色板中选择一种颜色。

4. 选择最右边的颜色指针，然后为深褐色输入 B86241，并按 Enter/Return 键应用该颜色，如图 2.26 所示。

图2.24　　　　　　　　　　　　图2.25　　　　　　　　　　　　图2.26

咖啡杯的渐变填充将在其表面上从浅褐色逐渐变为深褐色。

5. 在渐变定义条下单击，创建新的颜色指针，如图 2.27 所示。

6. 把新的颜色指针拖到渐变的中间位置。

7. 选择新的颜色指针，然后在十六进制值字段中输入 FFFFFF，将新颜色指定为白色，并按 Enter/Return 键应用该颜色，如图 2.28 所示。

咖啡杯的渐变填充将从浅褐色逐渐变为白色再变为深褐色，如图 2.29 所示。

图2.27　　　　　　　　　　　　图2.28　　　　　　　　　　　　图2.29

8. 单击舞台上的其他位置，取消选中舞台上的填充。选择"颜料桶"工具，并且确保取消选中"工具"面板底部的 Lock Fill（锁定填充）按钮（）。

> **提示：** 如果"锁定填充"按钮在"工具"面板上不可见，请通过拖动面板左侧边缘扩展面板（如第1课所述）。这允许显示多列工具。

"锁定填充"选项把当前渐变锁定到应用它的第一个形状，以便后续的形状继续使用该渐变。

如果要在咖啡杯的背面应用一种新的渐变，则需要取消选中"锁定填充"选项。

9. 使用"颜料桶"工具选取咖啡杯的背面。

Animate 将对咖啡杯的背面应用渐变，如图 2.30 所示。

图2.30

> **An** │ **提示**：要从渐变定义条中删除颜色指针，只需把它拖离渐变定义条即可。

2.6.2 使用渐变变形工具

除了为渐变选择颜色和定位颜色指针之外，还可以调整渐变填充的大小、方向和中心。为了挤压咖啡杯正面中的渐变以及颠倒背面中的渐变方向，将使用 Gradient Transform（渐变变形）工具。

1. 选择 Gradient Transform（渐变变形）工具（"渐变变形"工具与 Free Transform（任意变形）工具组织在一起），如图 2.31 所示。

图2.31

2. 单击咖啡杯的正面，出现变形手柄，如图 2.32 所示。

3. 向里拖动边界框右侧的方块手柄，进一步挤压渐变。拖动中心圆圈，将渐变向左移动，使得白色亮区位于中心稍微偏左一点。

4. 单击咖啡杯的背面，出现变形手柄，如图 2.33 所示。

5. 拖动边界框角上的圆形手柄，把渐变旋转 180°，使得渐变从左边的深褐色渐渐减弱到白色再到右边的浅褐色。将渐变缩小，然后稍微向右移动，使得亮区落在咖啡杯内表面的右侧。

咖啡杯现在看上去更加逼真了，因为阴影和亮区使得正面看上去是凸起的，而背面则是凹陷的。

图2.32　　　　　　　　　　　　　　　图2.33

> **An** 提示：移动中心圆圈将改变渐变的中心；拖动带箭头的圆圈可以旋转渐变；拖动方块中的箭头可以拉伸或压缩渐变。

2.6.3　添加位图填充

添加一层泡沫状的奶油，使这个咖啡杯看上去更奇特一点。这里将使用一幅 JPEG 泡沫图像作为位图填充。

1. 利用"选取"工具选取咖啡顶部的液面。
2. 选择 Window（窗口）> Color（颜色），打开"颜色"面板。
3. 从 Color Type（颜色类型）菜单中选择 Bitmap fill（位图填充），如图 2.34 所示。
4. 在 Import To Library（导入到库）对话框中，导航到 Lesson02/02Start 文件夹中的 coffeecream.jpg 文件。
5. 选择 coffeecream.jpg 文件，并单击 Open 按钮。

这样就会用泡沫图像填充咖啡顶部的液面，如图 2.35 所示。

图2.34　　　　　　　　　　　　　　图2.35

咖啡杯制作完成了！把包含完整绘图的图层命名为 coffee cup。剩余的全部工作是添加一些热气。

提示：也可以使用"渐变变形"工具改变位图填充的宽度、方向、大小和旋转。

2.6.4　组合对象

现在已经完成了咖啡杯的创建，我们可以把它变成一个单独的组。组可以把形状与其他图形的集合保存在一起以保持完整性。当组成咖啡杯的元素组合在一起时，可以把这些元素作为一个单元移动，而无须担心它会与底层的形状合并。因此可以使用组来组织绘图。

1. 选择"选取"工具。
2. 选取组成咖啡杯的所有形状，如图 2.36 所示。
3. 选择 Modify（修改）>Group（组合）。

咖啡杯现在就是单个组。在选取它时，蓝色轮廓线表示其边界框，如图 2.37 所示。

图2.36

图2.37

4. 如果想更改咖啡杯的任何部分，可以双击组以编辑它。

注意，舞台上所有其他的元素都会变暗淡，并且舞台上面的 Edit（编辑）条将显示 Scene 1 Group，如图 2.38 所示。这表示现在已位于特定的组中，并且可以编辑其内容。

图2.38

5. 单击舞台顶部 Edit（编辑）条中的 Scene 1 图标，或双击"舞台"上的空白部分，返回到主场景。

提示：要把组改回它的成分形状，可以选择Modify（修改)>Ungroup（取消组合）（Shift + Ctrl + G/Shift + Command + G组合键）。

2.7　使用可变宽度的描边

可以为描边制作很多不同风格的线条。除了实线，可以选择点线、虚线或锯齿线，甚至可以自定义线条。此外，可以使用 Width（宽度）工具创建具有各种宽度的线条，并进行编辑。

本课将使用 Pencil（铅笔）工具创建代表咖啡飘香的可变宽度的线条。我们还将让香气稍微透明一点。透明度以百分比的形式进行衡量，被称为 Alpha。Alpha 的值为 100%，表示颜色是完全不透明的，而 Alpha 的值为 0% 则表示颜色是完全透明的。

2.7.1　添加可变宽度的线条

为了让咖啡图更具个性，可以在咖啡上面添加一些奇形怪状的线条。

1. 在时间轴中插入一个新图层并命名为 coffee aroma。将在这个图层中绘制线条。

2. 在工具栏中，选择 Pencil（铅笔）工具（）。在"工具"面板底部的 Pencil Mode（铅笔模式）菜单中选择 Smooth（平滑）选项，如图 2.39 所示。

3. 在"属性"面板中，选择一种深褐色的描边颜色，其 Alpha 值为 50%。

4. 对于 Stroke（描边），将描边大小设置为 15。从 Style（样式）菜单中选择 Solid（实线），从 Width（宽度）菜单中选择厚薄相间的 Width Profile 2 配置文件，如图 2.40 所示。

5. 在咖啡上画几条波浪线，如图 2.41 所示。

图2.39

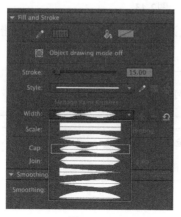

图2.40

图2.41

Animate 会使用厚薄相间的宽度对每一条波浪线进行渲染。虽然它看起来像一个很复杂的形状，但整个对象是一个可选的描边。

> **An** **提示：** 可以像对待任何其他描边那样来编辑可变宽度的线条。使用 Selection（选取）和 Subselection（部分选取）工具可弯曲曲线或移动锚点。

2.7.2　编辑线条宽度

可以巧妙地调整凸起在线条中出现的位置，以及有多少个凸起。使用 Width（宽度）工具进行这些编辑。

1. 在"工具"面板中，选择 Width（宽度）工具（）。

2. 将鼠标指针移动到一个可变宽度的描边上。

锚点沿着线条出现，指示线的粗细部分位于何处，如图 2.42 所示。

3. 拖动任意锚点处的手柄以更改线条的宽度，让其中一些限制和凸起变得更夸张，如图 2.43 所示。

4. 沿着描边拖动锚点以移动其位置，如图 2.44 所示。

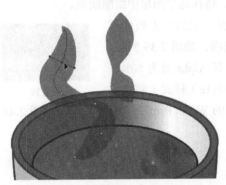

图2.42　　　　　　　　　　　　图2.43　　　　　　　图2.44

5. 沿着描边任意位置拖动以添加新的锚点并定义该位置处的宽度。Animate 在指针旁边显示一个小加号，表示可以添加锚点。

> **提示：** 当只想修改可变宽度线条的一侧时，可按住Alt/Option键。

> **提示：** 要删除可变宽度线条的锚点，可单击选中锚点，然后按Backspace/Delete键。

2.8　使用色板和标记色板

色板是预设的颜色样本。可通过 Swatches（色板）面板（Window>Swatches，或按 Ctrl + F9/Command + F9 组合键）访问它们。还可以将在图形中使用的颜色保存为新色板，以便以后随时调用。

标记色板（tagged swatches）是具有特殊标记的色板，链接到舞台上正在使用它们的图形。如果在"色板"面板中更改了标记色板，所有使用这些标记色板的图形都将更新。

2.8.1　保存色板

前面为咖啡杯上方的咖啡蒸汽使用了棕色，现在把这个棕色保存为一个色板。

1. 选择"选取"工具，然后单击咖啡杯上方可变宽度的一个描边。

2. 打开 Swatches（色板）面板（Ctrl + F9/Command + F9 组合键），或单击 Swatches 图标。

这将打开 Swatches 面板，而且在面板底部一行显示了默认的渐变颜色，如图 2.45 所示。

3. 单击"色板"面板底部的 Create A New Swatch（创建一个新的色板）。

将出现一个新的色板，该色板具有所选择的咖啡香气的精确颜色和透明度信息，如图 2.46 所示。

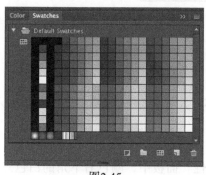

图2.45

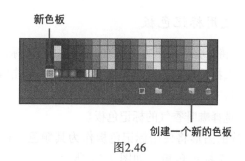

新色板

创建一个新的色板

图2.46

2.8.2 创建标记色板

下面将保存的色板转换为一个标记色板，并将其用于所有的咖啡香气。

1. 选择咖啡香气的色板之后，单击"色板"面板底部的 Convert To A Tagged Swatch（转换为一个标记色板），如图 2.47 所示。

这将出现 Tagged Color Definition（标记颜色定义）对话框。

2. 在 Name（名称）字段中输入 coffee steam，然后单击 OK 按钮，如图 2.48 所示。

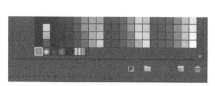

图2.47

图2.48

对话框关闭，并且在"色板"面板的"标记色板"区域中出现一个新的标记色板，如图 2.49 所示。

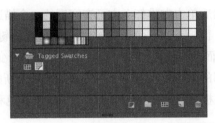

图2.49

2.8.3 使用标记色板

现在将对咖啡杯上方的所有香气使用新的标记色板。

1. 选择"选取"工具，按住 Shift 键，单击咖啡杯上方所有的咖啡香气，如图 2.50 所示。

2. 打开"色板"面板。

3. 选择咖啡香气的标记色板。

所选的图形将使用标记色板作为其颜色。在"属性"面板中，颜色右下角的白色三角形表示这是一个标记色板，如图 2.51 所示。

图2.50

图2.51

2.8.4 更新标记色板

当不得不更新项目时，标记色板的真实效果是显而易见的。假设艺术总监或客户不喜欢咖啡蒸汽的颜色。由于每条蒸汽都使用了标记色板，因此可以简单地更新标记色板的颜色，这样一来，所有使用这个标记色板的图形也将随之更新。

1. 打开"色板"面板。

2. 在"色板"面板的 Tagged Swatches（标记色板）区域中，双击咖啡香气的色板。

这将打开 Tagged Color Definition（标记颜色定义）对话框，其中包含名称和颜色信息。

3. 将颜色更改为不同的棕色色调。新颜色显示在颜色预览窗口的上半部分。单击 OK 按钮关闭对话框，如图 2.52 所示。

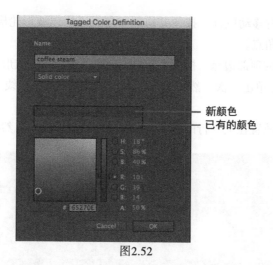

图2.52

新的颜色信息被保存，所有使用标记色板的图形将更新为新颜色。

2.9 创建曲线

前面已经使用"选取"工具对形状的边缘进行拉扯来直观地制作曲线。为了更精确的控制，可以使用 Pen（钢笔）工具。

2.9.1 使用钢笔工具

现在将创建一个舒缓、波浪形的背景图形。

1. 选择 Insert（插入）>Timeline（时间轴）>Layer（图层），然后将新图层命名为 dark brown wave。
2. 将图层拖动到图层堆栈的底部。
3. 锁定所有其他图层，如图 2.53 所示。
4. 在"工具"面板中，选择 Pen（钢笔）工具（）。

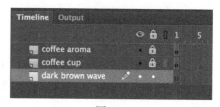

图2.53

5. 将描边颜色设置为深棕色，将 Alpha 设置为 100%。为 Style（样式）选择 Hairline（极细线）选项，Width（宽度）选择 Uniform（均匀）。

6. 单击舞台的左边缘建立第一个锚点，开始绘制形状。

7. 将鼠标指针移动到舞台上，然后按住鼠标按钮（不要松开），放置下一个锚点。继续按住鼠标按钮并沿着希望线所在的方向继续拖动鼠标。这将从新锚点拖出一条方向线，当释放鼠标按钮时，也就在两个锚点之间创建了一条平滑的曲线，如图 2.54 所示。

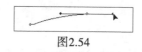

图2.54

要了解有关使用"钢笔"工具绘制的更多信息，请参阅"使用钢笔工具创建路径"。

8. 继续在舞台上向右移动鼠标，按住并拖动方向线以构建波形轮廓。继续穿过舞台的右边缘，然后单击一次以设置角点。

现在已经绘制了波形的顶部边缘，接下来需要绘制底部边缘来完成形状的绘制。

9. 在上一个角点下方单击一次，然后在舞台上向左绘制一条波浪线，与第一条曲线类似（但不完全平行）。

注意不要将锚点直接放置在上一行的锚点下面，以便让波形具有自然的轮廓，如图 2.55 所示。

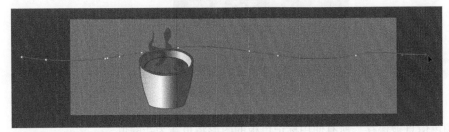

图2.55

10. 继续让下方波浪线通过舞台左边缘，然后在初始锚点下方单击以放置另一个角点。

11. 单击第一个锚点来关闭形状，结果如图 2.56 所示。

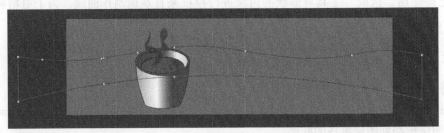

图2.56

12. 选择"颜料桶"工具。

13. 将填充颜色设置为深棕色。

14. 单击刚才创建的轮廓内部，以填充颜色。

15. 选择"选取"工具，然后单击轮廓将其选中，按 Delete 键删除描边，结果如图 2.57 所示。

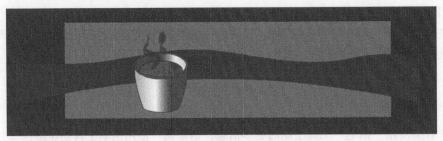

图2.57

 こんな感じ

注意： 不要急于将所有的曲线处理得很完美。只有勤加练习才能习惯 "钢笔" 工具的使用。在本课的后续内容中，我们还有机会来优化曲线。

2.9.2 利用 "选取" 和 "部分选取" 工具编辑曲线

在第一次尝试创建平滑的波浪时，结果可能不是很好。可以使用 "选取" 工具或 "部分选取" 工具来优化曲线。

1. 选择 "选取" 工具。

2. 把鼠标光标悬停在一条线段上，如果光标附近出现了弧形线段，就表示可以编辑曲线。如果光标附近出现的是一个直角线段，就表示可以编辑角点。

图2.58

3. 拖动曲线以编辑其形状，如图 2.58 所示。

4. 在 "工具" 面板中，选择 "部分选取" 工具（ ）。

5. 单击形状的轮廓。

6. 把锚点拖到新位置或移动手柄，以优化总体形状，如图 2.59 所示。

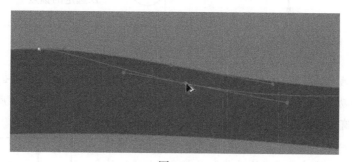

图2.59

2.9.3 删除或添加锚点

可以使用 "钢笔" 工具下面的隐藏工具，根据需要删除或添加锚点。

1. 单击并按住 "钢笔" 工具，访问其下的隐藏工具，如图 2.60 所示。

2. 选择 Delete Anchor Point（删除锚点）工具（ ）。

3. 单击形状轮廓线上的一个锚点，将其删除。

4. 选择 Add Anchor Point（添加锚点）工具（ ）。

5. 在曲线上单击，添加一个锚点。

使用钢笔工具创建路径

可以使用"钢笔"工具创建笔直或弯曲、开放或闭合的路径。如果不熟悉"钢笔"工具，则在开始使用时可能会令人困惑。如果理解路径的元素以及如何使用"钢笔"工具创建这些元素，绘制路径将变得更容易。

要创建直线路径，请单击鼠标按钮。第一次单击时，将设置一个起点。此后每次单击都会在前一个点和当前点之间绘制一条直线。要使用"钢笔"工具绘制复杂的直线路径，只需继续添加点，如图2.61所示。

要创建曲线路径，请先按下鼠标按钮放置锚点，然后进行拖动以便为该点创建方向线，并释放鼠标按钮。移动鼠标放置下一个锚点，并拖出另一组方向线。每个方向线末端的是方向点；方向线和点的位置确定了弯曲线段的大小和形状。移动方向线和点会重新调整路径中的曲线，如图2.62所示。

创建直线
图2.61

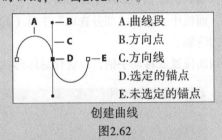

A.曲线段
B.方向点
C.方向线
D.选定的锚点
E.未选定的锚点

创建曲线
图2.62

平滑曲线通过称为平滑点的锚点连接。尖锐的曲线路径通过角点连接。当在平滑点上移动方向线时，平滑点两侧的曲线段同时调整，但是当移动角点上的方向线时，只有与方向线位于同一边的曲线段被调整。

路径段和锚点在绘制后可以单独或作为一个组移动。当路径包含多个线段时，可以拖动单个锚点以调整路径的各个段，或选择路径中的所有锚点以编辑整个路径。使用"部分选取"工具来选择和调整锚点、路径段或整个路径。

封闭路径与开放路径的不同之处在于路径的结束方式。要结束一个开放路径，请选择"选取"工具或按Esc键。要创建封闭路径，请将"钢笔"工具指针放在起点上（指针将显示一个小o符号），然后单击，如图2.63所示。封闭路径会自动结束路径。在路径封闭后，"钢笔"工具指针出现一个小的*符号，表示下一次单击将开始一个新的路径。

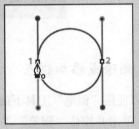

创建封闭路径
图2.63

2.10 使用透明度来创建深度感

接下来将创建第二个波浪，并使之与第一个波浪重叠。让第二个波浪稍微有点透明，产生一种丰富的、有层次感的效果。透明度可应用于描边或填充。

2.10.1　修改填充的 Alpha 值

1. 选择 dark brown wave 图层中的形状。

2. 选择 Edit（编辑）>Copy（复制）。

3. 选择 Insert（插入）>Timeline（时间轴）>Layer（图层），并把新图层命名为 light brown wave，如图 2.64 所示。

4. 选择 Edit（编辑）>Paste In Place（粘贴到当前位置）（Ctrl + Shift + V/Command + Shift + V 组合键）。

"粘贴到当前位置"命令可把复制的项目放到与复制它时完全相同的位置。

图2.64

5. 选取"选取"工具，并把粘贴的形状稍微左移或右移，使播放的波峰稍微偏移，如图 2.65 所示。

图2.65

6. 在 light brown wave 图层中选择形状的填充。

7. 选择 Window（窗口）>Color（颜色）打开"颜色"面板。将填充颜色设置为稍微不同的褐色色调（#CC6666），然后把 Alpha 值更改为 50%，结果如图 2.66 所示。

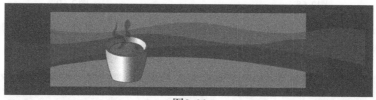

图2.66

"颜色"面板中的色板可以预览最近选择的颜色，如图 2.67 所示。透明度可由透过透明色板看到的灰色网格来表示。

图2.67

An **注意**：也可以在"属性"面板中更改形状的透明度，方法是单击Fill Color（填充颜色）图标，在弹出的颜色菜单中更改Alpha的值。

2.10.2 增加阴影

透明填充对于创建阴影很有效果，能够为图像增加深度感。下面将为咖啡杯添加阴影以及在舞台底部添加装饰性的阴影。

1. 选择 Insert（插入）>Timeline（时间轴）>Layer（图层），并将新图层命名为 shadow。

2. 再次选择 Insert（插入）>Timeline（时间轴）>Layer（图层），并将第二个新图层命名为 big shadow。

3. 将 shadow 图层和 big shadow 图层拖动到图层堆栈的底部，如图 2.68 所示。

4. 选择 Oval（椭圆）工具。

5. 针对 Stroke（描边）选择 None（无），针对 Fill（填充）选择一种深褐色（#663300），且 Alpha 的值为 15%。

6. 在 shadow 图层中，在咖啡杯底下面画一个椭圆，结果如图 2.69 所示。

图2.68

图2.69

7. 在 big shadow 图层中，绘制一个更大的椭圆形，其顶部边缘延伸到舞台的底部下面。重叠的透明椭圆形为图像增添了丰富、层次分明的外观，如图 2.70 所示。

图2.70

2.11 使用"画笔"工具进行更有表现力的创作

虽然"钢笔"工具擅长制作精确的曲线，比如在背景中所创建的波浪形状，但它还不能很好地创建自发的、富有表现力的图像。

要获得更好的绘制效果，可以使用 Paint Brush（画笔）工具（✎）。"画笔"工具允许用户创建更生动和自由的形状，并让形状具有重复样式的边框和装饰。并且，与使用 Animate 创建的其他图形一样，使用"画笔"工具创建的形状仍然完全基于矢量。

用户可以从几十个不同的画笔中进行选择，如果没有找到可以使用的画笔，则可以自定义画笔，甚至创建自己的画笔。

2.11.1 探索画笔库

下面将使用"画笔"工具为这幅带有咖啡馆名称和 logo 的横幅广告添加一个小比萨饼图案。我们将使用一个画笔来模拟粗糙的粉笔书写上面的字母，为这个咖啡品牌提供一点乡村氛围。

1. 在时间轴中，在所有其他图层之上添加一个新图层，并将其命名为 chalk。

2. 选择"画笔"工具。在"属性"面板中，选择一个与图稿中已有的红色和橙色产生对比的漂亮的描边颜色。在这个例子中，我们选择了一个充满活力的黄色。

3. 在 Fill and Stroke（填充和描边）区域，将描边大小设置为 15。

对于咖啡厅上的刻字来说，这是一个很好的宽度。

4. 现在选择画笔样式，请单击 Brush Library（画笔库）按钮（位于 Style（样式）菜单的右侧），如图 2.71 所示。

打开"画笔库"面板。Animate 将所有画笔在左侧的列按不同类别组织：箭头（Arrows）、艺术（Artistic）、装饰（Decorative）、线条艺术（Line Art）、图案画笔（Pattern Brushes）和矢量包（Vector Pack）。

5. 选择其中一个类别并查看子类别，然后选择子类别来查看单个画笔。就这里来说，选择 Artistic（艺术）> Chalk Charcoal Pencil（粉笔炭笔），然后双击 Charcoal–Thick 画笔，如图 2.72 所示。

图2.71

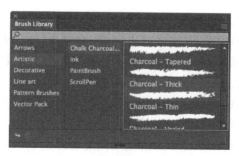

图2.72

Charcoal–Thick 画笔被添加到 Style（样式）菜单中，并成为当前活动的画笔样式，如图 2.73 所示。

图2.73

6. 现在来点好玩的。在咖啡杯旁边，用画笔手写出咖啡馆的名字 Mug's Coffee，如图 2.74 所示。

图2.74

粉笔风格的字体看起来很复杂，但它由一条简单的矢量线所控制。如果选择"选取"或"部分选取"工具并单击其中一个字母，可以看到每个字母的描边。可以使用"变形"工具推拉描边、移动描边或进行编辑，就像处理任何其他矢量形状一样，如图 2.75 所示。

图2.75

2.11.2 创建图案

现在，在条幅广告周围添加一个装饰边框。

1. 在所有其他图层之上创建一个新图层，并将其重命名为 border。

2. 选择 Line（线条）工具。在"属性"面板中单击 Stroke（描边）色板，然后选择一种淡褐色或橙色，以便与背景图形的其他部分协调一致。

3. 在"属性"面板中，单击 Style（样式）旁边的 Brush Library（画笔库）按钮。

这将打开"画笔库"面板。

4. 选择 Pattern Brushes（图案画笔）>Dashed（虚线）>Dashed Square 1.3（虚线方格 1.3）。如果发现了更有吸引力的图案，也可以随意选择。双击所做的选择，如图 2.76 所示。

Dashed Square 1.3 画笔被添加到"样式"菜单，并成为当前活动的画笔样式，如图 2.77 所示。

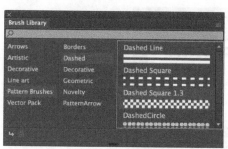

图2.76

图2.77

5. 在舞台的顶部边缘创建一条水平长线，在舞台底部创建另外一条水平长线。

舞台顶部和底部有规律的虚线图案，与波浪图案和粉笔风格的字体形成了完美的对比，如图2.78所示。

图2.78

An 提示：使用"线条"工具绘制时，按住Shift键可绘制水平或垂直的线条。

编辑和创建自己的艺术或图案画笔

用户可能无法在"画笔库"中找到喜欢的画笔，或者项目可能需要非常具体的东西。无论哪种情况，都可以编辑现有画笔，也可以创建一个全新的画笔。图案画笔沿着描边重复同一个形状，而艺术画笔则顺着描边伸展基本艺术图案。

要编辑一个画笔，请单击"属性"面板中Style（样式）菜单旁边的Edit Brush Style（编辑画笔样式）按钮，如图2.79所示。

图2.79

这将出现Paint Brush Options（画笔选项）对话框，其中包含多个控件，用来优化画笔应用到基础形状上的方式，如图2.80所示。

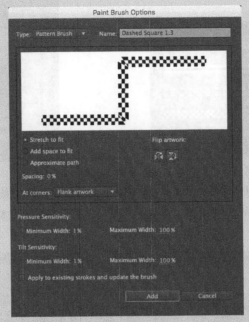

图2.80

艺术画笔和图案画笔有不同的选项。读者可以尝试不同的间距、形状重复或拉伸的方式以及如何处理角和重叠的选项。当对新画笔满意后，单击Add（添加）将自定义画笔添加到"样式"菜单。

要创建一个全新的画笔，首先在舞台上创建一些形状，让想要创建的画笔以此为基础。例如，如果要创建火车轨道，请先创建能够重复Pattern（图案）画笔的基本作品，如图2.81所示。

在舞台上选择该作品；然后在"属性"面板中"样式"菜单旁单击Create New Paint Brush Selection（根据所选内容创建新的画笔）按钮，如图2.82所示。

图2.81

图2.82

这将出现Paint Brush Options（画笔选项）面板。在Style菜单中，可以选择Art Brush（艺术画笔）或Pattern Brush（图案画笔），然后再对画笔选项进行细化。预览窗口显示了所选选项的结果，如图2.83所示。

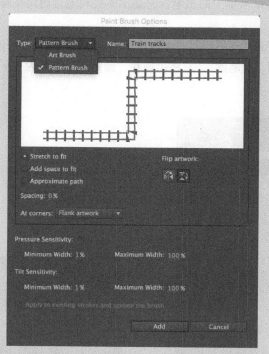

图2.83

　　输入新画笔的名称，然后单击Add（添加）按钮，新画笔将被添加到Style菜单中，供用户使用，如图2.84所示。

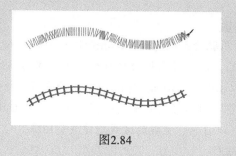

图2.84

2.11.3　管理画笔

　　如果已创建了新画笔或对现有的一个画笔进行了自定义，则可以将其保存到"画笔库"。

　　1. 单击"属性"面板中的 Manage Paint Brushes（管理画笔）按钮，如图 2.85 所示。

　　出现 Manage Document Paint Brushes（管理文档画笔）对话框，

图2.85

其中显示当前已添加到 Style 菜单中的画笔。它显示哪些画笔当前是在舞台上使用的，哪些不是，如图 2.86 所示。

2. 选择要删除或保存到"画笔库"的画笔。不能删除当前正在使用的画笔。

3. 如果将画笔保存到"画笔库"，它将出现在"画笔库"中名为 My Brushes 的类别中，如图 2.87 所示。

图2.86

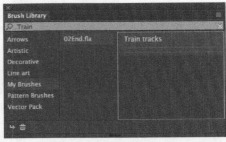

图2.87

对压力敏感的绘图板

　　Animate支持来自压敏绘图板（如Wacom绘图板）的输入，以控制可变宽度的描边及艺术或图案画笔。用手写笔用力按压会产生较宽的描边，而轻轻地按压则产生较窄的描边。可以在Paint Brush Options（画笔选项）对话框中修改倾斜度或灵敏度百分比，以调整所创建形状的宽度范围。尝试在平板电脑上使用手写笔来创作可变宽度的描边，以自然、直观的方式创建矢量图像。

旋转舞台以方便绘制

　　当在普通的纸张上创作时，通常更容易通过旋转页面来获得更好的绘制或书写角度。在Animate中，可以使用Rotation（旋转）工具对舞台执行相同的操作。

　　"旋转"工具在"工具"面板中Hand（手形）工具的子选项中，如图2.88所示。

　　选择"旋转"工具，然后单击舞台，以指定由十字准线指示的框轴点。建立框轴点后，拖动舞台以将其旋转到所需的角度，如图2.89所示。

图2.88

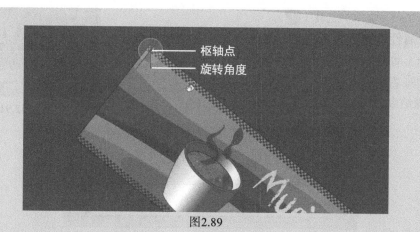

图2.89

单击舞台顶部的Center Stage（舞台居中）按钮，可将舞台重置为正常方向，如图2.90所示。

图2.90

2.12 创建和编辑文本

现在准备添加一些文本来完成这幅插图。取决于正在处理的文档类型,有很多选项可用于文本。对于本课所使用的 HTML5 Canvas 文档，可以使用静态文本或者动态文本。

静态文本将使用你（或者设计师）的计算机上的字体来进行简单的文本显示。当在舞台上创建静态文本并发布到 HTML5 项目时，Animate 会自动将字体转换为轮廓。这意味着用户不必担心观众在按照我们期待的方式观看文本时是否拥有所需的字体。这样的缺点是太多的文本会增加文件大小。

使用动态文本时，可使用 Typekit 或 Google 提供的网络字体。通过订阅 Creative Cloud，可以获得由 Typekit 提供的数千种高质量的字体,这些字体由 Typekit 托管,可直接通过 Animate 中的"属性"面板来访问。通过 Google Fonts 提供的高质量的开源字体，由 Google 服务器进行托管。

在下一个任务中，将为咖啡馆创建一个标签行及其产品的一些说明。我们将选择一个合适的网络字体并添加文本。

2.12.1 使用文本工具添加动态文字

现在将使用 Text（文本）工具创建文本。

1. 选择最上面的图层。

2. 选择 Insert（插入）>Timeline（时间轴）>Layer（图层），然后将新图层命名为 text。

3. 选择 Text（文本）工具（ T ）。

4. 从"属性"面板的 Text Type（文本类型）菜单中选择
Dynamic Text（动态文本），如图 2.91 所示。

5. 在咖啡店名称下拖出一个文本框，从咖啡杯右侧开始，
到舞台右边缘结束，如图 2.92 所示。

图2.91

图2.92

6. 输入 Taste the difference，如图 2.93 所示。

图2.93

文本大小可能不合适，或者它不是想要的大小或字体。不要担心，下一个任务将为文本框选
择一种网络字体。

7. 选择"选取"工具，退出"文本"工具。

8. 在舞台上同一图层的标签行下方添加 3 个更小的文本：Coffee、Pastries 和 Free Wi-Fi，如
图 2.94 所示。

图2.94

2.12.2　添加网络字体

现在，将一个网络字体链接到项目中。确保可以访问 Internet，因为 Animate 将从网络中检
索可用字体的列表。添加 Typekit 字体和添加 Google 字体的过程非常相似。在该任务中，将添加

Typekit 字体。

1. 选择 Taste the difference 文本，然后在"属性"面板的 Character（字符）区域中单击 Add Web Fonts（添加网络字体）（其图标为地球仪），从弹出的菜单中选择 Typekit，如图 2.95 所示。

图2.95

Animate 显示 Typekit Web Fonts 打开后的页面，如图 2.96 所示。

图2.96

2. 单击 GET STARTED。

这将出现 Add Web Fonts（添加网络字体）对话框，如图 2.97 所示。

图2.97

该对话框中列出了所有可用的 Typekit 字体。可以使用右侧的滚动条滚动查看。还可以搜索特定字体，或使用 Sort By（排序）或 Filter（筛选）按钮缩小搜索范围。

3. 现在，仔细阅读字体的范围，选择一个认为适合这个条幅广告的字体。在示例文本下单击所选字体的名称，如图 2.98 所示。

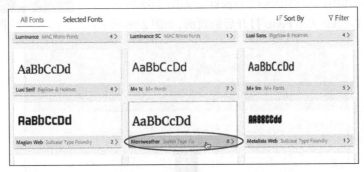

图2.98

这将显示所选字体的更多细节，包括不同的样式（斜体、粗体等）、分类（衬线或无衬线）以及创造这种字体的公司名称等。

4. 单击 SELECT 按钮，如图 2.99 所示。

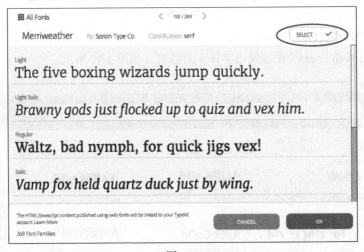

图2.99

SELECT 按钮变为蓝色，标签变为 SELECTED，如图 2.100 所示。

图2.100

5. 单击 OK 按钮。

对话框关闭，所选的网络字体将添加到项目中。

6. 在"属性"面板的 Character（字符）区域，从 Family（系列）菜单中选择新添加的网络字体。网络字体出现在菜单的最顶部，如图 2.101 所示。

这里选择的 Typekit 网络字体将应用于舞台的文本框中。选择一种与作品完美搭配的颜色。在"属性"面板中调整字体大小和 / 或行距（行距在 Paragraph（段落）区域），以便所有文本在空间中合适地显示出来。

7. 选择其他 3 个文本，并使用 Family（系列）菜单应用相同的网络字体，结果如图 2.102 所示。

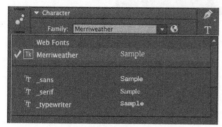

图2.101　　　　　　　　　　　　　　　图2.102

2.12.3　标识域

添加 Typekit 网络字体后，必须确定要托管 HTML5 项目的域。对于 Google 字体，不需要执行这些步骤。

1. 选择 File（文件）>Publish Settings（发布设置）。

出现"发布设置"对话框。

2. 单击位于最右侧的 Web fonts（网络字体）选项卡。

3. 在空白字段中，输入条幅广告将被托管的网址，包括 http:// 协议前缀，如图 2.103 所示。由于我们不会真的上传这个示例项目，因此可以随便写一个虚拟的域名或将其留空。

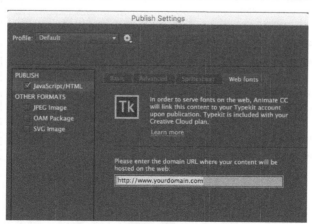

图2.103

4. 单击 OK 按钮关闭对话框。

5. 选择 Control（控制）>Test（测试）以测试项目。

Animate 会在浏览器中显示该广告的预览效果，如图 2.104 所示。使用网络字体的测试影片输出仅用于预览。使用 File（文件）>Publish（发布）选项生成要上传到服务器的最终文件。

图2.104

2.12.4 删除网络字体

如果改变了主意，可以轻松地删除 Typekit 网络字体，并选择一个不同的字体。

1. 选择使用了想要删除的网络字体的文本。

搜索合适的字体

Add Web Fonts（添加网络字体）对话框提供了有助于为项目快速且方便地找到合适字体的工具。每种字体均显示A、B、C、D四个字母的大小写形式的预览效果。如果要查看更多细节，请单击字体名称。示例语句显示了所有不同的风格变体（斜体、粗体、正常等）。可以使用Sort（排序）按钮组织字体，也可以使用Filter（筛选）按钮仅显示某些类型的字体，例如有衬线或无衬线字体，或具有粗细过渡效果的字体，如图2.105所示。

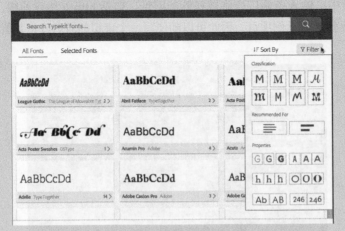

图2.105

了解一点字体有关的信息，对创造优雅和有影响力的Animate项目很有价值。排版——创建字体形式的研究和实践——是设计中一个微妙但必不可少的部分。每个字母的形状及其与相邻字母和周围白色空间之间的交互，影响着整体外观和感觉，以及项目所包含的情感。

字体的两个主要分类是衬线（serif）和无衬线（sans serif），如图2.106所示。

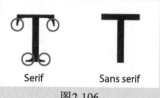

图2.106

衬线字体由构成字母描边末端的小线来辨别。Times New Roman是最著名的衬线字体示例。衬线字体最适用于大段的文本，因为衬线有助于提高可读性。无衬线字体则缺少在字母描边末端的点缀（sans在法语中表示为"没有"）。无衬线字体更清洁，更加尖锐，通常被认为更现代。Helvetica是无衬线字体最著名的例子。无衬线字体通常用于较大的显示目的，例如标题或副标题。

其他类型的字体包括手写体，它模仿了书法或装饰性效果，通常更具表现性并且非常独特。在每个分类中有各种各样的变体，为此需要花时间去思考、搜索，并决定哪种字体最适合项目。

2. 通过选择不同的字体来取消选中当前的字体。

在此示例中，取消选中 Merriweather 字体，并选择 _sans 字体，如图 2.107 所示。

3. 单击 Add Web Fonts（添加网络字体）按钮，然后选择 Typekit，打开 Add Typekit Web Fonts（添加 Typekit 网络字体）对话框。

4. 单击 Selected Fonts。

Animate 显示为项目选择的所有字体（由蓝色复选标记指示），如图 2.108 所示。

图2.107

图2.108

如果字体有灰色复选标记,则表示仍在舞台上的某些文本中使用它。在从项目中删除字体之前,必须完全从文本中取消选中字体。

5. 通过单击字体来取消选中字体。

现在，Selected Fonts（所选字体）区域中不显示任何字体，如图2.109所示。

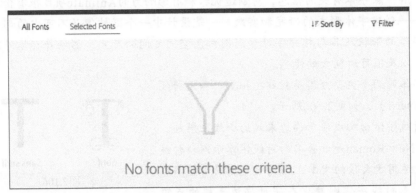

图2.109

6. 单击 OK 按钮。

关闭 Add Web Fonts（添加网络字体）对话框。网络字体将从"属性"面板中的 Family（系列）菜单中删除。

2.12.5 匹配现有对象的颜色

如果要精确匹配颜色，可以使用 Eyedropper（滴管）工具（▨）对填充或描边进行采样。使用"滴管"工具单击对象后，Animate 将自动切换到加载了所选颜色及关联属性的"颜料桶"工具或"墨水瓶"工具，以便应用于其他对象。

下面将使用"滴管"工具采样其中一种背景波浪图案的颜色，并将其应用于 3 个较小的文本。

1. 选择"选取"工具。

2. 按住 Shift 键选择所有 3 个较小的文本：Coffee、Pastries、Free Wi-Fi，如图 2.110 所示。

3. 选择"滴管"工具。

4. 单击 dark brown wave 图层中形状的填充，如图 2.111 所示。

图2.110

图2.111

所选择的 3 个文本的颜色现在变成了与 dark brown wave 图层的填充相同的颜色，如图 2.112 所示。使用相同的颜色有助于统一作品风格。

图2.112

2.13 对齐和分布对象

最后，将整理文本，使布局有条理。虽然可以使用标尺（View（视图）>Rulers（标尺））和网格（View（视图）>Grid（网格）>Show Grid（显示网格））来帮助定位对象，但这里将使用 Align（对齐）面板，当处理多个对象时，它更有效。还可以依靠在舞台上移动对象时显示的智能参考线来更好地进行布局。

2.13.1 对齐对象

顾名思义，Align（对齐）面板可以水平或者垂直对齐任何数量的所选对象。它还可以均匀地分布对象。

1. 选择"选取"工具。
2. 选择第一小段文字 Coffee。
3. 向左或向右移动文本框，直到智能参考线出现。将所选文本的左边缘与其上方较大文本的左边缘对齐，如图 2.113 所示。
4. 选择第 3 小段文字 Free Wi-Fi。
5. 向左或向右移动文本，直到智能参考线出现。将所选文本的右边缘与其上方较大文本的右边缘对齐，如图 2.114 所示。

图2.113

图2.114

6. 按住 Shift 键选择所有 3 个小文本。
7. 打开"对齐"面板（Window（窗口）>Align（对齐）），如图 2.115 所示。

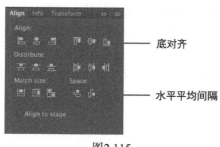

图2.115

8. 如果已选择 Align to Stage（与舞台对齐）选项，请取消选择。单击 Align Bottom Edge（底对齐）按钮。

Animate 将对齐文本的底部边缘。

9. 单击 Space Evenly Horizontally（水平平均间隔）按钮。

调整所选文本以使它们之间的间隔变得均匀，如图 2.116 所示。

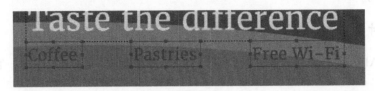

图2.116

> **An** 提示：可能需要锁定较低的图层，这样就不会意外选择较低图层中的形状。

2.14 转换和导出作品

我们已经完成了作品，这个作品由一个简单的插图、分层设计和文本元素构成。但是，我们可能仍需执行其他步骤，对其进行优化，以便在最终的播放环境中播放。

2.14.1 将矢量作品转换为位图作品

矢量作品，特别是具有复杂曲线、许多形状和不同线条风格的作品，可能很耗费处理器资源，并且可能在性能不足的移动设备上无法正常播放。Convert to Bitmap（转换为位图）命令提供了一种将舞台上所选作品转换为单个位图的方法，该方法可以降低处理器的负担。

一旦将对象转换为位图，就可以移动它，而不必担心它与底层形状合并。但是，该图形不能再使用 Animate 的编辑工具进行编辑。

1. 选择"选取"工具。

2. 解锁图层。选择 coffee aroma 图层中的咖啡波浪香气线，以及 coffee cup 图层中的咖啡组，如图 2.117 所示。

3. 选择 Modify（修改）>Convert to Bitmap（转换为位图）。

Animate 将咖啡杯和波浪线转换为单个位图，并将位图存储在"库"面板中，如图 2.118 所示。

选择 Edit（编辑）>Undo（撤消）（Ctrl + Z/Command + Z 组合键）可撤销到位图的转换，并将咖啡杯和香气描边还原为矢量图形。

图2.117

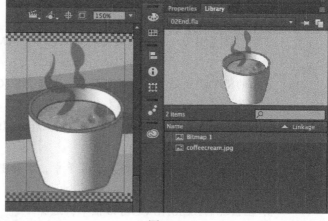

图2.118

2.14.2　将作品导出为 PNG、JPG 或 GIF

如果想要一个 PNG、JPG 或 GIF 格式的简单图像文件，可以使用 Export Image（导出图像）面板选择想要的格式，并调整压缩选项以获得最佳的网络下载性能。

1. 选择 File（文件）>Export（导出）>Export Image（导出图像）。

这将打开 Export Image（导出图像）对话框，如图 2.119 所示。

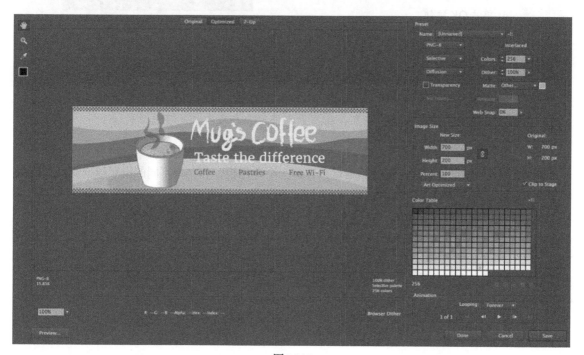

图2.119

将作品导出为SVG

可缩放矢量图形（SVG）是一种常见的基于XML的格式，用于在浏览器中显示矢量图形。可以将最终作品从Animate导出为SVG，并嵌入或链接任何位图图像。导出的SVG将生成项目的静态图像。但是，SVG只支持静态文本。

要将作品导出为SVG，请执行以下操作。

1. 选择File（文件）>Export（导出）>Export Image (Legacy)（导出图像（旧版））。

2. 从File Format（文件格式）菜单中，选择SVG Image (*.svg)，然后单击Save按钮。

3. 在出现的ExportSVG对话框中，选择Image Location（图像位置）中的Embed（嵌入），如图2.120所示。

Image Location（图像位置）选项确定了位图图像是编码到SVG文件还是保存为单独的文件，并链接到SVG。嵌入图像会创建较大的SVG文件，而链接则允许用户轻松地交换和编辑图像。

4. 单击OK按钮。

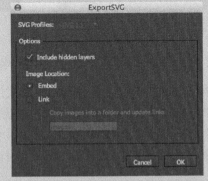

图2.120

Animate使用编码到文本文件中的任何图像数据导出SVG文件。SVG文档是一个很像HTML文档的文本文件。所有视觉信息，包括角点、曲线、文本和颜色信息，都以紧凑的形式编码。

当在浏览器中打开SVG文件时，它会渲染图像，并保留所有矢量信息。曲线在放大时仍然会保持清晰，并且在作品中的任何静态文本都是可选择的。

---

2. 选择适当的文件格式，选择压缩量，选择一个调色板，并比较不同的设置以权衡图像质量和文件大小。还可以调整图像大小。

Animate为创建引人注目的、丰富和复杂的图形与文本相结合的作品提供了强大的创作环境，也提供了这种极具灵活性的输出选项，这将非常有助于推动用户的所有创意追求。

An | **注意：** 如果Animate文档包含多个帧，还可以选择将其导出为动画GIF。

2.15　复习题

1. Animate 中的 3 种绘制模式是什么，它们有什么不同？
2. Animate 中的各种选择工具分别在什么时候使用？
3. 可以使用 Width（宽度）工具做什么？
4. 艺术画笔和图案画笔之间有什么区别？
5. 什么是网络字体，如何在 HTML5 Canvas 文档中使用网络？
6. Align（对齐）面板有什么作用？

2.16　复习题答案

1. 这 3 种绘制模式是合并绘制模式、对象绘制模式和粗糙绘制模式。
   - 在合并绘图模式下，在舞台上绘制的形状合并为单个形状。
   - 在对象绘制模式下，每个对象都是独立的，即使与另一个对象重叠也保持独立。
   - 在粗糙绘制模式下，可以修改对象的角度、半径或角半径。
2. Animate 包括 3 个选择工具："选取"工具、"部分选取"工具和"套索"工具。
   - 使用"选取"工具可选择整个形状或对象。
   - 使用"部分选取"工具可选择对象中特定的点或线。
   - 使用"套索"工具可工具可以进行任意形状的选取。
3. 使用 Width（宽度）工具可以编辑描边的可变宽度。可以拖动任何锚点的手柄以扩展或缩小宽度、添加或删除锚点，或沿着描边移动锚点。
4. 艺术画笔使用基本形状并对其拉伸以匹配矢量描边，用于模拟一种富于表达性、创造性和美术性的标记。图案画笔则使用重复的基本形状来创建装饰图案。
5. 网络字体是专门为在线查看而创建的在服务器上托管的字体。Animate 提供了 Typekit 和 Google Fonts 两种网络字体，可用在 HTML5 Canvas 文档中。
6. Align（对齐）面板可水平或垂直对齐任意数量的选定元素，并可让这些元素均匀分布。

第3课　创建和编辑元件

课程概述

本课将介绍如下内容：

- 导入Adobe Illustrator和Adobe Photoshop文件；
- 创建和编辑元件；
- 理解元件与实例；
- 在舞台上定位对象；
- 调整透明度、颜色，以及打开/关闭可视度；
- 应用混合效果；
- 利用滤镜应用特效；
- 在3D空间中定位对象。

本课大约要用90分钟完成。

开始之前，请先将本书的课程资源下载到本地硬盘中，并进行解压。在学习本课时，将覆盖相应的课程文件。建议先做好原始课程文件的备份工作，以免后期用到这些原始文件时，还需重新下载。

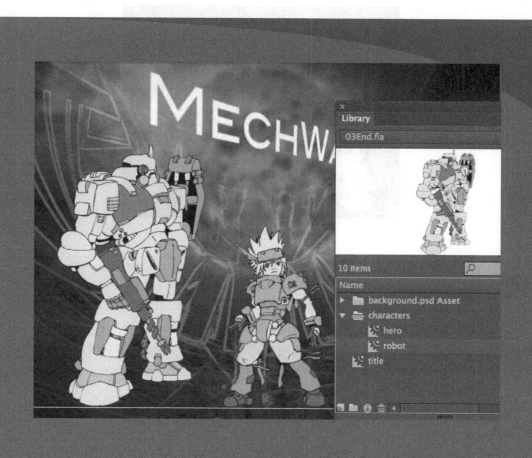

　　元件是存储在"库"面板中的可重复使用的资源。
影片剪辑、图形和按钮元件是 3 种会经常创建的元件，
通常用于特效、动画和交互性。

3.1 开始

我们先查看最终的项目，来了解在学习使用元件时将要创建的内容。

1. 双击 Lesson03/03End 文件夹中的 03End.png 文件，在浏览器中查看最终的项目，如图 3.1 所示。

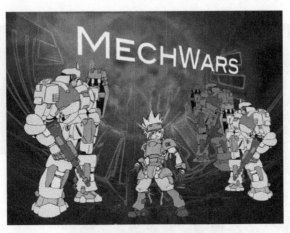

图3.1

> **注意：** 如果还没有将本课的项目文件下载到计算机上，请现在就这样做。具体可见本书的"前言"。

该项目是一幅卡通画面的静态插图。本课将使用 Illustrator 图形文件、导入的 Photoshop 文件和一些元件来创建一幅吸引人的静态图像，它带有一些有趣的效果。学习如何使用元件是创建任何动画或交互性效果之前的必要步骤。

2. 关闭 03End.png 文件。

3. 在 Animate CC 中，选择 File（文件）>New（新建），在 New Document（新建文档）对话框中选择 ActionScript 3.0。

为什么选择 ActionScript 3.0 文档？尽管我们不会编写 ActionScript 代码，也不会发布用于桌面浏览器中 Flash Player 的项目，但是 ActionScript 3.0 文档支持许多健壮的图形特性，在学习元件并导出最终的 PNG 文件时，将用到这些特性。

4. 在对话框的右侧，将 Stage（舞台）大小设置为 600（宽）×450 像素（高），然后单击 OK 按钮。

5. 选择 File（文件）>Save（保存）。把文件命名为 03_workingcopy.fla，并把它保存在 03Start 文件夹中。

3.2 导入 Illustrator 文件

在第 2 课中已经学到，在 Animate 中可以使用 Rectangle（矩形）、Oval（椭圆）和其他工具来绘制对象。还可以在各种应用程序中创建原始图稿，并将其导入 Animate。例如，如果用户更熟悉

Adobe Illustrator，可能会发现在 Illustrator 中更容易设计布局，然后可以再将它们导入到 Animate 中以添加动画和交互性。

 注意： 要学习Adobe Illustrator的更多知识，请参阅《Adobe Illustrator CC经典教程》。

当导入以 AI 格式保存的 Illustrator 文件时，Animate 将自动识别图层、帧和元件。可以选择 Animate 导入原始文件的不同图层以及导入文本的方式（请参阅 3.2.1 节）。

在本练习中，将导入包含卡通画面中所有人物的 Illustrator 文件。

1. 选择 File（文件）>Import（导入）>Import to Stage（导入到舞台）。

2. 导航到 Lesson03/03Start 文件夹，选择 characters.ai 文件。

3. 单击 Open（打开）按钮。

出现 Import to Stage（导入到舞台）对话框。

将 Illustrator 素材导入 Animate 有两种模式：一种具有高级选项；另一种没有。默认情况下会显示高级选项，但可以通过单击面板底部的按钮隐藏或显示高级选项。现在，保持显示高级选项，如图 3.2 所示。

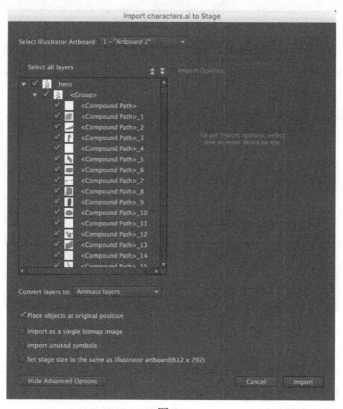

图3.2

4. 在对话框的左侧，Animate 显示了 Illustrator 文件中每个图层中的图形。图层名称和图层结构与原始 Illustrator 图层中的相同。

5. 单击 Collapse All（全部折叠）按钮。

Animate 将折叠单独的路径和组，只显示名为 hero 和 robot 的两个图层，如图 3.3 所示。

6. 单击 hero 图层，然后在右侧的 Layer import options（图层导入选项）中选择 Create a movie clip（创建影片剪辑），如图 3.4 所示。

图3.3

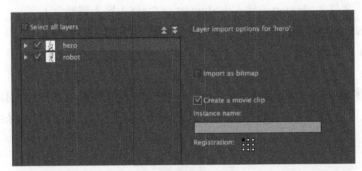

图3.4

选择从 Illustrator 导入 hero 层作为影片剪辑元件，因为影片剪辑元件支持各种视觉效果，即使是单帧图像。如果选择 Import as bitmap（导入为位图）选项，Animate 会将 Illustrator 图形转换为位图图像，而不是保留矢量路径。

7. 选择 robot 图层，在右侧的选项中，不要选择任何一个图层导入选项，如图 3.5 所示。我们将看到这两个不同的导入选项影响素材进入到 Animate 中的方式。

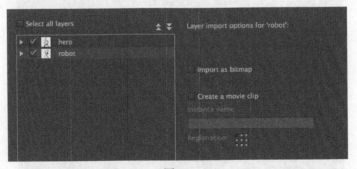

图3.5

8. 单击 Import（导入）。

来自原始 Illustrator 文件的 hero 和 robot 图层将导入并放置在 Animate 中具有相同名称的图层上，如图 3.6 所示。hero 将被转换为影片剪辑元件，并保存到 Library（库）面板。robot 还不是影片剪辑元件（本课稍后将介绍如何在 Animate 中创建影片剪辑元件）。

图3.6

3.2.1　使用简单的导入选项

通常，在选择单独的图层或选择图层内单独的图形以导入到 Animate 中时，无须进行精确控制。要想快速、简单、容易地导入，请单击对话框左下角的 Hide Advanced Options（隐藏高级选项），然后使用以下选项。

- Layer conversion（图层转换，见图3.7）

图3.7

选择 Maintain editable paths and effects（保持可编辑路径和效果），可以继续在 Animate 中编辑矢量绘图。另一个选项 Single flattened bitmap（单平面位图）则将 Illustrator 作品作为位图图像导入。

- Text conversion（文本转换，见图3.8）

图3.8

选择 Editable text（可编辑文本）会将文本保持不变，以便可以在 Animate 中编辑它。Vector

outlines（矢量轮廓）选项将文本转换为与分辨率无关的矢量路径，这些矢量路径不可再使用 Text（文本）工具进行编辑。如果计算机上没有安装正确的字体，请使用此选项以导入文本。Flattened bitmap image（平面化位图图像）会将文本转换为位图图像，这是不可编辑的。

- Convert layers to（将图层转换为，见图3.9）

图3.9

选择 Animate layers（Animate 图层）以保留 Illustrator 中的图层，并将每个图层从 Illustrator 导入到 Animate 中。Single Animate layer（单一 Animate 图层）选项将 Illustrator 图层平面化为一个 Animate 图层，而 Keyframes（关键帧）选项将 Illustrator 图层拆分为单独的 Animate 关键帧。

从Illustrator复制作品并粘贴到Animate中

如果不需要将整个Illustrator文件导入到Animate中，则可以复制Illustrator文件的某些部分并将其粘贴到Animate文档中。

当从Illustrator将作品复制并粘贴（或拖放）到Animate中时，将出现Paste（粘贴）对话框。Paste（粘贴）对话框为复制的Illustrator文件提供导入设置。可以将文件粘贴为单个位图对象，或者可以使用AI文件的当前首选项来粘贴它。正如在将文件导入舞台或"库"面板时那样，在粘贴Illustrator作品时，可以将Illustrator图层转换为Animate图层。

导入SVG文件

Animate还可以导入SVG作品（请参阅第2课中的SVG格式介绍）。要导入SVG文件，只需将文件拖放到舞台上，或使用File（文件）>Import（导入）命令。在导入过程中，可以选择将SVG图层转换为Animate图层或关键帧，或将其平面化为单个Animate图层。

3.3 关于元件

元件（symbol）是可以用于特效、动画或交互性的可重用的资源。可以创建 3 种类型的元件：图形、按钮和影片剪辑。对于许多动画来说，元件可以减小文件尺寸，缩短下载时间，因为它们可以重复使用。可以在项目中无限次地使用一个元件，但是 Animate 只会把它的数据存储一次。

元件存储在"库"面板中。当把元件拖到舞台上时，Animate 将会创建元件的一个实例（instance），并把原始的元件留在"库"中。实例是元件位于舞台上的一个副本。可以把元件视作原始的摄影底片，而把舞台上的实例视作底片的相片，只需利用一张底片，即可创建多张相片。

把元件视作容器也很有帮助。元件只是用于内容的容器，可以包含 JPEG 图像、导入的 Illustrator 图画或在 Animate 中创建的图画。在任何时候，都可以进入元件内部并编辑，这意味着可以编辑并替换其内容。

Animate 中的全部 3 种元件都用于特定的目的，可以通过在"库"面板中查看元件旁边的图标，辨别它是图形（ ）、按钮（ ），还是影片剪辑（ ）。

3.3.1　影片剪辑元件

影片剪辑元件是最强大、最通用的一种元件。在创建动画时，通常将使用影片剪辑元件。可以对影片剪辑实例应用滤镜、颜色设置和混合模式，以利用特效增强其外观。

 注意：尽管影片剪辑元件的名字中带有"影片"二字，但是它不一定是动态的。

影片剪辑元件可以包含它们自己独立的时间轴。可以在影片剪辑元件内包含一个动画，就像可以在主时间轴上包含一个动画那样容易，这使得制作非常复杂的动画成为可能。例如，飞越舞台的蝴蝶可以从左边移动到右边，同时使它挥舞的翅膀与它的移动是独立的。

更重要的是，可以使用代码控制影片剪辑，使它们对用户做出响应。例如，可以控制影片剪辑的位置或旋转，来创建街机游戏。或者，电影剪辑可以有拖放行为，这在构建拼图时很方便。

3.3.2　按钮元件

按钮元件用于交互性。按钮元件包含 4 个独特的关键帧，用于描述在与光标交互时按钮元件该怎么出现。然而，按钮需要代码来使它们工作。

可以对按钮应用滤镜、混合模式和颜色设置。在第 7 课中，当创建非线性导航模式以允许用户选择所看到的内容时，将学到关于按钮的更多知识。

3.3.3　图形元件

图形元件是最基本的元件类型。通常会使用图形元件来创建更加复杂的影片剪辑元件。图形元件不支持交互性，无法为图形元件应用滤镜或混合模式。

但是，当想要在多个版本的图形之间轻松切换时，图形元件就相当有用。例如，当需要将嘴唇形状与声音进行同步时，通过在图形元件的各个关键帧中放置所有不同的嘴部形状，可以轻松地同步语音。图形元件还用于将图形元件内的动画与主时间轴进行同步。

3.4　创建元件

前面学习了在从 Illustrator 导入资源时，如何创建影片剪辑元件。我们还可以在 Animate 中创建元件。创建元件主要有两种方法。这两种方法都有效，具体使用哪种取决于喜欢的工作方式。

第一种方法是在舞台上不选择任何内容，只要在菜单中选择 Insert（插入）>New Symbol（新建元件）。Animate 将进入元件编辑模式，在此可以绘制元件或导入元件的图形。

第二种方法是选择舞台上的现有图形，然后将其转换为元件。无论选择了什么，都将自动放置在新元件内。

大多数设计师喜欢使用第二种方法，因为这样可以在舞台上创建所有图形，并在将各个组件绘制成元件之前一起查看它们。

 注意：在使用Convert to Symbol（转换为元件）命令时，实际上没有转换任何东西，而是将所选择的东西放在了元件内。

在本课中，用户将在导入的 Illustrator 图形中选择不同的部分，然后将各个部分转换为元件。

1. 在舞台上，仅选择 robot 图层中的卡通机器人，如图 3.10 所示。

2. 选择 Modify（修改）>Convert to Symbol（转换为元件）（F8）。这将打开 Convert to Symbol（转换为元件）对话框。

3. 将元件命名为 robot，然后从 Type（类型）菜单中选择 Movie Clip（影片剪辑）。

4. 保留所有其他设置不变。Registration（注册）网格指示了元件的中心点（X=0，Y=0）和变换点，如图 3.11 所示。将注册点保留在左上角。

图3.10

5. 单击 OK 按钮。robot 元件将出现在"库"面板中。在"库"面板中，单击 characters.ai 文件夹旁边的三角形，以显示导入时转换为影片剪辑元件的 hero 元件，如图 3.12 所示。

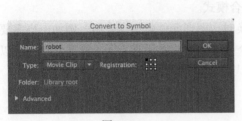

图3.11

图3.12

现在，在库中有两个影片剪辑元件，每个元件在舞台上也有一个实例。

3.5 导入 Adobe Photoshop 文件

现在将导入一个 Photoshop 文件作为背景，该 Photoshop 文件包含两个图层以及一种混合效果。混合效果可以在不同图层之间创建特殊的颜色混合，Animate 在导入 Photoshop 文件时可以保持所有图层不变，并且还会保留所有的混合信息。

 注意：要学习 Adobe Photoshop 的更多知识，请阅读《Adobe Photoshop CC 经典教程》。

与导入 Illustrator 文件的选项一样，将 Photoshop 资源导入 Animate 的方法有两种：一种具有高级选项；另一种没有。与导入 Illustrator 文件的选项类似，Import [filename] to Stage（导入到舞台）对话框在打开时将显示高级选项。

 提示：如果无法选择 PSD 文件，可从 Enable（启用）菜单中选择 All Files（所有文件）。如果该菜单不可见，可单击 Options（选项）。

1. 在时间轴中选择顶部的图层。
2. 选择 File（文件）>Import（导入）>Import to Stage（导入到舞台）。
3. 导航到 Lesson03/03Start 文件夹，选择 background.psd 文件。
4. 单击 Open（打开）按钮。

出现 Import to Stage（导入到舞台）对话框，如图 3.13 所示。

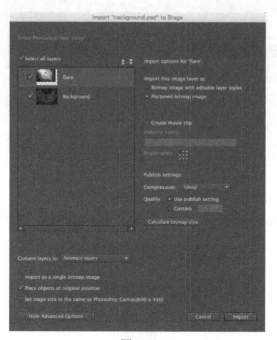

图3.13

5. 如果高级选项被隐藏，请单击对话框底部的 Show Advanced Options（显示高级选项）。

Animate 显示了 Photoshop 文件两个不同的图层：一个为 flare；另一个为 Background。

6. 确保两个图层前面都有一个复选标记，表明它们已选中。如果没有，可以单击 Select all layers（选择所有图层）选项。

7. 单击 flare 图层将其突出显示，然后从右侧的选项中选择 Bitmap image with editable layer styles（具有可编辑图层样式的位图图像），如图 3.14 所示。

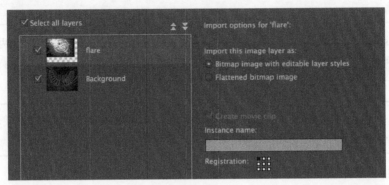

图3.14

8. 选择 Background 图层，然后从右侧的选项中选择 Bitmap image with editable layer styles（具有可编辑图层样式的位图图像），如图 3.15 所示。

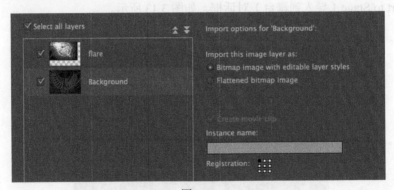

图3.15

9. 保留所有其他选项的默认设置，然后单击 Import（导入）按钮。

Animate 保存 Photoshop 中的图层，并在 Animate 中创建相同名称的图层，如图 3.16 所示。

图3.16

Photoshop 图层将自动转换为影片剪辑元件，并保存在库中。影片剪辑元件包含在名为 background.psd Asset 的文件夹中，如图 3.17 所示。

图3.17

所有混合和透明度信息都被保留，并从 Photoshop 图层转换为 Animate 影片剪辑混合属性。要查看此项，请在时间轴中选择 flare 图层，然后单击舞台上的 flare 图像以将其选中。打开"属性"面板，在 Display（显示）区域，将看到 Blending（混合）菜单中 Lighten（变亮）选项被选中，如图 3.18 所示。

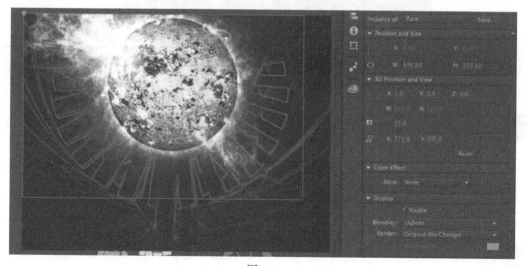

图3.18

没有选择的这个 Flattened Bitmap Image（扁平位图图像）选项，其作用是导入位图图像，该位图图像的混合和透明度效果已经固定在图像中。Lighten（变亮）效果将永久应用于位图图像本身，而不会作为"属性"面板中的 Blending（混合）选项。

10. 将 robot 和 hero 图层拖放到时间轴的顶部，使它们与背景图层重叠，如图 3.19 所示。

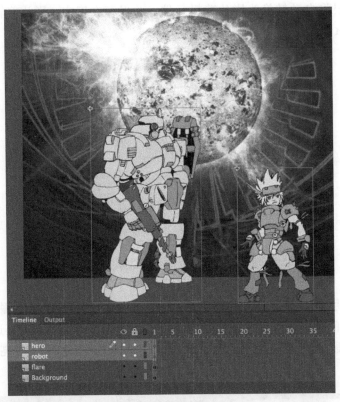

图3.19

关于图像格式

Animate支持导入多种位图图像格式。Animate可以处理JPEG、GIF、PNG和PSD（Photoshop）文件；对于包含渐变和细微变化（如照片中出现的那些变化）的图像，可以使用JPEG文件；对于具有较大的纯色块或黑白线条画的图像，可使用GIF文件；对于包括透明度的图像，可使用PNG；如果想保留来自Photoshop文件的所有图层、透明度和混合信息，则可使用PSD文件。

把位图图像转换为矢量图形

有时需要将位图图像转换为矢量图形。Animate把位图图像作为一系列彩色点（或像素）进行处理，而把矢量图形作为一系列线条和曲线进行处理。这种矢量信息是动态呈现的，因此矢量图形的分辨率不像位图图像那样是固定不变的。这意味着可以放大矢量图形，而计算机总会清晰、平滑地显示它。把位图图像转换为矢量图形通常具有使之看起来像"多色调分色相片"（posterized）的作用，因为细微的渐变将被转换为可编辑的、不连续的色块。这是一种有趣的效果。

要把位图转换为矢量图形，可以把位图图像导入到Animate中。选取位图，并选择Modify（修改）>Bitmap（位图）>Trace Bitmap（跟踪位图）。该选项将决定矢量图像是如何忠实于原始位图的。

在如图3.20所示的这两幅图中，左图是原始位图，右图是矢量图形。

图3.20

在使用Trace Bitmap（跟踪位图）命令时一定要小心谨慎，因为与原始位图图像相比，复杂的矢量图形通常要占用更多的内存，并且需要更多的计算机处理器资源。

3.6 编辑和管理元件

现在，在库中具有多个影片剪辑元件，并且在舞台上具有多个实例。可以在文件夹中组织这些元件，以便更好地在库中管理它们。可以随时编辑任何元件。例如，如果想更改机器人一只手臂的颜色，可以轻松地进入元件编辑模式并进行更改。

3.6.1 添加文件夹和组织库

"库"面板提供了便利的工具，可以从来简化元件集合的管理。

1. 在"库"面板中，右键单击空白处，然后从弹出的菜单中选择 New Folder（新建文件夹）。此外，也可以单击"库"面板底部的 New Folder（新建文件夹）按钮（ ），或者在面板右上角的面板菜单中选择 New Folder。

这会在"库"中创建一个新文件夹。

2. 把该文件夹命名为 characters，如图 3.21 所示。

3. 把 hero 和 robot 影片剪辑元件拖到 characters 文件夹中，如图 3.22 所示。可能需要打开 characters.ai 下的 hero 文件夹，才能找到 hero 的影片剪辑元件。

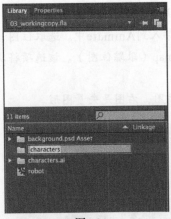

图3.21

图3.22

4. 可以折叠或展开文件夹，以隐藏或显示内容，并让"库"面板井然有序。

3.6.2 从库中编辑元件

可以直接在库中对编辑元件，无论它们是否应用在舞台上。

1. 在库中双击 robot 影片剪辑元件。

Animate 将进入元件编辑模式。在该模式下，可以查看元件的内容，在本例中是舞台上的机器人。注意舞台顶部的 Edit（编辑）栏可以告知用户，当前不是在 Scene 1 中，而是在名为 robot 的元件内，如图 3.23 所示。

2. 在"选取"工具处于活动状态时，双击图形以对其进行编辑。

Animate 将深入到一个组中，以显示构成这个组的所有矢量绘图对象，如图 3.24 所示。

3. 单击舞台的空白处，取消选择所有内容。

4. 选择 Paint Bucket（颜料桶）工具。选择一种新的填充颜色并将其应用于机器人上的绘图组。例如，机器人肩部的特定面板，如图 3.25 所示。

图3.23

图3.24

图3.25

5. 单击舞台上方 Edit（编辑）栏上的 Scene 1，返回主时间轴。

库中的影片剪辑元件将反映所做的更改。舞台上的实例也反映了对该元件所做的更改，如图
3.26 所示。如果编辑元件，则元件的所有实例都将更改。

图3.26

> **提示**：在库中可以快速、容易地复制元件。选取"库"元件，右键单击，然后选
> 择Duplicate（复制），或从"库"面板菜单（在面板的右上角）中选择Duplicate
> （复制）。Animate将在库中创建所选元件的一个精确的副本。

3.6.3 就地编辑元件

有时可能想在舞台上编辑与其他对象相关的元件。为此，可以双击舞台的一个实例。用户

将进入元件编辑模式，但是依然可以查看元件的周围环境。这种模式称之为就地编辑（editing in place）。

1. 使用"选取"工具，双击舞台上的 robot 影片剪辑实例。

舞台上所有其他的对象将呈灰色显示，用户进入元件编辑模式。注意顶部的 Edit（编辑）栏，它告知用户当前不在 Scene 1 中，而是在名为 robot 的元件内部，如图 3.27 所示。

图3.27

2. 双击对象组进行编辑。

屏幕上将显示绘图组，这个绘图组构成了元件内的组。请注意，Edit（编辑）栏显示用户当前位于 robot 元件内的组中，如图 3.28 所示。

图3.28

3. 选择"颜料桶"工具。选择一种新的填充颜色，并将其应用于机器人的胸板，如图 3.29 所示。

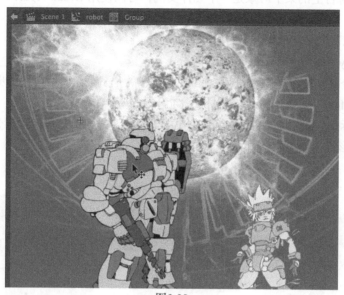

图3.29

4. 单击舞台上方"编辑"栏上的 Scene 1，返回主时间轴。也可以使用"选取"工具在图形外双击舞台的任何部分，返回下一个更高的组级别。

"库"面板中的影片剪辑元件反映了所做的修改。舞台上的所有实例也反映了对元件所做的更改，如图 3.30 所示。所有的元件实例都会根据对元件所做的编辑工作发生相应的改变。

图3.30

3.6.4 拆分元件实例

如果不再希望舞台上的某个对象是一个元件实例，可以使用 Break Apart（拆分）命令把它返回到其原始形式。

1. 使用"选取"工具选择舞台上的机器人实例。

2. 选择 Modify（修改）>Break Apart（拆分）。

Animate 将会分离 robot 影片剪辑实例。留在舞台上的是一个组，也可进一步分离并进行编辑。

3. 再次选择 Modify（修改）>Break Apart（拆分）。

Animate 将组拆分为独立的组件，也就是更小的矢量绘制对象。还可以再拆分一次，这样一来，绘制对象将转变为形状，如图 3.31 所示。

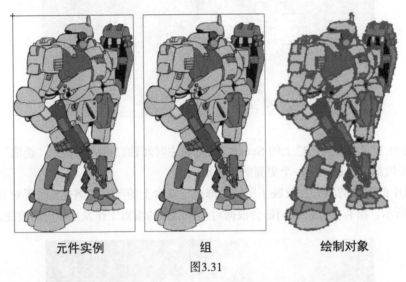

元件实例   组   绘制对象

图3.31

4. 多次选择 Edit（编辑）>Undo（撤销），将 robot 恢复到元件实例。

3.7 更改实例的大小和位置

舞台上可以有同一元件的多个实例。现在，将添加另外几个机器人，创建一支小型的机器人军队。用户将学习如何单独更改每个实例的大小和位置（甚至更改其旋转方式）。

1. 在时间轴中选择 robot 图层。

2. 把另一个 robot 元件从"库"面板拖到舞台上。

这将出现一个新的实例，如图 3.32 所示。

图3.32

3. 选择 Free Transform（任意变形）工具。

在所选的实例周围将出现控制手柄，如图 3.33 所示。

4. 拖动选区一边的控制手柄来翻转机器人，使得它面向另一个方向，如图 3.34 所示。

5. 按住 Shift 键的同时拖动选区其中一个角的控制手柄，减小机器人的大小。Shift 键会对这一变化进行约束，使其宽度和长度按照比例变化，如图 3.35 所示。

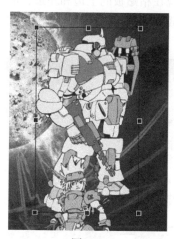

图3.33

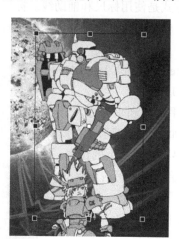

图3.34

图3.35

6. 把第 3 个机器人从"库"面板拖到舞台上。利用"任意变形"工具翻转机器人，调整它的大小，并使之与第二个机器人重叠。将它挪动到合适的位置。

机器人军队正在不断发展壮大，如图 3.36 所示！要注意，无论怎么样对实例进行变形，都不会改变库元件，也不会改变其他的实例。但是，编辑库中的元件则会影响到所有实例。

图3.36

3.7.1 使用标尺和辅助线

有时需要更精确地放置元件实例。第 1 课讲解了如何在"属性"面板中使用 X 和 Y 坐标来定位各个对象。第 2 课讲解了使用 Align（对齐）面板使多个对象相互对齐。

在舞台上定位对象的另一种方式是使用标尺和辅助线。标尺出现在粘贴板的上边和左边，沿着水平轴和垂直轴提供度量单位。辅助线是出现在舞台上的垂直线或水平线，但是它不会出现在最终发布的影片中。

1. 选择 View（视图）>Rulers（标尺）（Ctrl + Shift + R/Option + Shift + R 组合键）。

以像素为单位进行度量的水平标尺和垂直标尺分别出现在粘贴板的上边和左边，如图 3.37 所示。在舞台上移动对象时，标记线表示边界框在标尺上的位置。X=0 和 Y=0 的点从舞台左上角开始计算，向右则 X 值增加，向下则 Y 值增加。

2. 将鼠标光标移动到顶部的水平标尺上，并在舞台上向下拖动一条辅助线。

舞台上将出现一条彩色线条，可将其用作对齐的辅助线，如图 3.38 所示。

图3.37

3. 利用"选取"工具双击辅助线。

出现 Move Guide（移动辅助线）对话框。

4. 输入"435"作为辅助线的新像素值，然后单击 OK 按钮，如图 3.39 所示。

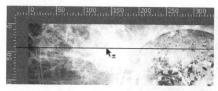

图3.38

图3.39

辅助线现在定位于距离舞台上边缘的 435 像素处。

5. 选择 View（视图）>Snapping（贴紧）>Snap to Guides（贴紧至辅助线），确保选中 Snap to Guides（贴紧至辅助线）选项。

现在对象将贴紧至舞台上的任何辅助线。

6. 拖动 robot 实例和 hero 实例，使得它们的底部边缘与辅助线对齐，如图 3.40 所示。

图3.40

> **注意：**可选择View（视图）>Guides（辅助线）>Lock Guides（锁定辅助线）来锁定辅助线，以防止不小心移动了它们。可选择View（视图）>Guides（辅助线）>Clear Guides（清除辅助线）来清除所有的辅助线。可以选择View（视图）>Guides（辅助线）>Edit Guides（编辑辅助线）来更改辅助线的颜色和贴紧的精确度。

3.8 更改实例的色彩效果

"属性"面板中的 Color Effect（色彩效果）选项允许更改任何实例的多种属性。这些属性包括亮度、色调（整体着色）和 Alpha 值。

3.8.1 更改亮度

亮度控制着显示在舞台上的实例的暗度和亮度。

1. 使用"选取"工具，单击舞台上最小的机器人。

2. 在"属性"面板的 Color Effect（色彩效果）区域中，从 Style（样式）菜单中选择 Brightness（亮度），如图 3.41 所示。

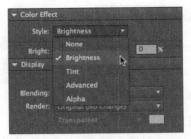

图3.41

3. 把"亮度"滑块拖到 -40%。

舞台上的 robot 实例将变得更暗，并且看起来好像更遥远，如图 3.42 所示。

图3.42

3.8.2 更改透明度

Alpha 值控制着不透明度的级别。减小 Alpha 值将减小不透明度，即增加透明度。

1. 单击发光的天体，将其选中。在"属性"面板中，应该可以看到从 Instance of（实例）菜单中看到选中了 flare。

2. 在"属性"面板的"色彩效果"区域中，从"样式"菜单中选择 Alpha，如图 3.43 所示。

3. 把 Alpha 滑块拖动到 50% 的值。

舞台上 flare 图层中的天体将变得更透明，如图 3.44 所示。

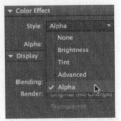

图3.43

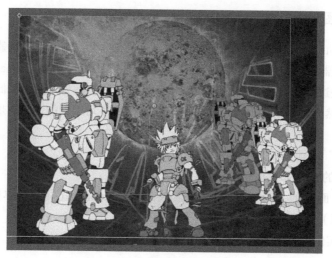

图3.44

3.9　理解显示选项

在影片剪辑的"属性"面板中的 Display（显示）区域提供了多个选项，用于控制实例的混合和渲染。

3.9.1　混合效果

混合是指一个实例的颜色如何与它下面的颜色相互作用。我们已经知道 flare 图层中的实例如何应用 Lighten（变亮）选项（继承自 Photoshop），使其与 Background 图层中的实例更加融合。

Animate 提供了各种混合选项。可以在"属性"面板 Display（显示）区域的 Blending（混合）菜单中找到它们。其中有一些具有令人惊奇的效果，这归结于实例中的颜色以及它下面的图层中的颜色。通过体验所有的选项可以了解它们如何工作。图 3.45 显示了一些"混合"选项，以及它们在蓝黑色渐变上对 robot 实例的效果。

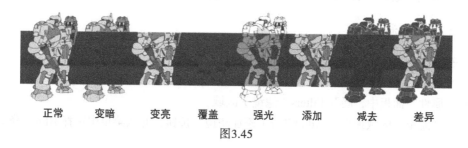

正常　　变暗　　变亮　　覆盖　　强光　　添加　　减去　　差异

图3.45

3.9.2 导出为位图

在本课中的 robots 和 hero 人物是从 Illustrator 导入的包含复杂矢量图形的影片剪辑元件。矢量图形会占用很多处理器资源，并且影响性能和播放。一个名为 Export as Bitmap（导出为位图）的渲染选项有助于解决这个问题。"导出为位图"选项将矢量图渲染为位图，降低了性能负荷（但是增加了内存使用）。然而在 FLA 文件中，影片剪辑依然保留了可编辑的矢量图形，因此依旧可以对其进行修改。

1. 选择"选取"工具。

2. 选择舞台上的 hero 影片剪辑实例。

3. 在"属性"面板的 Display（显示）区域，从 Render（渲染）菜单中选择为 Export as Bitmap（导出为位图），如图 3.46 所示。

hero 影片剪辑实例将如同在发布时被渲染那样出现。由于图片的栅格化，在插图上可以看到一些轻微的柔化效果。

4. 在 Bitmap Background（位图背景）菜单（位于 Render 菜单下面）中，确保选中了 Transparent（透明）（这也是默认值），如图 3.47 所示。

图3.46

图3.47

Transparent(透明)选项将影片剪辑元件的背景渲染为透明。也可以选择 Opaque(不透明)选项，然后为影片剪辑元件的背景选择一个颜色。

3.10 应用滤镜以获得特效

使用滤镜可以创建能应用到影片剪辑实例上的特效。"属性"面板的 Filters（滤镜）区域提供了多种滤镜，每种滤镜都具有不同的选项，可用于优化效果。

3.10.1 应用模糊滤镜

对一些实例应用 Blur（模糊）滤镜，有助于为场景提供更好的深度感。

1. 在 flare 图层中选择发光的天体。

2. 在"属性"面板中，展开 Filters（滤镜）区域。

3. 单击"滤镜"区域顶部的 Add Filter（添加滤镜）按钮，并从菜单中选择 Blur（模糊）。

"模糊"滤镜的属性和值将显示出来，如图 3.48 所示。

4. 单击靠近 Blur X（模糊 X）和 Blur Y（模糊 Y）值的链接图标，在这两个方向上将模糊效果链接起来（如果还没有链接的话）。

5. 将 Blur X 和 Blur Y 的值设置为 10 像素，如图 3.49 所示。

图3.48

图3.49

舞台上的实例将变模糊，这有助于给该场景提供一种大气的透视效果，如图 3.50 所示。

图3.50

An **注意**：最好把"滤镜"的 Quality（品质）设置保持为 Low（低）。较高的设置会占用很多处理器资源，并且可能会降低性能，在应用了多个滤镜时更是如此。

在Filter（滤镜）区域的右上角有一个命令菜单，可以用来管理和应用多个滤镜，如图3.51所示。

Save as preset（保存为预设）命令允许保存特定的滤镜及其设置，以便把它应用于另一个实例。Copy and paste（复制和粘贴）命令允许复制和粘贴所选的滤镜或所有滤镜，将其应用到其他实例。

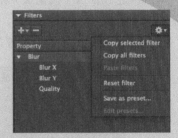

图3.51

Reset filter（重置滤镜）命令会将所选滤镜的值重置为默认值。Enable or disable filter（启用或禁用滤镜）按钮（靠近滤镜名称的眼睛图标）可分别用来查看应用了滤镜和没有应用滤镜的实例。

3.11 在 3D 空间中定位对象

有时还需要能够在真实的三维空间中定位对象并对对象进行动画处理，然而，这些对象必须是影片剪辑元件，才能移入 3D 空间中。有两个工具可以用来在 3D 空间中定位对象：3D Rotation（旋转）工具和 3D Translation（平移）工具。Transform（变形）面板也提供了用于定位和旋转的信息。

要想成功地在 3D 空间中放置对象，理解 3D 坐标空间是必不可少的。Animate 使用 3 根轴（X 轴、Y 轴和 Z 轴）来划分空间。X 轴水平穿越舞台，并且在左边缘处 X=0；Y 轴垂直穿越舞台，并且在上边缘处 Y=0；Z 轴则进出"舞台"平面（朝向或离开观众），并且在舞台平面上 Z=0。

 注意：3D Rotation（旋转）工具和3D Transform（平移）工具仅在ActionScript 3.0和AIR文档中得以支持。在HTML5 Canvas和WebGL文档中，3D工具是禁用的。

3.11.1 更改对象的 3D 旋转

下面将向图像中添加一些文本，但是为了增加一点趣味性，可使之倾斜，使其符合透视法则。

考虑电影 Star Wars（星球大战）开头的文字介绍，看看是否可以实现相似的效果。

图3.52

1. 在图层堆栈顶部插入一个新图层，并把它重命名为 text，如图3.52 所示。

2. 从"工具"面板中选择 Text（文本）工具。

3. 在"属性"面板中，从 Text Type（文本类型）菜单中选择 Static Text（静态文本）。选择一种醒目的字体，增大其字号并为其添加一些有趣的颜色，以增加活力。所选字体可能看起来稍微不同于本课中显示的字体，这与计算机上可用的字体有关。

4. 在 text 图层中的舞台上单击，开始输入标题，如图 3.53 所示。

图3.53

5. 要退出"文本"工具，可选取"选择"工具。

6. 在文本对象依然为选中的状态下，选择 Modify（修改）>Convert to Symbol（转换为元件）（F8 键）。

7. 在 Convert to Symbol（转换为元件）对话框中，在 Name（名称）字段输入 title，并从 Type（类型）中选择 Movie Clip（影片剪辑）。单击 OK 按钮，如图 3.54 所示。

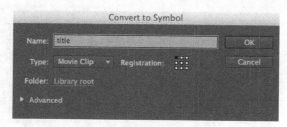

图3.54

文本将放入到影片剪辑元件，并且在舞台上保留一个实例。

8. 选择 3D Rotation（旋转）工具（ ），结果如图 3.55 所示。

图3.55

实例上出现了一个圆形的彩色靶子，这是用于 3D 旋转的辅助线。可把这些辅助线视作地球仪上的线条，红色经线围绕 X 轴旋转实例，沿着赤道的绿线围绕 Y 轴旋转实例，圆形蓝色辅助线则围绕 Z 轴旋转实例，如图 3.56 所示。

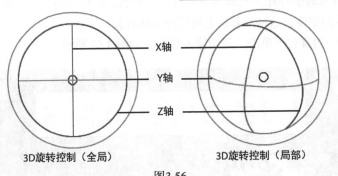

3D旋转控制（全局）　　　　　　3D旋转控制（局部）

图3.56

9. 拖动任意一条辅助线，在3D空间中旋转实例。一个标签将添加到鼠标指针上，用来显示正在操纵的轴。

- 在红色辅助线上向左或向右拖动，围绕X轴旋转。
- 在绿色辅助线上向上或向下拖动，围绕Y轴旋转。
- 围绕蓝色辅助线上的圆拖动，围绕Z轴旋转。

也可以拖动外部的橙色圆形辅助线，在3个方向上任意旋转实例，结果如图 3.57 所示。

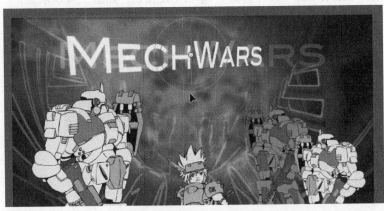

图3.57

全局变形与局部变形的对比

　　在选择3D旋转或3D平移工具时，"工具"面板的底部将会有一个Global Transform（全局变形）选项（![icon]）。在选中Global Transform（全局变形）时，3D对象是相对于全局（或舞台）坐标系统进行旋转或定位的。无论如何旋转或移动对象，所移动对象上的3D视图将会在恒定位置显示3个轴。注意在图3.58中，3D显示总是垂直于舞台的。

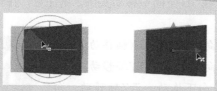

图3.58

但是，在关闭Global选项后（按钮凸起），对象的旋转和定位是相对于对象自身的。3D视图将显示出相对于对象（而非舞台）的3个轴。例如，在图3.59中，3D平移工具显示的Z轴是从矩形而不是舞台上指出来的。

图3.59

3.11.2　更改对象的 3D 位置

除了更改对象在 3D 空间中的旋转方式之外，还可以把它移到 3D 空间中的特定点处。可以使用 3D Translation（平移）工具，它隐藏在 3D Rotation（🌐）工具之下。

1. 选择 3D Translation 工具（⬩）。
2. 单击选择文本，如图 3.60 所示。

图3.60

实例上将出现辅助线，这是用于 3D 平移的辅助线。红色辅助线表示 X 轴，绿色辅助线表示 Y 轴，蓝色辅助线表示 Z 轴，如图 3.61 所示。

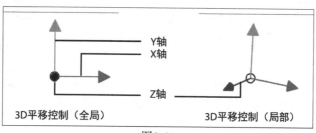

图3.61

3. 拖动任意一条辅助线，在 3D 空间中移动实例。请注意，在舞台上移动文字时，文字会保持透视。

图3.62

- 在红色辅助线上向左或向右拖动，沿X轴移动。
- 在绿色辅助线上向上或向下拖动，沿Y轴移动。
- 在蓝色辅助线上向上或向下拖动，沿Z轴移动。向上拖动将远离用户，更深入到场景中，而向下拖动则朝着用户移动，如图3.62所示。

3.11.3 对变形进行重置

如果在进行 3D 变形时犯了错，并且想要重置实例的旋转，可以使用 Transform（变形）面板。

1. 选择"选取"工具，然后选择想要重置的实例。

2. 选择 Window（窗口）>Transform（变形），打开 Transform（变形）面板。

图3.63

"变形"面板将显示 3D 空间中 X、Y、Z 的旋转和位置值。

3. 单击"变形"面板右下角的 Remove Transform（移除变形），如图 3.63 所示。

所选实例将返回最初的旋转位置。使用 3D 旋转重新调整标题的位置，然后继续。

3.11.4 理解消失点和透视角

在 2D 平面（比如计算机屏幕）上表示 3D 空间中的对象时，是利用透视图呈现的，这样它们看上去就像现实中那样。正确的透视图取决于许多因素，包括消失点（vanishing point）和透视角（perspective angle），这两个因素可以在 Animate 中更改。

消失点决定了透视图的水平平行线汇聚于何处，可以想象铁路轨道以及当平行铁轨越来越遥远时它们如何汇聚于一点。消失点通常位于视野中心与眼睛水平的位置，因此默认的设置正好在舞台的中心。不过，可以通过更改消失点的设置，使之出现在眼睛水平位置的上、下、左、右。

透视角确定了平行线能够多快地汇聚于消失点，角度越大，汇聚得越快，因此插图会看起来更费力，更扭曲。

1. 在舞台上选取已经在 3D 空间中移动或旋转了的对象。

2. 在"属性"面板中，展开 3D Position and View（3D 定位和视图）区域，如图 3.64 所示。

透视角

消失点

图3.64

3. 在"3D 定位和视图"区域底部，拖动消失点 Position（位置）的 X 值和 Y 值，修改消失点。消失点在舞台上通过灰色交叉线来指示，如图 3.65 所示。

图3.65

4. 要将消失点的设置重置为默认值（即舞台的中央），可单击 Reset（重置）按钮。

5. 拖动透视角的 Angle（角度）值，更改扭曲的量，结果如图 3.66 所示。角度越大，扭曲得越厉害。

图3.66

3.11.5 导出最终的作品

现在已经将人物放置到了一个强大的布局中，而且还有了一个动态的标题。整个作品已经完成，接下来准备将其导出。可以将 Animate 框架（frame）导出为 PNG、GIF 或 JPEG 位图格式的文件。

1. 选择 File（文件）>Export（导出）>Export Image（导出图像）。

这将出现 Export Image（导出图像）对话框，且带有舞台的预览，如图 3.67 所示。

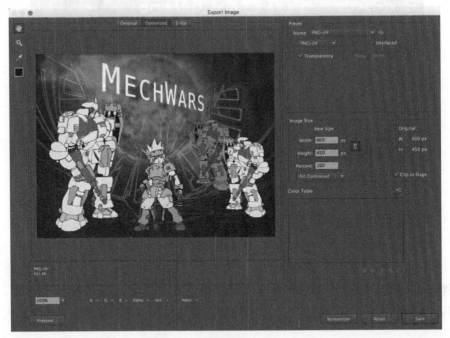

图3.67

2. 在 Preset（预设）区域，选择 PNG-24。

3. 取消选中 Transparency（透明度）选项。

4. 确保在 Image Size（图像大小）区域选择了 Clip to Stage（剪切到舞台）选项。

Clip to Stage（剪切到舞台）选项只导出出现在舞台边界框之内的内容。

5. 单击 Save（保存），并为导出的 PNG 文件选择一个文件名和存放目的地。

创建Adobe Creative Cloud库以共享资源

  Creative Cloud（CC）库可以让用户随时随地使用自己喜爱的资源。可以使用CC库来创建和共享图形，包括颜色、画笔、元件，甚至整个文档。在用户需要这些资源时，可以通过其他Creative Cloud应用程序共享和访问这些资源。用户还可以与拥有Creative Cloud账户的任何人共享库，因此可以轻松协作，让设计保持一致，甚至可以创建在项目中使用的样式指南。用户共享的库资源始终是最新的，可以立即使用。CC库的工作方式非常类似于本课中使用的Animate"库"面板。

  要创建新的CC库以共享资源，请按照下列步骤操作。

1. 选择Window（窗口）>CC Libraries（CC库），打开CC Libraries面板，或单击CC Libraries面板图标，结果如图3.68所示。

你的面板可能与这里的不同，这取决于CC库的内容。

2. 单击"库"面板菜单，然后选择Create New Library（创建新库），如图3.69所示。

这将打开Create New Library（创建新库）对话框。

3. 输入库的新名称，然后单击Create（创建）按钮，如图3.70所示。

图3.68

图3.69

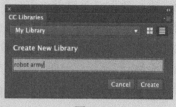

图3.70

新CC库已创建完毕。单击库底部的Plus（加号）按钮可添加要共享的资源。

要共享CC库，请执行以下操作。

· 打开Libraries Options（库选项）菜单，然后选择Collaborate（协作）或Share Link（共享链接），如图3.71所示。

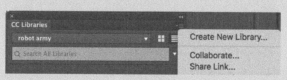

图3.71

如果选择了Collaborate，将会打开浏览器，可以邀请其他人查看或编辑你的CC库。如果选择了Share Link，则会为他人创建一个公共链接，供他们从你的CC库下载资源。

3.12　复习题

1. 什么是元件，它的实例的区别是什么？

2. 指出可用于创建元件的 3 种方式。

3. 在使用简单的导入选项导入 Illustrator 文件时，如果选择将图层转换为 Animate 图层，则会发生什么？如果选择将图层转换为关键帧，则又会发生什么？

4. 在 Animate 中如何更改实例的透明度？

5. 编辑元件的两种方式是什么？

3.13　复习题答案

1. 元件可以是图形、按钮或影片剪辑，在 Animate 中只需创建它们一次，然后就可以在整个文档或其他文档中重用它们。所有元件都存储在"库"面板中。实例是元件位于舞台上的一个副本。

2. 第一种方式是选择 Insert（插入）>New Symbol（新建元件）；第二种方式是选取舞台上现有的对象，然后选择 Modify（修改）>Convert to Symbol（转换为元件）；第三种方式是从 Illustrator 或者 Photoshop 中导入图形，并在导入过程中创建元件。

3. 当把 Illustrator 文件中的图层转换为 Animate 图层时，Animate 将识别 Illustrator 文档中的图层，并在时间轴中把它们添加为单独的图层。当把图层作为关键帧导入时，Animate 将把每个 Illustrator 图层都添加到时间轴中单独的帧中，并为它们创建关键帧。

4. 实例的透明度是由 Alpha 值确定的。要更改透明度，可以在"属性"面板的 Color Effect（色彩效果）菜单中选择 Alpha，然后更改 Alpha 的百分比。

5. 编辑元件的两种方式：双击库中的元件进入元件编辑模式；双击舞台上的实例就地进行编辑。就地编辑元件允许用户查看实例周围的其他对象。

第4课　制作元件动画

课程概述

本课将介绍如下内容：

- 针对对象的位置、缩放和旋转制作动画；
- 调整动画的节奏（pacing）和时序（timing）；
- 对透明度和特效制作动画；
- 更改对象的运动路径；
- 创建嵌套的动画；
- 拆分运动补间；
- 更改对象运动的缓动效果；
- 在3D空间中制作动画。

本课大约要用 120 分钟完成。

开始之前，请先将本书的课程资源下载到本地硬盘中，并进行解压。在学习本课时，将覆盖相应的课程文件。建议先做好原始课程文件的备份工作，以免后期用到这些原始文件时，还需重新下载。

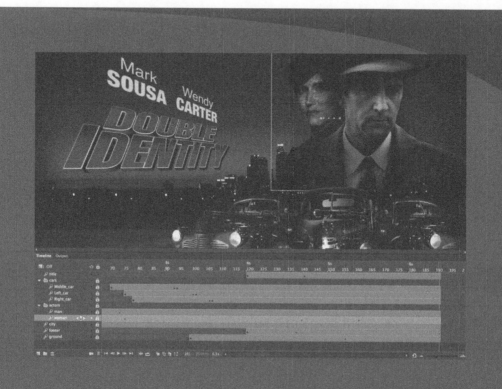

使用 Adobe Animate CC 几乎可以更改对象的所有方面，包括位置、颜色、透明度、大小和旋转，让它们随着时间发生变化。运动补间（motion tween）是利用元件实例创建动画的基本技术。

4.1 开始

我们先来查看最终的影片文件，了解将在本课中创建的动画式标题页面。

1. 双击 Lesson04/04End 文件夹中的 04End.html 文件，播放最终的动画，该动画是作为视频文件导出的，如图 4.1 所示。

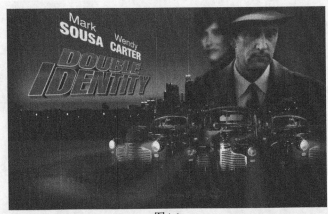

图4.1

 注意：*如果还没有将本课的项目文件下载到计算机上，请现在就这样做。具体可见本书的"前言"。*

这个项目是一个将要放置在网站上的动画片头，供一部即将发布的虚构电影使用。在本课中，将使用运动补间对页面上的多个部分进行动画处理，包括城市景观、主要演员、几辆老爷车和主标题。

2. 关闭 04End.mp4 文件。

3. 双击 Lesson04/04Start 文件夹中的 04Start.fla 文件，在 Animate 中打开初始项目文件。该文件是一个完成了一部分的 ActionScript 3.0 文档，已经包含了导入到"库"中的许多图形元素，供用户使用。用户还将使用 ActionScript 3.0 文档中所有可用的动画功能，但是不会使用 Flash Player 在浏览器中播放，而是导出为 MP4 视频文件。

4. 在舞台上方的视图选项中，选择 Fit in Window（符合窗口大小），或者选择 View（视图）> Magnification（缩放比率）> Fit in Window（符合窗口大小），以便在计算机屏幕上看到整个舞台。

5. 选择 File（文件）> Save As（另存为）。把文件命名为 04_workingcopy.fla，并把它保存在 04Start 文件夹中。

保存工作副本可以确保要重新开始时，可以使用原始的初始文件。

4.2 关于动画

动画是对象随着时间的推移而发生的运动或变化。动画既可以像从一个帧到下一个帧移动盒子经过舞台那样简单，也可以很复杂。用户在本课中将看到，可以把单个对象的许多不同方面制作成动画，可以更改对象在舞台上的位置，改变它们的颜色和透明度，更改它们的大小和旋转方式，甚至可以对上一课学到的特殊滤镜进行动画处理。还可以控制对象的运动路径，甚至控制它们的缓入缓出，即对象加速或减速的方式。

在 Animate 中，动画制作的基本流程如下：选取舞台上的对象，用鼠标右键单击，从弹出的菜单中选择 Create Motion Tween（创建运动补间），然后把红色播放头移动到不同的时间点处，并把对象移到一个新位置，或更改对象的属性。Animate 采用对两个时间点之间的变化进行平滑插值的方式，来负责剩下的所有工作。

运动补间将为舞台上对象的位置变化以及大小、颜色或其他属性的改变创建动画。运动补间要求使用元件实例。如果所选的对象不是一个元件实例，Animate 将自动请求把所选内容转换为元件。

Animate 还会自动把运动补间分离到它们自己的图层上，这些图层称为补间图层。每个补间图层中只能有一个运动补间，而不能有任何其他元素。补间图层允许用户在不同的关键时间点处来更改实例的多种属性。例如，宇宙飞船可以在开始关键帧中位于舞台左边，而在结束关键帧中位于舞台最右边，由此得到的运动补间将使宇宙飞船飞越舞台。

术语"补间"来自于经典动画领域。高级动画师负责绘制人物的开始和结束姿势，开始和结束姿势是动画的关键帧；然后由初级动画师绘制中间的帧，或做一些中间工作。因此，"补间"是指关键帧之间的平滑过渡。

4.3　理解项目文件

04Start.fla 文件包含了几个已经完成或部分完成的动画元素。6 个图层（man、woman、Middle_car、Right_car、footer 和 ground）中的每一个都包含一个动画。man 和 woman 图层位于名为 actors 的文件夹中，Middle_car 和 Right_car 图层则位于名为 cars 的文件夹中，如图 4.2 所示。

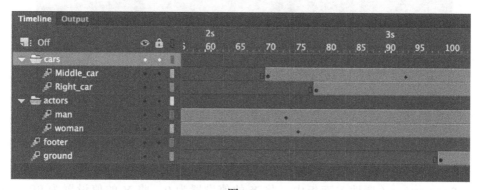

图4.2

下面将添加更多的图层来创建一个活力四色的城市夜景，并美化其中一位演员的动画，以及添加第 3 辆汽车和一个 3D 标题。所有必需的图形元素都已经导入到库中。舞台被设置为 1280×787 像素，颜色被设置为黑色。可能需要选择不同的视图选项才能看到整个舞台。可选择 View（视图）>Magnification（缩放比率）>Fit in Window（符合窗口大小），或从舞台右上角的视图选项中选择 Fit in Window（符合窗口大小），以便使用一个适合屏幕的缩放比例来查看舞台，如图 4.3 所示。

图4.3

4.4　针对位置制作动画

下面将通过制作城市夜景的动画来开始这个项目。城市夜景一开始要比舞台上边缘稍低一点，然后缓慢上升，直至其顶部与舞台顶部对齐。

1. 锁定所有现有的图层，以免因意外而修改它们。在 footer 图层上面创建一个新图层，并把它重命名为 city，如图 4.4 所示。

2. 在 Library（库）面板中，将名为 cityBG.jpg 的位图图像从 bitmaps 文件夹中拖到舞台上，如图 4.5 所示。

图4.4

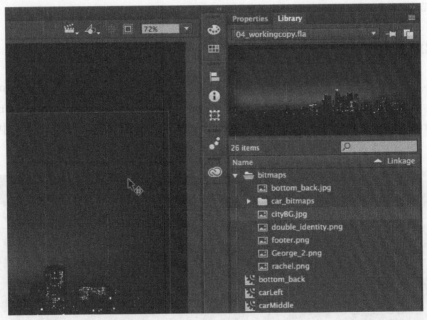

图4.5

3. 在 Properties（属性）面板中，将 X 的值设置为 0，将 Y 的值设置为 90，如图 4.6 所示。

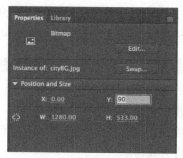

图4.6

这将把城市夜景图像放置到比舞台上边缘稍低的位置。

4. 鼠标右键单击城市夜景图像，在弹出的菜单中选择 Create Motion Tween（创建运动补间），或者选择 Insert（插入）>Motion Tween（运动补间），如图 4.7 所示。

图4.7

5. 这将出现一个对话框，警告用户所选的对象不是一个元件，运动补间需要的是元件，如图 4.8 所示。Animate 将询问用户是否想把所选的内容转换为元件，以便它可以继续处理运动补间。单击 OK 按钮。

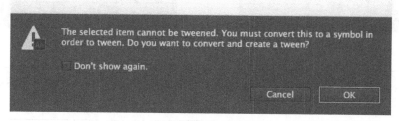

图4.8

Animate 会自动把所选的内容转换为元件，并使用其默认的名字 Symbol 1，然后将其保存在"库"面板中。Animate 还会把当前图层转换为补间图层，以便开始对实例制作动画。补间图层可以通过图层名称前面的特殊图标来区分，并且其中的帧被设置成蓝色。补间覆盖的帧范围称为补间范围

（tween span）。补间范围由第一个关键帧到最后一个关键帧之间的所有彩色帧来表示，补间图层是为运动补间所保留的，因此不允许在补间图层上绘制对象，如图4.9所示。

图4.9

6. 把红色播放头移到补间范围的末尾，即第190帧。

7. 在舞台上选取城市夜景的实例，同时按住Shift键，在舞台上向上移动这个实例。

按住Shift键会迫使实例以垂直方式移动。

8. 为了更精确，可以在"属性"面板中把Y的值设置为0。

在补间范围末尾的第190帧中，出现一个黑色小菱形，这表示关键帧位于补间的末尾，如图4.10所示。

Animate将在第1帧~第190帧的位置中平滑地插入变化，并用舞台上的一条运动路径表示这个动画，结果如图4.11所示。

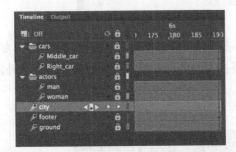

图4.10

图4.11

> **提示**：隐藏所有其他的图层，以更隔离城市夜景，以及更好地查看运动补间的结果。

9. 在时间轴顶部来回拖动红色播放头，查看平滑的动画。也可以选择Control（控制）▷Play（播放）（或按Enter/Return键），让Animate播放动画。

针对位置制作动画相当简单，因为当把实例移到新位置时，Animate会自动在这些位置创建关键帧。如果想让对象移动到不同的位置，只需把红色播放头移动到目标帧上，然后把对象移至其新位置，Animate 会负责做其余的工作。

4.4.1 预览动画

时间轴底部集成了一组播放控件。这些控件为用户提供了一种可控的方式，用来播放、回放或在时间轴上向前或向后一步一步地查看动画。也可以使用 Control（控制）菜单中的播放命令来操作。

1. 单击时间轴下方控制条中的任何播放按钮（见图 4.12），可以转到第一帧，转到最后一帧，播放、暂停、向前或向后移动一帧。

2. 选择 Loop（循环）选项（在控制条的右边），然后单击 Play（播放）按钮。

播放头将循环播放，方便用户一遍又一遍地观看动画来仔细分析。

3. 移动时间轴标题上的起始标记或结束标记，定义想要循环播放的帧范围，如图 4.13 所示。

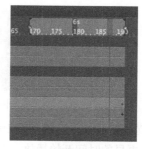

图4.12   图4.13

播放头将在标记的帧内循环。再次单击 Loop（循环）选项可以将其关闭。

4.5 改变节奏和时序

可以通过在时间轴上拖动关键帧来更改整个补间范围的持续时间，或更改动画的时序（timing）。

4.5.1 更改动画持续时间

如果想让动画以较慢的节奏播放（以占据一段较长的时间），就需要延长开始关键帧与结束关键帧之间的整个补间范围。如果想缩短动画，就需要减小补间范围，可以通过在时间轴上拖动补间范围的末尾来延长或缩短运动补间。

1. 在 city 图层中，把鼠标光标移到靠近补间范围末尾的地方。

鼠标光标将变为双箭头，表示可以延长或缩短补间范围，如图 4.14 所示。

2. 向后拖动补间范围的末尾，拖动到第 60 帧处。

现在运动补间将缩短至 60 帧，由此降低了城市夜景的移动时间，如图 4.15 所示。

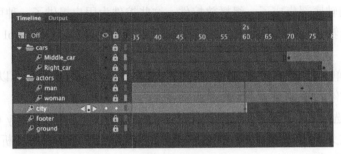

图4.14   图4.15

3. 把鼠标光标移到靠近补间范围的开始处（在第 1 帧），如图 4.16 所示。

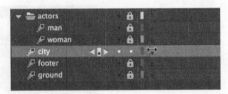

图4.16

4. 向前拖动补间范围的开始处，拖动第 10 帧处。

运动补间将从一个更早的时间开始播放，因此它只播放第 10 帧到第 60 帧，如图 4.17 所示。

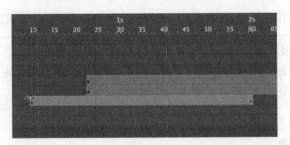

图4.17

注意：如果补间中具有多个关键帧，通过拖动一端或另一端来改变补间范围的长度时，所有关键帧将均匀分布。整个动画的时序将保持相同，只是播放长度发生了变化。

4.5.2 添加帧

如果希望运动补间的最后一个关键帧保持到动画的最后，可通过按住 Shift 键拖动补间范围的末尾来添加一些帧。

1. 把鼠标光标移到补间范围的末尾附近。

2. 按住 Shift 键，向前拖动补间范围的末尾，拖动到第 191 帧，如图 4.18 所示。

运动补间中的最后一个关键帧将保持在第 60 帧，但是 Animate 添加了一些帧，一直添加到第 191 帧处，如图 4.19 所示。

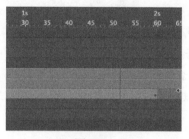

图4.18

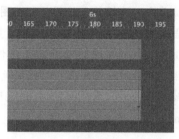

图4.19

提示：可以选择Insert（插入）>Timeline（时间轴）>Frame（帧）（F5键）来添加单独的帧；也可以选择Edit（编辑）>Timeline（时间轴）>Remove Frame（删除帧）（Shift+F5组合键）来删除单独的帧。

4.5.3 移动关键帧

如果希望改变动画的播放节奏，可以选择单独的关键帧，单击并拖动这个关键帧到新的位置。

1. 单击第 60 帧的关键帧。

这样就选取了第 60 帧的关键帧。若一个小方框出现在鼠标光标附近，则表示可以移动关键帧，如图 4.20 所示。

2. 将关键帧拖动到第 40 帧。

运动补间中的最后一个关键帧将移动到第 40 帧，因此城市夜景的动画将更快地播放，如图 4.21 所示。

图4.20

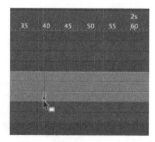

图4.21

基于整体范围的选择vs.基于帧的选择

　　默认情况下，Animate使用基于帧的选择，这意味着可以单独选择运动补间中的关键帧。然而，如果更喜欢单击运动补间并选中整个补间范围（从起始帧到结束帧之间的所有帧），可以在时间轴右上角的Options（选项）菜单启用Span Based Selection（基于整体范围的选择）（也可以按住Shift键单击，选择整个范围），如图4.22所示。

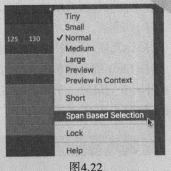

图4.22

　　当启用Span Based Selection（基于整体范围的选择）时，可以单击运动补间的任何地方，将其选中，然后在时间轴上将整个运动补间作为一个整体前后移动。

　　如果在启用了Span Based Selection时想选择单个关键帧，可以按住Ctrl/Command键并单击一个关键帧。

在补间范围中移动关键帧vs.更改时序

　　通过移动关键帧或者拉伸/挤压补间范围的方式来管理动画的播放时序，有时会让人心生气馁，因为用户会得到不同的结果，这个结果取决于在时间轴上所选的内容，以及拖放所选内容的方式。

　　如果只是想在补间范围内移动关键帧的位置，要确保选中了单个关键帧，在鼠标光标附近将出现一个小方框，然后就可以将关键帧拖放到新位置了。

　　如果想要在启用了Span Based Selection（基于整体范围的选择）时选择单个关键帧，可以按住Ctrl/Command键，然后单击关键帧。

　　考虑这样一个动画，有一个球体从舞台的左侧移动到下边缘，然后移动到右侧，从而形成一个V字型，如图4.23所示。在时间轴上，使用3个关键帧可以标记球体的这3个位置。

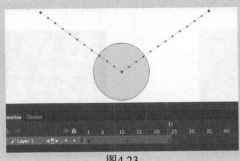

图4.23

在球体击中舞台的底部时，通过移动中间的关键帧来更改动画的时序，如图4.24所示。

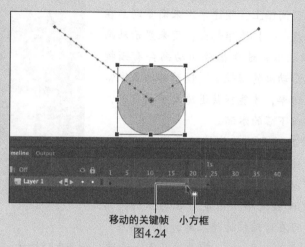

移动的关键帧　小方框
图4.24

在选择补间内的一个帧范围时，如果所选范围的右侧出现了一个双箭头，通过拖动所选内容可以压缩或扩展其播放时间，如图4.25和图4.26所示。

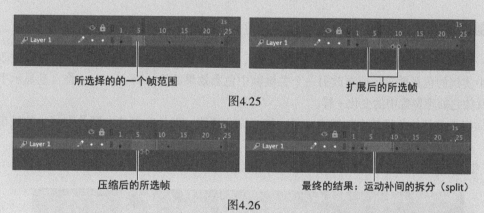

所选择的的一个帧范围　　　　　　　　　　　扩展后的所选帧
图4.25

压缩后的所选帧　　　　　　　　　　最终的结果：运动补间的拆分（split）
图4.26

最后，将出现一个直立的双头箭头，用来指示可以在两个不同的补间之间更改分离的位置，如图4.27所示。

图4.27

理解帧速率

动画的播放速度与文档的帧速率相关（显示在Properties（属性）面板的Properties（属性）区域），为了更改动画的播放速度或持续时间，不需要修改帧速率。

帧速率决定了一秒钟的时间内，可以容纳时间轴上的多少帧。默认值是24帧每秒（fps）。时间（秒）标记在时间轴上。帧速率用来衡量动画在出现时的平滑程度——帧速率越大，用来显示动画的帧就越多。以较低帧速率播放的动画会有顿挫感，因为用来显示动画的帧较少。慢动作的录像需要具有很高的帧速率，才能捕获迅速发生的行为，比如飞溅的子弹或下落的水滴。

如果想要修改动画的总体持续时间或播放速度，则不要更改帧速率。相反，需要从时间轴上添加或删除帧才可以。

如果想要更改帧速率，但是想让总体的持续时间保持不变，可在修改帧速率之前，在"属性"面板中选择Scale Frame Spans（缩放帧范围）选项，如图4.28所示。

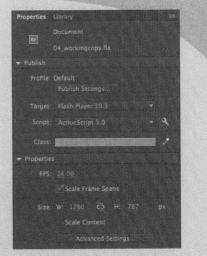

图4.28

4.6 制作透明度的动画

上一课学习了如何更改元件实例的色彩效果，以更改透明度、色调或亮度。还可以更改一个关键帧中实例的色彩效果，或更改另一个关键帧中色彩效果的值，而Animate将自动显示平滑的变化，就像它处理位置中的变化一样。

下面将更改开始关键帧中的城市夜景，使之完全透明，但是会保持末尾关键帧中的城市夜景不透明。Animate将创建平滑的淡入效果。

1. 把红色播放头移到运动补间的第一个关键帧（第10帧），如图4.29所示。

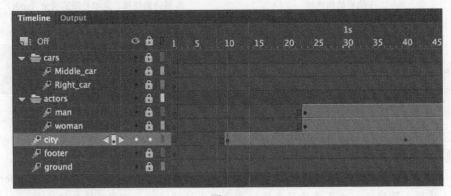

图4.29

2. 选取舞台上的城市夜景实例。

3. 在"属性"面板的 Color Effect（色彩效果）区域，从 Style（样式）中选择 Alpha，如图 4.30 所示。

4. 把 Alpha 值设置为 0%，如图 4.31 所示。

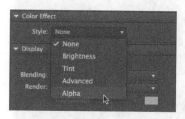

图4.30

图4.31

舞台上的城市夜景实例将变得完全透明，如图 4.32 所示。

图4.32

5. 把红色播放头移到运动补间的最后一个关键帧（第 40 帧），如图 4.33 所示。

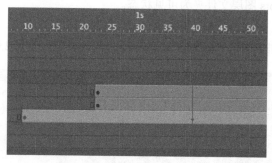

图4.33

6. 确保选中了舞台上的城市夜景实例。

7. 在"属性"面板的 Color Effect（色彩效果）区域，将 Alpha 值设置为 100%。

舞台上的城市夜景实例将变得完全不透明，如图4.34所示。

图4.34

8. 选择 Control（控制）>Play（播放）（或按 Enter/Return 键），预览效果。
Animate 将会在两个关键帧之间的位置和透明度中插入变化。

4.7 制作滤镜动画

滤镜可以给实例应用特效，比如模糊和投影效果，也可以用来制作动画。接下来将通过对其中一位演员应用模糊滤镜，使得看起来好像是摄影机改变了焦点，来美化演员的运动补间。制作滤镜的动画与制作位置变化或色彩效果变化的动画相同，只需在一个关键帧中为滤镜设置值，并在另一个关键帧中为滤镜设置不同的值，Animate 会自动创建平滑的过渡。

 注意：在HTML5文档中，无法制作滤镜动画。

1. 使时间轴上的 actors 图层文件夹为可见状态。
2. 解锁 woman 图层。
3. 在 woman 图层中把红色播放头移到运动补间的开始关键帧（第 23 帧），如图 4.35 所示。

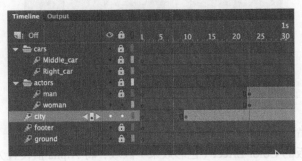

图4.35

4. 在舞台上选取女演员的实例，但却不能看到她，因为她的 Alpha 值为 0%（完全透明），可以单击舞台的右上方来选取透明的实例。或者单击时间轴上的 woman 图层，将其高亮显示，然后在出现在舞台上的轮廓内部单击，如图 4.36 所示。

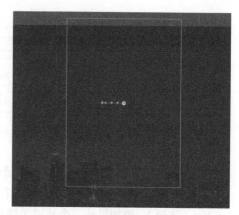

图4.36

5. 在"属性"面板中，展开 Filters（滤镜）区域。

6. 单击"滤镜"区域中的 Add Filter（添加滤镜）按钮（![icon]），从菜单中选择 Blur（模糊），为实例添加一个"模糊"滤镜，如图 4.37 所示。

7. 在"属性"面板的"滤镜"区域中，单击链接图标，使 X 方向和 Y 方向的模糊值相等。把 Blur X（模糊 X）和 Blue Y（模糊 Y）的值都设置为 20 像素，如图 4.38 所示。

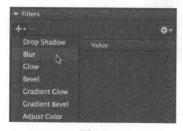

图4.37

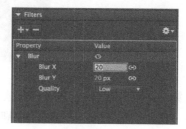

图4.38

8. 在整个时间轴上移动红色播放头，预览动画。

在运动补间中，这个女演员的实例都是模糊的，如图 4.39 所示。

图4.39

9. 在第 140 帧右键单击 woman 图层，选择 Insert Keyframe（插入关键帧）>Filter（滤镜），如图 4.40 所示。

图4.40

Animate 在第 140 帧建立了用于滤镜的关键帧。

10. 将红色播放头移到第 160 帧，右键单击 woman 图层，选择 Insert Keyframe（插入关键帧）> Filter（滤镜），添加另外一个滤镜关键帧，如图 4.41 所示。

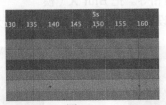

图4.41

11. 在第 160 帧选择舞台上的女演员实例。

12. 在 "属性" 面板中，把 Blur（模糊）滤镜中的 X 值和 Y 值都更改为 0，如图 4.42 所示。

"模糊" 滤镜从第 140 帧的关键帧变为第 160 帧的关键帧。Animate 将在模糊的实例和清晰的实例之间创建平滑的过渡。

图4.42

理解属性关键帧

　　属性中的变化是彼此独立的，并且不需要绑定到相同的关键帧上。也就是说，可以将一个关键帧用于位置，将一个不同的关键帧用于色彩效果，以及将另外一个关键帧用于滤镜。管理许多不同类型的关键帧可能令人不堪重负，尤其是用户想在运动补间期间，在不同的时间点让不同的属性发生变化时，更是如此。幸运的是，Animate CC提供了几个有用的工具用来管理关键帧。

　　在查看补间范围时，可以选择只查看特定属性的关键帧。例如，可以选择只查看Position（位置）关键帧，以便查看对象何时移动。也可以选择只查看Filter（滤镜）关键帧，以便查看滤镜何时发生变化。在时间轴中右键单击运动补间，选择View Keyframes（查看关键帧），然后从列表中选择想要查看的属性。也可以选择All（全部）或None（无），以查看所有的属性或不查看任何属性，如图4.43所示。

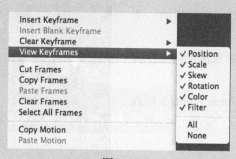

图4.43

　　在插入关键帧时，也可以为想要改变的属性插入特定的关键帧。在时间轴中右键单击运动补间，选择Insert Keyframes（插入关键帧），然后选择所需的属性。

　　也可以查看名为Motion Editor（运动编辑器）的高级面板，来查看和编辑对象的不同属性在运动补间期间是如何改变的。

4.8　制作变形的动画

　　现在将学习如何对缩放或旋转中的变化进行动画处理。可以利用Free Transform（任意边形）工具或利用Transform（变形）面板制作这些类型的变化。下面将向项目中添加第3辆汽车，这辆汽车开始时比较小，当它朝着观众向前移动时将逐渐变大。

1. 锁定时间轴上的所有图层。
2. 在cars文件夹内插入一个新图层，并把它重命名为Left_car，如图4.44所示。
3. 选择第75帧并插入一个新的关键帧（F6键），如图4.45所示。

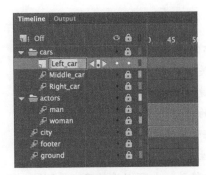

图4.44

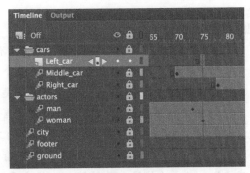

图4.45

4. 在第 75 帧，将名为 carLeft 的影片剪辑元件从"库"面板中拖到舞台上。

5. 选择 Free Transform（任意变形）工具。

在舞台上的实例周围将出现变形手柄，如图 4.46 所示。

6. 在按住 Shift 键的同时，向里拖动一个角柄，使汽车变小。

7. 在"属性"面板中，确保图形的宽度大约为 400 像素。

此外，也可以使用 Transform（变形）面板（Window（窗口）>Transform（变形），把汽车的缩放比例更改为 29.4%。

8. 把汽车移到其起点，大约为 X=710 和 Y=488 的位置，结果如图 4.47 所示。

图4.46

图4.47

9. 在"属性"面板的 Color Effect（色彩效果）区域，从 Style（样式）菜单中选择 Alpha。

10. 把 Alpha 的值设置为 0%，如图 4.48 所示。

汽车将变得完全透明。

图4.48

11. 右键单击舞台上的汽车，然后选择 Create Motion Tween（创建运动补间）。

当前图层将变成一个补间图层。

12. 把时间轴上的红色播放头移动到第 100 帧，如图 4.49 所示。

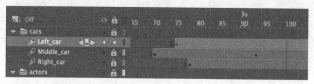

图4.49

13. 在舞台上选择小汽车的透明实例，然后在"属性"面板中，把 Alpha 值更改为 100%。

在第 100 帧自动插入一个新的关键帧，来表示透明度的变化。

14. 在按住 Shift 键的同时，向外拖动角柄，使汽车变大。为了更精确，可以使用"属性"面板，并把汽车尺寸的宽度和高度分别设置为 1380 像素和 445.05 像素。

15. 把汽车定位于 X=607 和 Y=545 的位置，结果如图 4.50 所示。

图4.50

Animate 将会从第 75 帧到第 100 帧，对位置的变化、缩放比率的变化和透明度的变化进行补间。

16. 把 Left_car 图层移到 Middle_car 图层与 Right_car 图层之间，使得中间的汽车盖住两边的汽车，结果如图 4.51 所示。

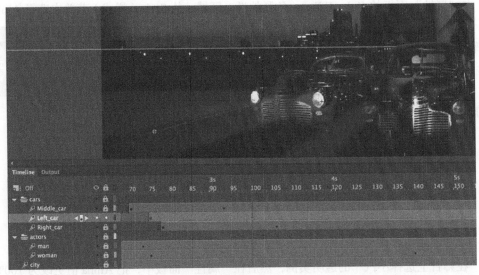

图4.51

保存该文件的当前进度，将文件命名为 04_workingcopy.fla。下一节将处理另外一个文件。

 提示：在拖动边界框的一个角柄时，按住Alt/Option键，将导致边界框相对于对角线上的角调整大小，而不是相对于对象的变形点（通常是中心）来调整大小。

4.9　更改运动的路径

刚才制作的左边汽车的运动补间显示了一根带有圆点的彩色线条，它用来表示运动的路径。用户可以轻松编辑运动的路径，使汽车沿着一条曲线行驶。用户还可以移动、缩放甚至旋转路径，就像舞台上的其他对象一样。

为了更好地演示如何编辑运动的路径，可以打开Lesson04/04Start 文件夹中的示例文件 04MotionPath.fla。该文件包含单个补间图层，其中有一架火箭飞行器，从舞台左上方飞行到右下方，如图 4.52 所示。

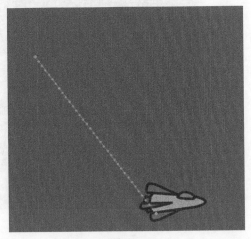

图4.52

4.9.1　移动运动的路径

可移动运动的路径，使火箭飞行器的相对运动保持相同，但是其起始位置和终止位置将会改变。

1. 选择"选取"工具。

2. 单击运动的路径，将其选中。

运动路径将突出显示，如图 4.53 所示。

3. 拖动运动路径，把它移到舞台上一个不同的位置。

动画的相对运动和播放时序将保持相同，但是将重新定位起始位置和终止位置，结果如图4.54所示。

图4.53

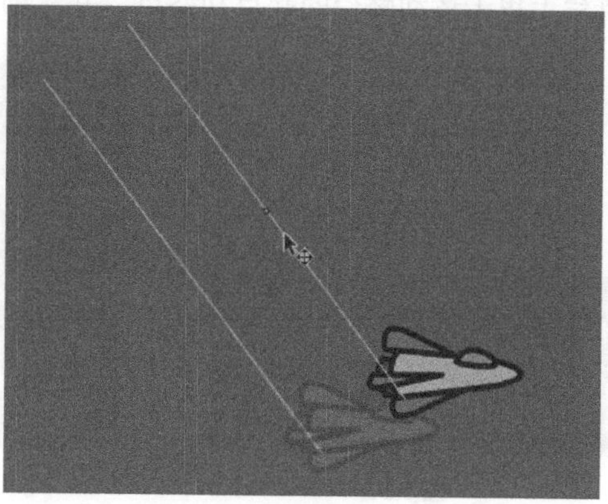

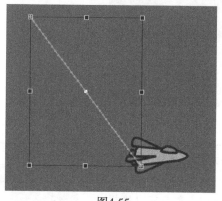

图4.54

4.9.2　更改路径的缩放比率或旋转

也可以利用 Free Transform（任意变形）工具操纵对象的运动路径。

1. 选取运动的路径。

2. 选择"任意变形"工具。

在运动路径的周围将出现变形手柄，如图 4.55 所示。

3. 根据需要缩放或旋转运动路径。可以让使路径变小、变大或旋转，以便火箭飞行器从舞台的左下方开始飞行，并终止于右上方，如图 4.56 所示。

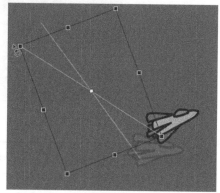

图4.55

图4.56

4.9.3　编辑运动的路径

使对象行进在弯曲的路径上是一件简单的事情。可以使用锚点手柄，利用贝塞尔曲线精确编辑路径，或利用"选取"工具以更直观的方式编辑路径。

1. 选择 Convert Anchor Point Tool（转换锚点工具），它隐藏在 Pen Tool（钢笔工具）之下，如图 4.57 所示。

2. 在舞台上单击运动路径的起点和终点，并从锚点拖出控制手柄，如图 4.58 所示。

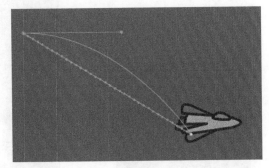

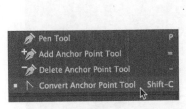

图4.57

图4.58

锚点上的手柄控制的是路径的曲度。

3. 选择 Subselection（部分选取）工具。

4. 拖动路径每一端的句柄，编辑路径的曲线，使火箭飞行器行进在较宽的曲线中，如图 4.59 所示。

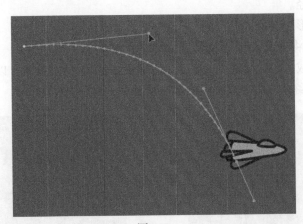

图4.59

> **提示：** 可以利用"选取"工具直接操纵运动路径。选择"选取"工具，确保没有选中路径。把鼠标光标移到运动路径的附近，在光标旁边将出现一个弯曲的图标（见图4.60），表示可以编辑路径。拖动运动路径可更改其曲度。选择拖动的点时需要十分小心！每一次拖动会将路径拆分较小的路径段，这将很难创建一条平滑的曲线。勤加练习，即可掌握这一点。

图4.60

4.9.4　将对象调整到路径

有时，对象沿着路径移动的方向很重要。在动画片的宣传项目中，汽车的朝向与它向前行驶的方向一样。不过，在火箭飞行器示例中，火箭飞行器应该朝着其头部所指的方向沿着路径运动，"属性"面板中的 Orient to path（调整到路径）选项提供了这个选项。

1. 选择时间轴上的运动补间（按住 Shift 键单击，选中整个运动补间）。

2. 在"属性"面板的 Rotation（旋转）下面，选择 Orient to path（调整到路径）选项，如图 4.61 所示。

Animate 将为沿着运动补间所进行的旋转插入关键帧，将火箭飞行器的头部调整到运动路径，如图 4.62 所示。

图4.61

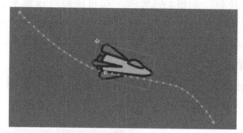

图4.62

注意： 要使火箭飞行器的头部（或其他任何对象）对准运动路径，必须调整它的位置，使其朝向与运动方向相同。使用Free Transform（任意边形）工具旋转其初始位置，使其朝向正确的方向。

4.10　交换补间目标

Animate CC 中的运动补间模型是基于对象的，这意味着对象和它的运动是相互独立的，从而可以轻松交换运动补间的对象。例如，如果想看到外星人在舞台上走来走去，而不是在舞台上看到火箭飞行器，就可以用"库"面板中的外星人元件替换运动补间的目标，并且动画保持不变。

1. 从"库"中把外星人的影片剪辑元件拖放到火箭飞行器上，如图 4.63 所示。

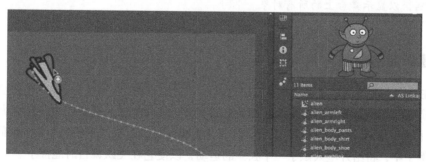

图4.63

Animate 将询问是否想用新对象替换现有的运动补间的目标，如图 4.64 所示。

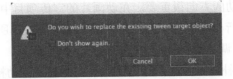

图4.64

注意： 也可以使用"属性"面板交换实例。在舞台上选取想要交换的对象。在"属性"面板中，单击Swap（交换）按钮，如图4.65所示。在出现的对话框中，选择新元件并单击OK按钮。Animate将交换运动补间的对象。

图4.65

2. 单击 OK 按钮。

Animate 将使用外星人替换火箭飞行器，如图 4.66 所示。运动将保持相同，但是运动补间的目标已经发生了改变。

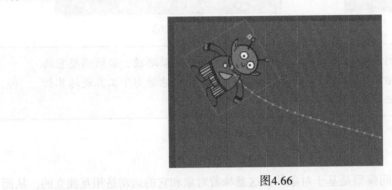

图4.66

注意： 如果在交换元件后元件实例从视图中消失，请选择View（视图）> Magnification（缩放）>Show All（全部显示）（Ctrl+3/Cmd+3组合键），更改缩放级别，以显示舞台上的所有对象。

4.11 创建嵌套的动画

通常，在舞台上活动的对象都将具有自己的动画。例如，蝴蝶在飞跃舞台时，可能会挥动翅膀。或者用来交换火箭飞行器的外星人应该会挥动它的手臂。这些类型的动画就是嵌套的动画（nested animation），因为它们包含在影片剪辑元件内。影片剪辑元件具有独立于主时间轴的时间轴。

在这个例子中，将给外星人赋予一个独立的运动，以便它在飞跃舞台时能挥手。

4.11.1 在影片剪辑元件内创建动画

现在对构成外星人身体的元件制作一些动画，以便让它挥手。

1. 在"库"面板中，双击 alien（外星人）影片剪辑元件图标。

现在用户处于 alien 影片剪辑元件的元件编辑模式中。外星人位于舞台的中间。在时间轴中，外星人的各个部分分割在不同的图层中，如图 4.67 所示。

2. 选择"选取"工具。

3. 右键单击外星人的左臂，然后选择 Create Motion Tween（创建运动补间），如图 4.68 所示。

Animate 将把当前图层转换为补间图层，并插入长度为 1 秒的帧，以便可以开始制作实例动画，如图 4.69 所示。

4. 选择"任意边形"工具。

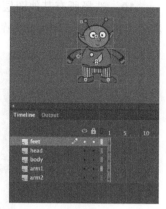

图4.67

图4.68

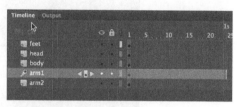

图4.69

5. 将鼠标光标移动到角点变形手柄附近，直到光标变成一个旋转图标，如图 4.70 所示。拖动手臂附近的角点手柄，向上旋转手臂，直到到达外星人肩膀的高度。

这将在运动补间的末尾将插入一个关键帧。左臂从静止的位置平滑地旋转到伸展的位置。

6. 把红色播放头移回第 1 帧处。

7. 现在为外星人的另一只手臂创建运动补间。右键单击右臂，然后选择 Create Motion Tween（创建运动补间）。

当前图层将转换为补间图层，并插入了 1 秒长度的帧。

8. 选择"任意边形"工具（如果还没有选中的话）。

9. 如同处理左臂那样，拖动右手附近的角点变形手柄，向上旋转手臂，直到到达外星人肩膀的高度，如图 4.71 所示。

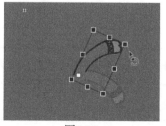

图4.70

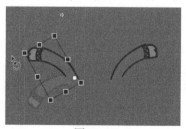

图4.71

Animate 在运动补间的末尾将插入一个关键帧。右臂从静止的位置平滑地旋转到伸展的位置。

10. 选择所有其他图层中的最后一个帧，并插入帧（F5 键），使得外星人的头、身体和脚在舞台上都会保留与移动的手臂相同的时间，如图 4.72 所示。

图4.72

11. 单击舞台顶部的 Edit（编辑）栏，选择 Scene 1 按钮，退出元件编辑模式。

外星人举起其手臂的动画现在就完成了。无论何时使用影片剪辑元件，都将继续播放外星人的嵌套动画。

12. 选择 Control（控制）>Text（测试），预览动画。

Animate 将会打开一个窗口，显示导出的动画。外星人沿着运动路径移动，同时将播放并且循环播放其手臂移动的嵌套动画，如图 4.73 所示。

图4.73

13. 保存并关闭项目。下一小节将返回到前一个动画。

注意： 影片剪辑元件内的动画不会在主时间轴上播放。可以选择Control（控制）>Test（测试）来预览嵌套的动画。

注意： 影片剪辑元件内的动画将会自动循环播放。要阻止循环播放，需要添加代码，用来告诉影片剪辑时间轴在其最后一帧停止播放。在后面的课程中将学习使用ActionScript或者JavaScript来控制时间轴的更多知识。

4.12　缓动

缓动（easing）是指运动补间的播放方式。可以把缓动视作加速或减速。从舞台一边移到另一边的对象可以缓慢开始，然后逐渐加速，再突然停止。或者，对象可以快速开始，然后慢慢停止。关键帧指出了动画的开始位置和结束位置，而缓动则决定了对象怎样从一个关键帧到达下一个关键帧。

为运动补间应用缓动的一个简单方式是使用"属性"面板。缓动值的变化范围是 -100 ～ 100。负值表示从起始位置创建更平缓的改变（称为缓入（ease-in）），正值表示创建平缓的结束（称为缓出（ease-out））。

为运动补间应用缓动的一种更高级的方法是使用新的 Motion Editor（运动编辑器）。

4.12.1　拆分运动补间

缓动会影响运动补间的整个范围。如果只想让缓动影响一个长运动补间的关键帧之间的部分帧，则应该拆分运动补间。例如，回到电影动画的 04_workingcopy.fla 文件。Left_car 图层中汽车的运动补间从第 75 帧开始，在第 190 帧结束，也就是到时间轴的最后才结束。但是，汽车的实际运动从第 75 帧开始，到第 100 帧就结束了。用户需要拆分这运动补间，以便在第 75 帧～第 100 帧的补间中应用缓动效果。

1. 在 Left_car 图层中，选择第 101 帧，也就是汽车停止运动的关键帧的下一帧，如图 4.74 所示。

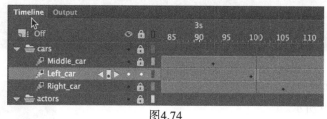

图4.74

2. 右键单击第 101 帧并选择 Split Motion（拆分运动），如图 4.75 所示。

运动补间被拆分成两个独立的补间范围。第一个运动补间的末尾与第二个运动补间的开始位置相同，如图 4.76 所示。

图4.75

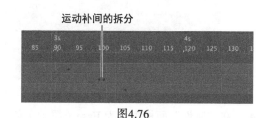

图4.76

3. 在 Middle_car 图层中，选择第 94 帧，右键单击并选择 Split Motion（拆分运动），将运动补间拆分为两个独立的补间范围。

4. 在 Right_car 图层中，选择第 107 帧，右键单击并选择 Split Motion（拆分运动），将运动补间拆分为两个独立的补间范围。

现在 3 辆车的运动补间全都被拆分了，如图 4.77 所示。

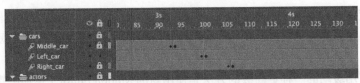

图4.77

4.12.2　为运动补间应用缓动

下面将对驶来的汽车的运动补间应用缓出效果，给汽车一种重量感并使其减速，如同真实的汽车那样。

1. 在 Middle_car 图层中，选择第一个运动补间的第一个关键帧和第二个关键帧（第 70 帧~第 93 帧）之间的任意一帧，如图 4.78 所示。

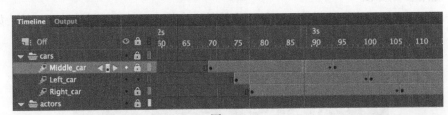

图4.78

2. 在"属性"面板中的 Ease（缓动）区域，为 Ease（缓动）值输入 100，如图 4.79 所示。

这将对运动补间应用缓出效果。

3. 在 Left_car 图层中，选择第一个运动补间的第一个关键帧和第二个关键帧（第 75 帧~第 100 帧）之间的任意一帧，如图 4.80 所示。

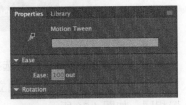

图4.79

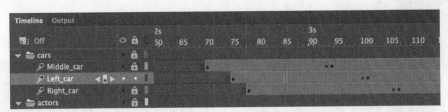

图4.80

4. 在"属性"面板中，为 Ease（缓动）值输入 100，对运动补间应用缓出效果。

5. 在 Right_car 图层中，选择第一个运动补间的第一个关键帧和第二个关键帧（第 78 帧 ~ 第 106 帧）之间的任意一帧，如图 4.81 所示。

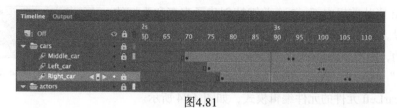

图4.81

6. 在"属性"面板中，为 Ease（缓动）值输入 100，对运动补间应用缓出效果。

7. 选中时间轴底部的 Loop（循环）选项，并且将时间轴标题中的开始和结束标记分别移动到第 60 帧和第 115 帧处，如图 4.82 所示。

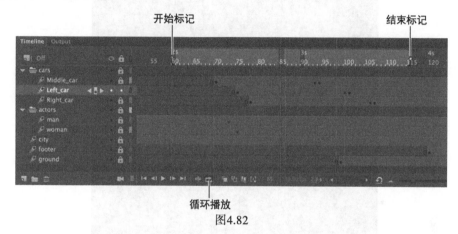

图4.82

8. 单击 Play（播放）（Enter/Return 键）。

Animate 将在时间轴的第 60 帧 ~ 第 115 帧之间循环播放，以便观察到 3 辆车的缓出效果。

4.13 逐帧动画

逐帧（frame-by-frame）动画指的是这样一种技术，即通过在每个关键帧之间进行增量变化，来创建移动的效果。逐帧动画在 Animate 中类似于传统的手绘动画，在传统的手绘动画中，每一个绘图都是在一张单独的纸张上完成的，这相当枯燥乏味。

逐帧动画会显著增加文件的大小，因为 Animate 不得不为每个关键帧存储各自的内容。在使用逐帧动画时请尽量保守一些。

在下一小节，用户将在 carLeft 影片剪辑元件内部插入逐帧动画，让它摇摇晃晃地上下移动。当影片剪辑元件循环播放时，汽车会轻微地颤动来模仿发动机的怠速。

4.13.1 插入一个新关键帧

carMiddle 和 carRight 影片剪辑元件中的逐帧动画已经制作完毕。现在需要修饰一下 carLeft 元件的动画。

1. 在"库"面板中，双击 carRight 影片剪辑元件，查看已经完成的逐帧动画。

在 carRight 影片剪辑内部，3 个关键帧创建了汽车和头灯的
3 个不同的位置。3 个关键帧的分布并不均匀，以此来提供不可
预知的上下运动，如图 4.83 所示。

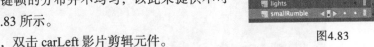

图4.83

2. 在"库"面板中，双击 carLeft 影片剪辑元件。

这将进入 carLeft 元件的元件编辑模式，如图 4.84 所示。

图4.84

3. 选择 lights 图层和 smallRumble 图层的第 2 帧，如图 4.85 所示。

4. 右键单击并选择 Insert Keyframe（插入关键帧）（F6 键）。

Animate 将在 lights 图层和 smallRumble 图层的第 2 帧处插入关键帧。之前关键帧的内容将会
被复制到新关键帧中，如图 4.86 所示。

图4.85   图4.86

提示：如果汽车图形不可见，可在舞台右上角的Zoom（缩放）菜单中选择Fit in Window（符合窗口大小）。

4.13.2 改变图形

在新关键帧中，通过改变内容的外观来创建动画。

1. 在第2帧中，选择舞台上的3个图形（汽车和两个头灯）。可通过选择 Edit（编辑）>Select All（全选），或按住 Ctrl + A/Command + A组合键来实现上述操作。然后将它们向舞台下方移动1个像素。或按 Down Arrow（向下箭头键）将图形向下微调1个像素。

汽车和头灯将稍微向下移动。

2. 接下来，重复插入关键帧和改变图形的步骤。为了模仿汽车急速时的随机运动，至少需要3个关键帧。

选择 lights 图层和 smallRumble 图层的第4帧。

3. 右键单击并选择 Insert Keyframe（插入关键帧）（F6 键）。

关键帧将插入到 lights 图层和 smallRumble 图层的第4帧处。之前关键帧的内容将会被复制到新关键帧中，如图4.87所示。

图4.87

4. 选择舞台上的3个图形（Edit（编辑）>Select All（全选），或按住 Ctrl + A/Command + A组合键），然后将它们向舞台上方移动2个像素。可以使用"属性"面板或 Up Arrow（向上箭头键）将图形向上微调2个像素。

汽车和头灯将稍微向上移动。

5. 启用时间轴下方的 Loop Play（循环播放）选项并单击 Play（播放）按钮（Enter/Return 键）来测试动画。

注意：本节通过逐帧手动移动汽车的位置，创建了汽车的急速运动。还可以使用 Refine Tween（美化补间）面板（可自动修改运动补间）来模拟自然的移动，比如汽车在急速时的颠簸和随机抖动。

提示：通过选择Control（控制）>Step Forward To Next Keyframe（前进到下一个关键帧）（Ctrl/Cmd +"."组合键）或Control（控制）>Step Backward To Previous Keyframe（后退到前一个关键帧）（Ctrl/Cmd +","组合键），在多个关键帧之间快速导航。也可以单击时间轴中图层名称前面的向前箭头或向后箭头，分别移动到下一帧或上一帧。

4.14 制作 3D 运动的动画

最后，将添加一个标题，并在 3D 空间中制作动画。3D 中的动画制作引入了第 3 根轴（Z 轴），从而带来了额外的复杂性。在选择 3D Rotation（旋转）或 3D Translation（平移）工具时，需要知道"工具"面板底部的 Global Transform（全局变形）选项（3D 转换工具、3D 平移工具和"全局变形"选项请见 3.11 节）。"全局变形"选项将在全局选项（按钮被选中）与局部选项（按钮未选中）之间切换。在选择了全局选项的情况下移动一个对象，将使变形相对于全局坐标系统进行，而在选择了局部选项的情况下移动一个对象，将使变形相对于它自身进行。

1. 单击 Edit（编辑）栏中的 Scene 1，返回主时间轴。在图层堆栈的顶部插入一个新图层，并把它重命名为 title，如图 4.88 所示。

2. 锁定所有其他的图层。

3. 在第 120 帧处插入一个新的关键帧，如图 4.89 所示。

图4.88

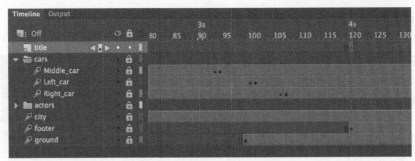

图4.89

4. 把名为 movietitle 的影片剪辑元件从"库"面板拖到舞台上。

该 movietitle 实例将出现在新图层中，位于第 120 帧处的关键帧中。

5. 把标题定位在空中，其 X 值为 180，Y 值为 90，结果如图 4.90 所示。

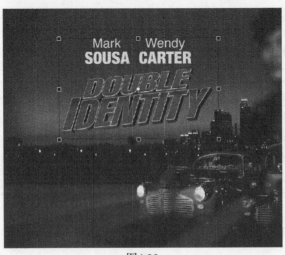

图4.90

6. 右键单击影片标题，然后选择 Create Motion Tween（创建运动补间）。
Animate 将把当前图层转换为补间图层，以便制作实例的动画。

7. 将红色播放头移到第 140 帧，如图 4.91 所示。

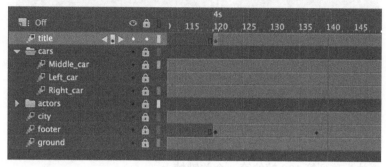

图4.91

8. 选择 3D Rotation（旋转）工具（ ）。
3D 旋转控件将出现在所选的影片剪辑中，如图 4.92 所示。

图4.92

9. 在"工具"面板底部取消选择 Global Transform（全局变形）选项（ ），让 3D"旋转"
工具进入局部模式。

10. 向上拖动绿色 Y 控件的左侧，让标题围绕 Y 轴旋转一定角度，让标题看起来像是退到了
远处。这个角度大约为 -50°。可以在 Transform（变形）面板（Window（窗口）>Transform（变形））
中检查旋转值，如图 4.93 所示。

图4.93

11. 把红色播放头移到第 120 帧的第一个关键帧上。

12. 向上拖动 Y 控件，让标题围绕 Y 轴以相反的方向旋转，使得实例看上去就像是一根银条，如图 4.94 所示。

图4.94

3D 旋转中的变化将成为一个运动补间，标题看起来像是在 3D 空间中摇摆。

 注意： HTML5 Canvas文档或WebGL文档当前不支持针对元件的3D旋转或变形制作动画。

4.15 导出最终的影片

可以通过在时间轴上来回拖动红色播放头来快速预览动画。也可以选择 Control（控制）> Play（播放），或者使用"工具"面板中的 Time Scrub（时间拖动）工具来预览动画。还可以使用时间轴底部的集成控制器来预览动画。但是，要将最终的项目创建为影片，必须将其导出来。

可以创建一个 MP4 影片文件，方法是在 Media Encoder 中导出项目，然后再进行转换。Media Encoder 是打包在 Animate 中的一款独立应用程序（在第 10 课将学习 Media Encoder）。

1. 选择 File（文件）>Export（导出）>Export Video（导出视频）。

这将出现 Export Video（导出视频）对话框。

2. 保持 Render size（渲染尺寸）为其原始大小。选择 Convert video in Adobe Media Encoder（在 Adobe Media Encoder 中转换视频）。单击 Browse（浏览）按钮，选择目标文件名和存放位置。然后单击 Export（导出）按钮，如图 4.95 所示。

图4.95

Animate 将生成一个 SWF（.swf）文件，然后存储为 MOV（.mov）文件。Adobe Media Encoder 将自动启动。

3. 在 Adobe Media Encoder 中，注意到 MOV 文件已经添加到 Queue（队列）面板中，如图 4.96 所示。

图4.96

4. 在"队列"面板的 Preset（预设）菜单中，选择 Match Source – Medium bitrate（匹配源 - 中等比特率）。

Match Source – Medium bitrate（匹配源 - 中等比特率）设置会保持源文件的大小，并在文件大小和质量之间达成平衡。

5. 单击 Start Queue（开始队列）按钮（绿色三角形），或按 Enter/Return 键，开始编码过程。

6. Media Encoder 将 MOV 文件转换为 H.264 格式的视频，并且具有一个标准的 .mp4 扩展名，如图 4.97 所示。

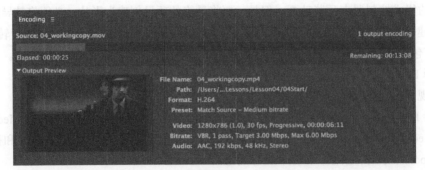

图4.97

　　祝贺！现在大功告成，如图 4.98 所示！最终的文件可以上传到 Facebook、YouTube 或其他视频分享站点，或者将它放到一个宣传网站上，为即将上映的虚构电影造势。

图4.98

4.16 复习题

1. 运动补间的两种要求是什么？

2. 在一个 ActionScript 3.0 文档中，运动补间可以改变哪些属性？

3. 什么是属性关键帧，它们为什么很重要？

4. 怎样编辑对象的运动路径？

5. 缓动在运动补间中的作用是什么？

4.17 复习题答案

1. 运动补间需要舞台上的元件实例以及它自己的图层，该图层被称为补间图层。补间图层上不能存在其他的补间或绘制对象。

2. 运动补间在对象的位置、缩放、旋转、透明度、亮度、色调、滤镜值以及 3D 旋转或平移的不同关键帧之间创建平滑过渡。

3. 关键帧标记对象的一种或多种属性中的变化。关键帧特定于每种属性，因此运动补间所具有的针对位置的关键帧可以不同于针对透明度的关键帧。

4. 要编辑对象的运动路径，可以选择"选取"工具，然后直接在路径上拖动使其弯曲。也可以选择"转换锚点"工具和"部分选取"工具，在锚点处拖出手柄。手柄控制着路径的曲度。

5. 缓动改变了运动补间的速度。不使用缓动的运动补间是线性播放的，也就是说变化是均匀发生的。缓入效果可以让动画缓慢地开始，而缓出效果可以让动画缓慢地结束。

第5课　传统补间

课程概述

本课将介绍如下内容：

- 理解运动补间和传统补间之间的区别；
- 制作对象的位置、缩放和旋转动画；
- 调整动画的播放节奏和时序；
- 制作透明度和特效动画；
- 为对象的动画路径创建运动引导；
- 为动画应用自定义的缓动效果；
- 使用图形元件同步对话。

 本课大约要用90分钟完成。

开始之前，请先将本书的课程资源下载到本地硬盘中，并进行解压。在学习本课时，将覆盖相应的课程文件。建议先做好原始课程文件的备份工作，以免后期用到这些原始文件时，还需重新下载。

　　有时，动画可以从更简单的方法中受益。传统的补间是一种在角色动画师中颇受欢迎的古老方法，当不需要对运动补间进行精妙的控制时，可以使用传统补间对元件实例进行动画处理。

5.1 开始

我们先通过观看两个完成的项目来看一下本课将要创建的简短动画。

1. 双击 Lesson05/05End 文件夹中的 05End.html 文件，在浏览器中播放动画，如图 5.1 所示。

图5.1

> **注意**：如果还没有将本课的项目文件下载到计算机上，请现在就这样做。具体可见本书的"前言"。

这个项目是一个简单的循环播放的动画，一只卡通小鸟在山间飞翔。请注意小鸟在翅膀挥动时，身体的上下运动，以及背景的平滑运动。

2. 关闭 05End.html 文件。

3. 双击 Lesson05/05End 文件夹中的 05End2.html 文件，在浏览器中播放动画，如图 5.2 所示。

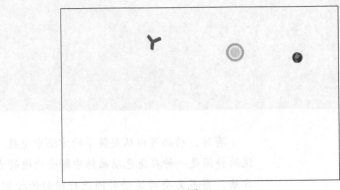

图5.2

这个项目展示的是一颗卫星在被抛向太空之前围绕地球运动的动画。

4. 关闭 05End2.html 文件。

接下来将完成这两个动画。在具体操作时，我们将学习如何使用传统补间制作动画，如何应用缓动效果，以及如何使用运动引导。

5.2 使用传统补间

第 4 课学习了如何使用运动补间来制作对象的动画。本课将学习如何使用传统补间来制作对象的动画。尽管传统补间比较古老，但仍然是一种很受欢迎的动画创建方式。传统补间与运动补间很相似，但是比运动补间更简单。这两种方法都使用了元件实例，而且都是对两个关键帧之间的元件实例属性的变化进行动画处理。例如，传统补间可以对元件实例的位置、旋转、变形、色彩效果或滤镜制作动画，这与运动补间一样。那么为什么要选择一种而放弃另外一种呢？

传统补间得到了很多动画师的认可，尤其是角色动画师，主要原因就是传统补间的过程很简单。传统补间只对关键帧之间的实例属性进行动画处理，因此不需要为属性关键帧和 Motion Editor（运动编辑器）而担心。传统补间还没有在舞台上显示的运动路径（在传统补间中编辑路径时，需要一个单独的图层）。

传统补间和运动补间之间的关键区别如下所示。

- 传统补间需要一个单独的运动引导图层，来沿着路径制作动画。
- 传统补间在Motion Editor（运动编辑器）中不支持。
- 传统补间不支持3D旋转和平移。
- 传统补间不能分离到它们自己单独的补间图层上。但是，传统补间和运动补间具有相同的一个限制，即其他物体不能与补间处于同一个图层上。
- 传统补间基于时间轴，而不是基于对象，这意味着是在时间轴（而不是舞台）上添加、删除和交换补间或实例。

学习使用传统补间来创建动画，有助于用户对动画师所用工具包的范围有一个全面了解，也可以让用户为任何项目选择合适的方法。

5.2.1 理解第一个项目文件

05Start.fla 项目已经包含了小鸟动画的素材。这个动画只完成了一部分，小鸟动画的影片剪辑的实例位于舞台上。本节将使用传统补间来添加滚动背景，从而完成动画。

1. 双击 Lesson05/05Start 文件夹中的 05Start.fla 文件，在 Animate 中打开初始的项目文件，如图 5.3 所示。

2. 在舞台上面的视图选项中，选择 Fit in Window（符合窗口大小），或者选择 View（视图）>Magnification（缩放比率）>Fit in Window（符合窗口大小），以便在计算机屏幕上看到整个舞台。

图5.3

3. 选择 File（文件）>Save As（另存为）。将文件命名为 05_workingcopy.fla，然后保存在 05Start 文件夹中。

保存一份工作副本，以确保如果要重新开始，可以使用原始的开始文件。

5.2.2 创建影片剪辑元件

下面在主时间轴上的影片剪辑元件内部添加滚动的山脉动画。

1. 在主时间轴上，插入一个新图层，并命名为 landscape。将新图层拖放到 bird 图层下面，但是在 sky 图层上面，如图 5.4 所示。

2. 选择 Insert（插入）>New Symbol（新建元件）（Ctrl + F8/Command + F8 组合键）。

出现 Create New Symbol（创建新元件）对话框。

3. 在 Name 字段中输入 scrolling landscape，然后从 Type（样式）菜单中选择 Movie Clip（影片剪辑），如图 5.5 所示。

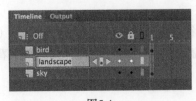

图5.4

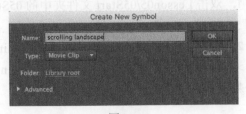

图5.5

4. 单击 OK 按钮。

这个名为 scrolling landscape 的新影片剪辑元件将在元件编辑模式中打开。舞台是空的，表示影片剪辑元件当前是空的。

5. 将 mountains 图形元件从"库"面板拖动到舞台上，并使其左下角与影片剪辑元件的注册点对齐，如图 5.6 所示。

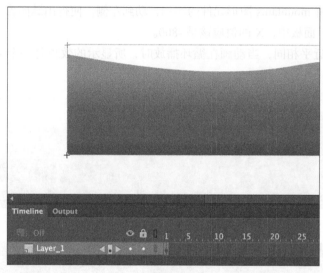

图5.6

在"属性"面板的 Position and Size（位置和大小）区域，位置的坐标值应该是 X=0，Y=-155.55。

6. 选择 Insert（插入）>Timeline（时间轴）>Frame（帧）或按 F5 键，添加多个帧，一直添加到第 30 帧处，如图 5.7 所示。

图5.7

5.2.3　插入关键帧并更改实例的位置

下面为山脉添加其他关键帧，以便在山脉的起始位置有一个初始关键帧，当山脉移动到左侧时，有一个结束关键帧。

1. 选择影片剪辑元件的 Layer_1 的第 30 帧，插入一个新关键帧，方法为选择 Insert（插入）>Timeline（时间轴）>Keyframe（关键帧），或按 F6 键。

包含了山脉实例副本的一个新关键帧将插入到第 30 帧，如图 5.8 所示。

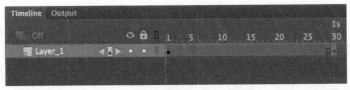

图5.8

2. 在第 30 帧，将 mountains 图形元件的实例移动到左侧，使得山脉图像的中点位于注册点中心的上方。在"属性"面板中，X 的值应该是 -800。

图形的左右边缘近乎相同，当动画在循环播放时，所显示的效果是一个无缝滚动的山脉，如图 5.9 所示。

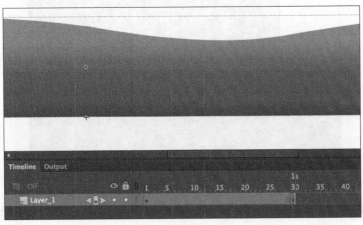

图5.9

5.2.4　应用传统补间

将传统补间应用到两个关键帧之间的时间轴上。

1. 右键单击第一个和第二个关键帧之间的任何帧，然后选择 Create Classic Tween（创建传统补间），如图 5.10 所示。

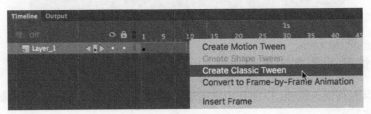

图5.10

Animate 在第一个和第二个关键帧之间创建一个补间动画，由一个沿着蓝色背景延伸的箭头来表示，如图 5.11 所示。

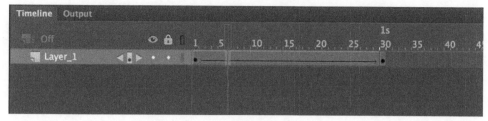

图5.11

2. 按下 Enter/Return 键，或按下时间轴下方的 Play（播放）按钮，预览动画。这将播放一个平滑的动画，显示山脉从右侧移动到左侧。

3. 为了给动画添加更多的复杂度，下面添加山脉的第二个图层。插入一个新图层，然后拖动到现有图层的下面，如图 5.12 所示。

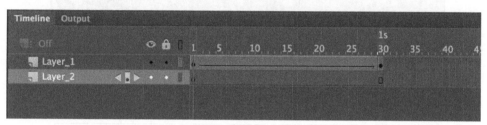

图5.12

4. 将 mountains 元件的另外一个实例拖动到舞台上。在"属性"面板的 Position and Size（位置和大小）区域，确保 Lock Width and Height（锁定宽度和高度）图标为断开的样子，将宽度（W）更改为 2000 像素，高度（H）更改为 200 像素。将实例的左下角放置到元件的注册点位置，此时"属性"面板中显示 X=0，Y=-200，如图 5.13 所示。

图5.13

现在我们有了两个山脉，更高更宽的山脉在后面，如图 5.14 所示。

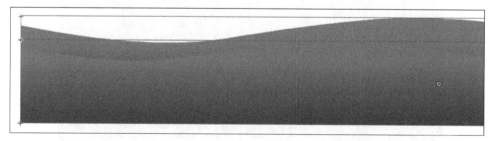

图5.14

5. 选择 Insert（插入）>Timeline（时间轴）>Keyframe（关键帧），或者按 F6 键，在 Layer_2 图层的第 30 帧处插入一个关键帧，如图 5.15 所示。

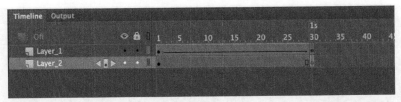

图5.15

6. 在第 30 帧的结束关键帧位置，移动 mountains 实例，使其 X=-1000。

7. 右键单击第一个和第二个关键帧之间的任何帧，然后选择 Create Classic Tween（创建传统补间），结果如图 5.16 所示。

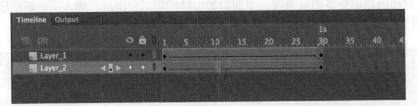

图5.16

8. 按 Return/Enter 键，或者按时间轴下面的 Play（播放）按钮，预览动画，如图 5.17 所示。

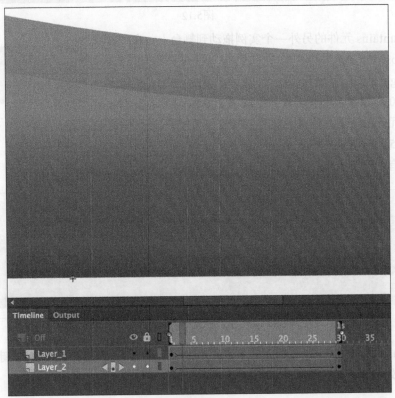

图5.17

选择 Loop（循环）选项以便循环播放补间动画，然后从 Modify Marker（修改标记）菜单中选择 Maker Range All（标记所有范围）。

第二个山脉实例从右边移动到左边，但是与前景中的山脉实例存在略微偏移，从而创建了一种丰富的分层效果。放大舞台，让图形的边缘不可见，这将会让用户更好地了解无缝滚动效果。

9. 取消选中 Loop（循环）选项。退出元件编辑模式，并返回到主时间轴。

5.2.5 添加影片剪辑实例

现在已经完成了滚动山脉的传统补间，下面在主舞台上添加影片剪辑元件。

1. 将名为 scrolling landscape 的影片剪辑元件从"库"面板拖动到舞台上，将元件的左边缘和底部边缘与舞台的左边缘和底部边缘对齐，如图 5.18 所示。在"属性"面板的 Position and Size（位置和大小）区域，X 和 Y 的值应该分别为 0 和 400。

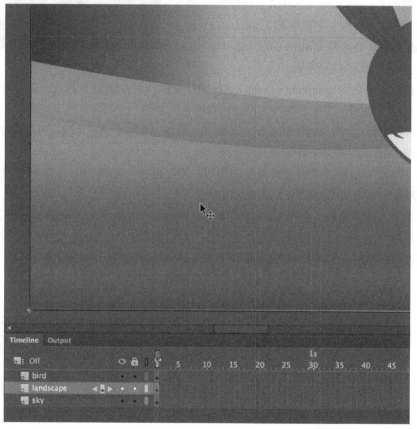

图5.18

An　**注意：**该动画由Chris Georgenes创作，已经取得对方的使用许可。

注意： 在测试动画时，Output（输出）面板将显示多个警告。不要为此担心。它们不是错误，而是一般的预防措施，在HTML5 Canvas文档中工作时会遇到。

2. 保存完成后的工作，然后选择 Control（控制）>Test（测试），预览动画。

Animate 打开默认的浏览器，显示在小鸟的后面创建的滚动山脉的动画。

5.2.6 制作缩放的动画

最后，将添加一个太阳，我们将采用一种微妙的方式对太阳进行动画处理，为它赋予一个活泼的外观。

1. 选择 Insert（插入）>New Symbol（新建元件）（Ctrl/Command + F8 组合键）。

2. 在出现的 Create New Symbol（创建新元件）对话框中，在 Name（名称）字段中输入 animated sun，从 Type（样式）菜单中选择 Movie Clip（影片剪辑），然后单击 OK 按钮，如图 5.19 所示。

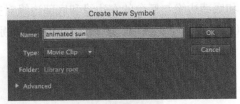

图5.19

Animate 创建一个名为 animated sun 的新影片剪辑元件，并在舞台上进入元件编辑模式。

3. 选择 Oval（椭圆）工具，它没有描边，填充色为黄色。

4. 按住 Shift 键，在舞台的中间拖出一个圆形。在拖动时按住 Shift 键，可以创建一个完美的圆形。圆形的宽和高大约都是 100 像素。

5. 选择"选取"工具，然后选择黄色的圆形。在"属性"面板中，将 X 和 Y 的值分别设置为 -50，将太阳置于舞台的中央位置，如图 5.20 所示。

6. 保持太阳为选中状态，选择 Modify（修改）>Convert to Symbol（转换为元件）（F8 键）。

7. 在出现的 Convert to Symbol（转换为元件）对话框中，在 Name（名称）字段中输入 sun，从 Type（样式）菜单中选择 Movie Clip（影片剪辑）。单击 OK 按钮，如图 5.21 所示。

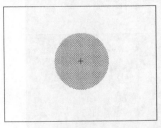

图5.20

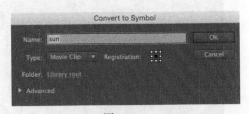

图5.21

Animate 创建一个名为 sun 的影片剪辑元件，用户将在当前正在编辑的影片剪辑元件（名为 animated sun）内部对这个 sun 影片剪辑元件进行动画处理。

8. 在影片剪辑元件的时间轴上，选择第 72 帧。

9. 选择 Insert（插入）>Timeline（时间轴）>Keyframe（关键帧）（F6 键）。

这将在第 72 帧创建一个具有太阳实例的新关键帧，如图 5.22 所示。

图5.22

10. 选择第 48 帧，然后 Insert（插入）>Timeline（时间轴）>Keyframe（关键帧）（F6 键）。

这将在第 48 帧创建另外一个具有太阳实例的关键帧，如图 5.23 所示。时间轴上现在有了 3 个关键帧，每一个都有相同的太阳实例。下面更改中间关键帧的太阳尺寸，然后在关键帧之间进行补间处理，让太阳缓慢地膨胀和收缩。

图5.23

11. 选择舞台上第 48 帧的太阳。

12. 选择 Free Transform（任意变形）工具。

在太阳实例的周围出现控制手柄，如图 5.24 所示。

13. 按住 Shift 键，轻松拖动变形边界框的角，让太阳大 10% 左右，结果如图 5.25 所示。

 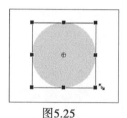

图5.24　　　　　　　　　　图5.25

14. 选择第一个和第二个关键帧之间的任何帧，右键单击并选择 Create Classic Tween（创建传统补间）。

第一个和第二个关键帧之间将创建一个传统的补间，如图 5.26 所示。

图5.26

15. 选择第二个和第三个关键帧之间的任何帧，右键单击并选择 Create Classic Tween（创建传统补间）。

第二个和第三个关键帧之间将创建一个传统的补间，如图 5.27 所示。

图5.27

16. 按 Enter/Return 键，播放影片剪辑时间轴上的动画。

太阳如同呼吸那样膨胀和收缩。由于第一个和最后一个关键帧相同，因此影片剪辑时间轴在最终的动画中将无缝循环播放。

17. 退出元件编辑模式。将名为 animated sun 的影片剪辑从库拖动到 sky 图层中的舞台上，并位于山脉的上方，结果如图 5.28 所示。

18. 选择 Control（控制）>Test（测试）。

Animate 启动默认的浏览器并播放动画。在小鸟飞过山脉时，山脉和太阳都在变化。

图5.28

5.2.7 添加滤镜

最后，为太阳添加一个 Blur（模糊）滤镜，对太阳的边缘进行柔和处理，让太阳更真实。

1. 双击舞台上的 animated sun 实例，就地编辑元件。

舞台上所有其他图形将变为灰色，允许用户在周围图形的上下文中编辑 animated sun 元件，如图 5.29 所示。

图5.29

2. 将播放头移动到第 1 帧，选择舞台上的太阳实例。

3. 在 "属性" 面板的 Filters（滤镜）区域，单击 Add Filter（添加滤镜）按钮（+），并选择 Blur（模糊），如图 5.30 所示。

模糊滤镜将应用到太阳上。

4. 将 X 和 Y 的 Blur（模糊）值修改为 10 像素，保持 Quality（质量）的设置为 Low（低），如图 5.31 所示。

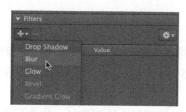

图5.30

图5.31

太阳的外边缘变模糊了，如图 5.32 所示。

图5.32

5. 单击 Edit（编辑）栏中的 Scene 1，退出元件编辑模式。

6. 选择 Control（控制）>Test（测试）。

现在太阳缓慢地膨胀和收缩，而且略微带有模糊效果，结果如图 5.33 所示。

图5.33

 注意： 在HTML5 Canvas文档中，滤镜和颜色效果特别难以进行渲染，因此无法进行动画处理，只有所应用的滤镜或颜色效果的第1个关键帧能显示。因此，在该任务中，尽管可以对太阳的膨胀和收缩进行动画处理，但是它只能有一个模糊状态。这是HTML5 Canvas的限制，而不是传统补间的限制。

5.3 传统补间的运动引导

现在已经学习了如何使用传统补间对一个对象的不同属性进行动画处理，比如对象的位置或大小，下面将学习如何在路径上移动对象。保存并关闭 05_workingcopy.fla 文件，因为后面不再使用它了。

要沿着特定的路径移动对象，传统补间要求用户在单独的图层上绘制路径（称为运动引导）。

5.3.1 理解第二个项目文件

打开 05Start2.fla 文件，准备开始第二个项目，这个文件显示的是一颗轨道卫星。下面将对围绕太阳旋转的地球和卫星的轨迹进行动画处理。

1. 双击 Lesson05/05Start 文件夹中的 05Start2.fla 文件，在 Animate 中打开初始的项目文件。

2. 在舞台上面的视图选项中，选择 Fit in Window（符合窗口大小），或者选择 View（视图）>Magnification（缩放比率）>Fit in Window（符合窗口大小），以便在计算机屏幕上看到整个舞台。

这个初始文件包含了 5 个图层（有些图层是空的），在舞台上的是太阳。在舞台外面（对观众来说不可见）的是卫星轨迹，后面将会用到，如图 5.34 所示。

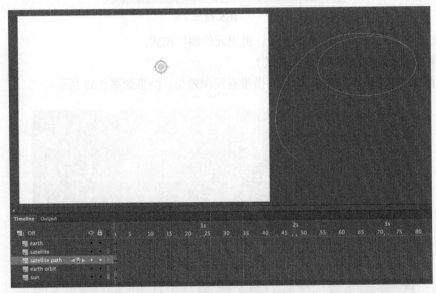

图5.34

3. 选择 File（文件）>Save As（另存为）。将文件命名为 05_workingcopy2.fla，然后保存在05Start 文件夹中。

保存一份工作副本，以确保如果要重新开始，可以使用原始的开始文件。

5.3.2 为沿着路径的对象制作动画

运动引导（motion guide）是一个添加到时间轴中的图层，用来告诉传统补间中的对象如何从第一个关键帧中的位置，移动到最后一个关键帧中的位置。如果没有运动引导，传统补间只能让对象采用直线方式，从第一个关键帧移动到最后一个关键帧。运动引导包含了用户绘制的路径，而且路径可以是曲线、之字形，或者各种弯曲的路径，只要路径不与自己交叉，对象就可以从第一帧移动到最后一帧。

在使用运动引导时，必须确保开始关键帧中的对象附在路径上，而且结束关键帧中的对象也需要附在路径上。

1. 在主时间轴上，选择 earth 图层，将地球元件从"库"面板拖动到舞台上。可以将地球放在太阳的右侧，其 X 和 Y 的值大约为 420 和 80，结果如图 5.35 所示。

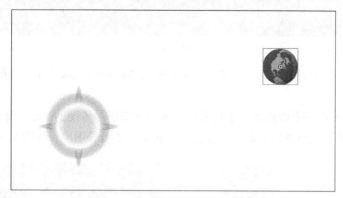

图5.35

2. 选择所有图层的第 48 帧，然后添加帧（F5 键），如图 5.36 所示。

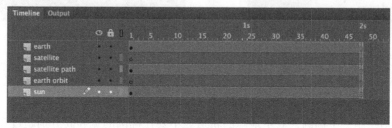

图5.36

3. 选择 earth 图层的第 48 帧，然后插入一个新关键帧（F6 键）。

现在有了两个关键帧，一个位于第 1 帧，另外一个位于第 48 帧，如图 5.37 所示。

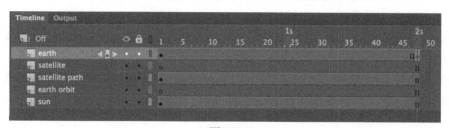

图5.37

4. 选择两个关键帧之间的任何帧，右键单击并选择 Create Classic Tween（创建传统补间）。在"属性"面板中，确保在 Tween（补间）区域中选择了 Snap（贴紧）选项。

Animate 在两个关键帧之间创建了一个补间，但是因为第一个关键帧和最后一个关键帧中，地球的位置相同，因此目前还没有动画效果，如图 5.38 所示。

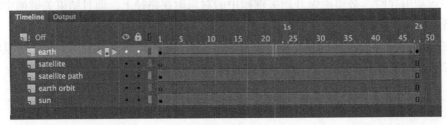

图5.38

5. 右键单击 earth 图层的名字，并选择 Add Classic Motion Guide（添加传统运动引导），如图 5.39 所示。

Animate 在 earth 图层上面添加一个新图层。这个新图层是传统的运动引导，包含了补间将要跟随的路径。earth 图层以缩进形式显示，这表示它属于运动引导图层，如图 5.40 所示。

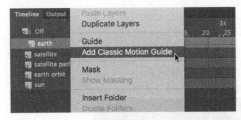

图5.39

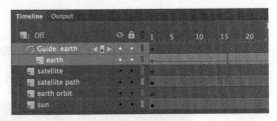

图5.40

6. 选择名为"Guide: earth"的运动引导图层。

7. 选择 Oval（椭圆）工具，为 Fill（填充）色选择 None（无），为其 Stroke（描边）选择任何颜色。

8. 绕着太阳绘制一个椭圆，表示地球的轨道。不要让椭圆的宽和高分别超过 200 像素和 100 像素。确保太阳大约在中间的位置。

在绘制椭圆时，Animate 可确保补间对象（地球）停留在路径上，原因是"属性"面板中选择了 Snap（贴紧）选项。最终的轨道应该在太阳右侧的椭圆边缘上显示地球，如图 5.41 所示。

9. 选择 earth 图层的最后一个关键帧。

10. 选择"选取"工具，确保在"工具"面板的底部选择了 Snap to Objects（贴紧至对象）选项（磁铁图标）。

11. 移动最后一个关键帧中的地球实例，让它贴紧到椭圆轨道上。将它的位置略微比第一个关键帧中的位置低一些（顺时针方向），如图 5.42 所示。

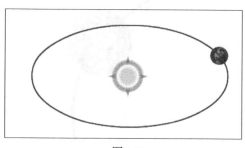

图5.41

图5.42

地球现在应该在第一个和最后一个关键帧的轨道上。Snap to Objects（贴紧至对象）选项很关键，因为对象必须总是在它的路径上。

12. 按 Enter/Return 键预览动画。

地球现在很可能沿着椭圆缓慢移动，按照顺时针方向沿着轨道边缘从一个点移动轨道目的地附近。然而，我们想让它逆时针完全绕着太阳移动，但是 Animate 采用了最近的路线来移动地球。如何迫使地球在另外一个方向上移动呢？

有两种方法。第一种是在路径的中间位置插入另外一个关键帧，将地球的公转拆分为两个部分。第二种方法是在椭圆中创建一个微小的缺口，让椭圆不再是封闭的路径，而是成为一个带有起点和终点的路径。对当前的任务来说，我们采用第二种方式来处理。

13. 使用 Zoom（缩放）工具，在第一个关键帧中放大地球与其路径相接的地方。

14. 锁定 earth 图层，以免碰到它。

15. 使用"选取"工具，围绕路径的一小部分进行拖动，将其选中并删除（按 Backspace/Delete 键）。

现在椭圆有了一个很小的间隙，如图 5.43 所示。

16. 取消选中 earth 图层。

17. 在 earth 图层的第一个关键帧，移动地球实例，让它贴紧到路径的起点（在间隙的上方），在最后一个关键帧移动地球实例，让它贴紧到路径的终点（在间隙的下方），如图 5.44 所示。

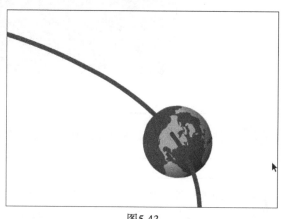

图5.43

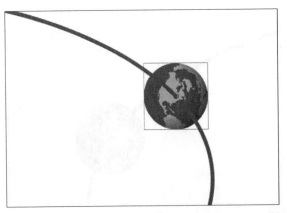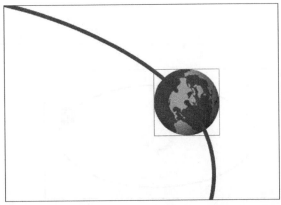

图5.44

18. 按 Enter/Return 键预览动画。

地球现在按照逆时针方向，沿着运动引导图层中的路径，围绕着太阳公转，如图 5.45 所示。

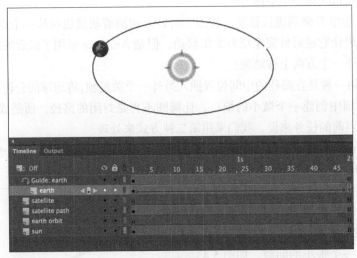

图5.45

 注意：在发布最终的动画时，不会显示在运动引导中绘制的路径。

注意：可以有多个补间沿着在同一个运动引导移动。只需将补间图层拖动到运动引导图层的下方，让补间图层缩进显示即可。

5.3.3 对卫星的轨迹制作动画

接下来添加卫星的轨迹，卫星在绕地球旋转一圈后将飞向太空。

1. 在主时间轴上，选择名为 satellite 的图层，然后将名为 juno 的卫星元件从"库"中拖放到舞台上。将实例放置在地球的右边。使用 Free Transform（任意变形）工具将实例缩小为一个合适的大小，如图 5.46 所示。

2. 选择 satellite 图层的最后一帧，然后插入一个新关键帧（F6 键）。

现在有了两个关键帧，一个在第 1 帧，另外一个在第 48 帧，如图 5.47 所示。

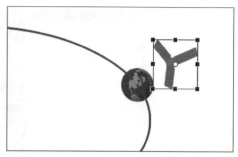

图5.46

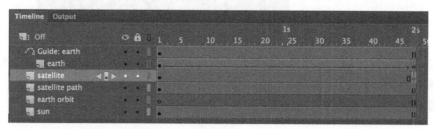

图5.47

3. 选择两个关键帧之间的任何帧，右键单击并选择 Create Classic Tween（创建传统补间）。Animate 在两个关键帧之间创建了一个补间，如图 5.48 所示。

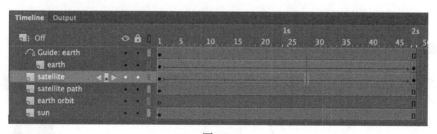

图5.48

4. 右键单击 satellite 图层，并选择 Add Classic Motion Guide（添加传统运动引导）。Animate 在 satellite 图层上面添加了一个运动引导图层，如图 5.49 所示。

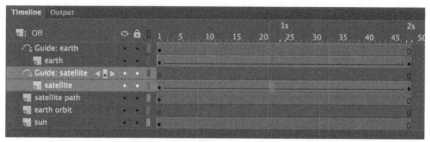

图5.49

5. 选择"选取"工具，双击位于舞台外面的卫星路径，将其选中，如图 5.50 所示。

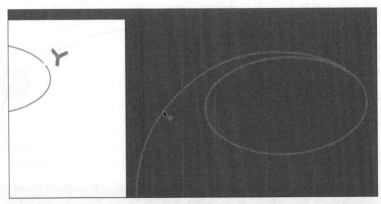

图5.50

6. 按 Ctrl +X/Command + X 组合键剪切路径。选择卫星运动引导，然后按 Ctrl + V/Command + V 组合键将路径粘贴到舞台上。

7. 放置路径，使其起点（内侧的端点）靠近地球的起点，它将地球轨道完全包围，如图 5.51 所示。

8. 单击舞台的空白区域，取消选中路径。

9. 在第一个关键帧处进行放大，并移动卫星，使其贴紧到路径的起点位置，如图 5.52 所示。

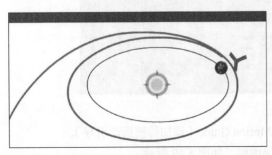

图5.51

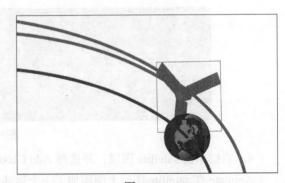

图5.52

10. 在最后一个关键帧处，移动卫星，使其贴紧到路径的开始位置（位于太空远处），如图 5.53 所示。

11. 按 Enter/Return 键预览动画。

在地球围绕着太阳公转时，卫星也沿着自己的轨迹运动，并飞向太阳系，如图 5.54 所示。

注意： 可以使用任何编辑工具来编辑运动引导中的路径，比如"选取"工具、"部分选取"工具或"钢笔"工具。对路径所做的更改会立即改变对象的运动，前提是对象在开始关键帧和结束关键帧位置仍然贴紧到路径上。

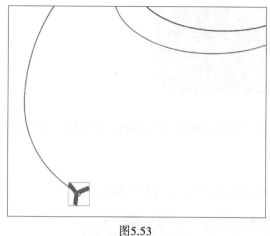

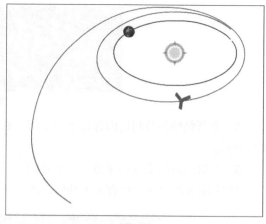

图5.53   图5.54

5.4 复制和粘贴补间

目前为止，我们已经制作了地球和卫星的动画，但事实上，卫星需要几年的时间才能到达外太空。因此，在接下来的任务中，将扩展动画的时间，并为地球添加额外的公转。

5.4.1 添加额外的地球公转

我们已经让地球围绕着椭圆路径旋转了一次。现在将复制补间并粘贴到时间轴上，创建额外的 3 个公转。

1. 使用"选取"工具选择 earth 图层中的第一个关键帧、传统补间和最后一个关键帧。

2. 右键单击并选择 Copy Frames（复制帧），也可以选择 Edit（编辑）>Timeline（时间轴）>Copy Frames（复制帧），如图 5.55 所示。

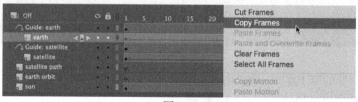

图5.55

3. 选择 earth 图层的第 49 帧，右键单击并选择 Paste Frames（粘贴帧），也可以选择 Edit（编辑）>Timeline（时间轴）>Paste Frames（粘贴帧）。

Animate 将复制的补间粘贴到第 49 帧和第 96 帧之间。地球围绕太阳运动的第二个补间将出现，如图 5.56 所示。

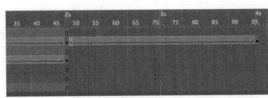

图5.56

4. 在新粘贴的补间后面选择下一个帧，右键单击，在此选择 Paste Frames（粘贴帧），粘贴第 3 个补间。

5. 在时间轴的末尾粘贴另外一个补间。

现在 earth 图层中总计有 4 个补间，并且一直延伸到第 192 帧，如图 5.57 所示。

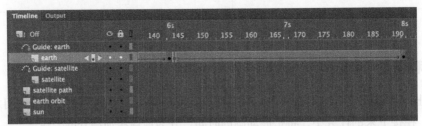

图5.57

6. 接下来需要扩展其余的图层，使它们与 earth 图层具有相同的长度。在 "Guide: earth" 图层中选择第 192 帧，然后按 F5 键。

Animate 在 "Guide: earth" 图层中添加帧，一直添加到第 192 帧，如图 5.58 所示。

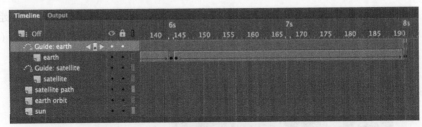

图5.58

7. 选择其他图层的第 192 帧，然后按 F5 键。

Animate 为其他图层添加帧，如图 5.59 所示。

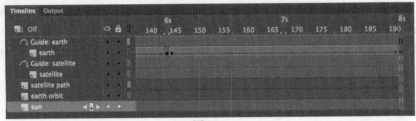

图5.59

8. 选择 satellite 图层的最后一个关键帧，位于第 48 帧处。

9. 确保在鼠标光标周围出现了一个方框图标，然后将关键帧拖动到图层的时间轴的最末尾（第 192 帧），如图 5.60 所示。

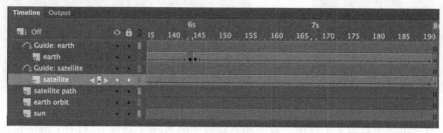

图5.60

卫星的整个轨迹将从第 1 帧持续到第 192 帧，与此同时，地球围绕着太阳公转 4 次。

5.5 为传统补间添加缓动效果

我们在第 4 课学习了缓动效果。当补间动画从其第一个关键帧进入下一个关键帧时，可以使用缓动来影响补间播放的方式。动画可以在刚开始时很慢，然后逐渐加速；或者是在刚开始时很快，然后慢慢地移动到停止位置。对象也可以通过弹跳或其他更复杂的运动进行移动，然后进入到最后一个关键帧。

也可以为传统补间应用缓动，当然过程会略有不同。对于传统补间来说，时间轴上没有 Motion Editor（运动编辑器）。可以通过"属性"面板添加缓动。

5.5.1 添加缓动

在前面制作的卫星动画中，卫星采用线性方式从地球飞向外太空，也就是说时间轴上的每一帧具有相同的距离。要让动画更为真实，则卫星在飞离地球时，应该减慢卫星的运动速度；在靠近地球时，运动速度应该加快。卫星靠近地球飞行时所获得的引力增强被称为弹弓效应，这有助于推动卫星飞向太阳系外围。

1. 选择 satellite 图层第一个和最后一个关键帧之间的任何一帧。

2. 在"属性"面板的 Tweening（补间）区域显示所有的补间选项，其中包括缓动，如图 5.61 所示。Class Ease（传统缓动）选项的 0 值表示当前没有应用任何缓动。可以通过拖动该值的方式来增加或减小缓动，其变动范围为 -100（缓入）~100（缓出）。以这种方式选择一个值，将会为对象应用一个非常简单的缓动，其中对象的运动会缓慢开始（缓入）或缓慢结束（缓出）。

然而，有时想要一个更为复杂的缓动效果。可单击 Classic Ease（传统缓动），打开 Ease（缓动）面板。

这将出现"缓动"面板，它看起来与运动补间的 Motion Editor（运动编辑器）中的"缓动"面板类似。可以选择不同的缓动类型，对于某些缓动，可以在二级菜单中选择缓动的强度。图 5.62

显示了时间（沿着水平轴）和补间（沿着垂直轴）之间的非线性关系。

图5.61 　　　　　　　　　　　　　　　　　　　图5.62

3. 选择 Custom（自定义）选项，双击相邻面板中的 New（新建），打开 Custom Ease（自定义缓动）面板。也可以单击"属性"面板中的 Edit Easing（编辑缓动）按钮（铅笔图标）。

Custom Ease（自定义缓动）面板显示了带有时间和补间百分比的图形，其中时间沿着水平轴分布，补间沿着垂直轴分布，如图 5.63 所示。这个图形有助于用户思考缓动图形中的线应该是什么形状，以便完成想要的运动。对于卫星来说，其运动应该是在它远离地球移动时（大约第 48 帧），应该降低速度，但是在靠近地球时（大约第 96 帧），应该加快速度。这意味着在第 48 帧附近，缓动的图形应该是扁平的，而在第 96 帧时，图形应该变得有些陡峭。

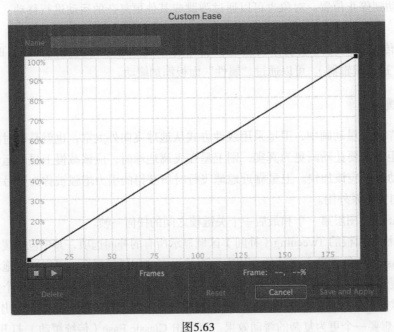

图5.63

4. 单击第 48 帧处的缓动图形。

Animate 在图形上添加了一个控制点（黑色方块），而且带有两个手柄（两个空心圆圈），如图 5.64 所示。

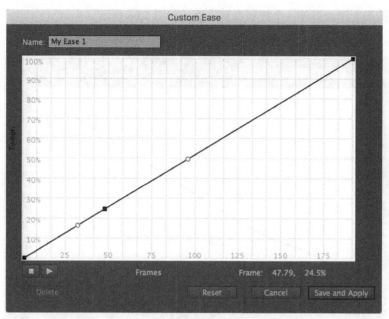

图5.64

5. 抓住控制手柄，然后略微向下拖动，让曲线扁平一些，如图 5.65 所示。

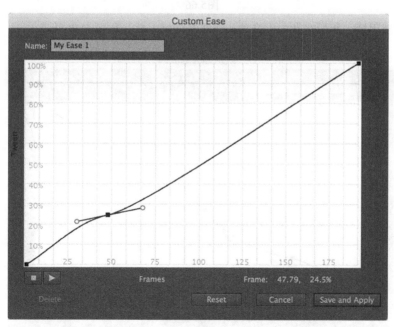

图5.65

手柄的工作方式与贝塞尔曲线类似，都是控制线条的曲率。

6. 现在单击大约第 96 帧处的缓动图形。

Animate 在图形上添加另外一个控制点和手柄，如图 5.66 所示。

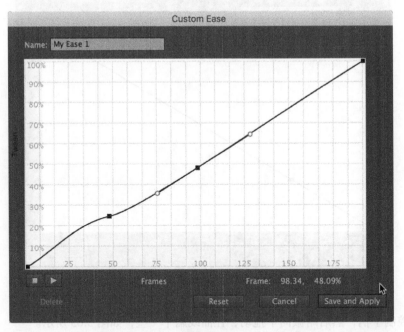

图5.66

7. 抓住控制手柄，然后略微向上拖动，让曲线陡峭一些，如图 5.67 所示。

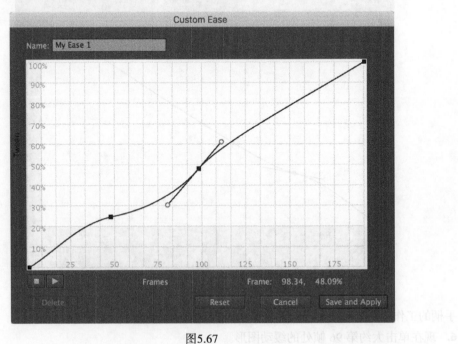

图5.67

注意： 要删除缓动图形上的单个控制点，可以将其选中然后按Backspace/Delete键。

注意： 要清除所有的控制点，可单击缓动图形下面的Reset（重置）按钮。

不要让曲线过度弯曲。图形中的微小变化都会对运动造成显著影响，通常来说，对缓动进行微调，效果会最好。

8. 单击缓动图形下面的 Play（播放）按钮（三角形图标），预览动画。

在舞台上，卫星慢慢降低速度，在大约第96帧处在地球附近摆动时开始加速。保存并关闭文件。现在这个动画做完了。

对属性应用缓动

为了进行更好的控制，可以单独为补间的每一个属性应用不同的缓动。例如，如果卫星在飞出太阳系时会变得更大，或者在飞行过程中会旋转，则可以为卫星的缩放变化或旋转变化选择不同的缓动。

在"属性"面板的Tweening（补间）区域，从Easing（缓动）菜单中选择Each property separately（各属性分别），然后应用一个预设的缓动或应用针对位置、旋转、缩放、颜色和滤镜自定义的缓动，如图5.68所示。

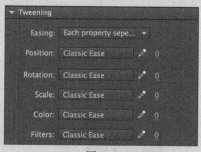

图5.68

5.6 图形元件

我们已经在动画中使用过影片剪辑元件，并且知道影片剪辑元件允许独立的嵌套动画。也可以在图形元件（graphic symbol）中使用嵌套动画，尽管图形元件与影片剪辑元件的工作方式略有不同。

图形元件内的动画不会独立播放，这与在影片剪辑元件中相同。只有当实例所在的主时间轴上有足够的帧时，动画才能播放。虽然可以使用代码控制影片剪辑时间轴的播放头，但是图形元件播放头的控制是直接在"属性"面板中进行的。因为可以轻松选择出现在图形元件中的帧，因此图形元件非常适合唇形同步或其他的角色变化。

5.6.1 为音素使用帧选择器

当动画人物在讲话时，它们的嘴型应该与所说的单词同步。每一个声音（或音素）都是由不同的嘴型产生的。例如，爆破音"p"或"b"是通过紧闭嘴唇发出的，而"o"的读音则是通过张开的嘴型发出的。动画师绘制了许多这样的嘴型位置，以与声道同步。

在图形元件中，可以将每一个嘴型位置存储为一个关键帧。Frame Picker（帧选择器）面板可以让用户在时间轴上选择与嘴型匹配的帧。

在下面这个任务中，将使用 Frame Picker（帧选择器）对第 4 课中的外星人的嘴型进行动画处理。

1. 打开 Lesson05/05Start 文件夹中的 05FramePicker_start.fla 示例文件。这个文件包含了一个出现在舞台上的外星人角色。

这个外星人没有进行动画处理，但是它的脑袋是一个图形元件，而且在时间轴内有多个关键帧，如图 5.69 所示。

2. 在库中双击 alien_head 图形元件。

Animate 进入 alien_head 图形元件的元件编辑模式。注意，时间轴在 mouth 图层中包含了 5 个关键帧，如图 5.70 所示。

图5.69

图5.70

3. 通过将播放头从第 1 帧移动到第 5 帧，检查 mouth 图层中的每一个关键帧。

每一个关键帧显示了位于不同位置的嘴型，如图 5.71 所示。第 1 帧是一个很小的闭合嘴型，第 2 帧是一个圆形嘴型，第 3 帧是一个更为张开的嘴型，以此类推。

4. 返回到 Scene 1 并选择 Control（控制）>Test（测试）。

Animate 创建 SWF 来播放动画。什么都没有发生，因为在主时间轴上只有一个帧，而图形元件需要主时间轴上的帧来播放它自己的时间轴。

第1帧　　　第2帧　　　第3帧　　　第4帧　　　第5帧

图5.71

5. 关闭测试影片面板，返回到 Animate 文档。

6. 在 head 和 body 图层中选择第 45 帧，然后选择 Insert（插入）>Timeline（时间轴）>Frame（帧）（F5 键）。

帧现在添加到这两个图层中，且一直添加到第 45 帧的位置，如图 5.72 所示。

图5.72

7. 选择 Control（控制）>Play（播放）（Enter/Return 键）。

Animate 播放动画，现在外星人不停地在讲话！在总计 45 帧的主时间轴上，图形元件反复播放所有的 5 个关键帧。在默认情况下，图形元件被设置为循环播放，但是可以选择播放单个帧。

8. 在舞台上选择外星人的头部，在"属性"面板的 Looping（循环）区域，从 Options（选项）菜单中选择 Single Frame（单个帧），如图 5.73 所示。将 First（第 1 个）字段的值保留为 1。

现在舞台只显示 alien_head 图形元件的一个帧，即第 1 帧。

9. 将播放头移动到 head 图层的第 10 帧，如图 5.74 所示。

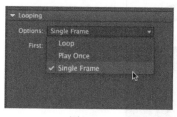

图5.73

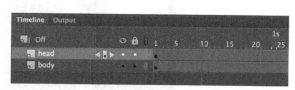

图5.74

10. 当播放头位于第 10 帧时，在舞台上选择外星人的脑袋。在"属性"面板的 Looping（循环）区域，单击 Use Frame Picker（使用帧选择器），如图 5.75 所示。

这将打开 Frame Picker（帧选择器）面板，并显示图形元件内所有帧的缩略图，如图 5.76 所示。

图5.75 图5.76

11. 接下来让外星人读"hello"单词。对单词的第一个部分，在"帧选择器"面板中选择第 3 帧。确保选中了 Create Keyframe（创建关键帧）（位于"帧选择器"面板的顶部）。

Animate 自动在时间轴的当前位置添加关键帧，而且在第 3 帧上有一个图形元件的新实例。现在，当动画播放到第 10 帧时，外星人的脑袋元件从第 1 帧（紧闭的嘴型）切换到第 3 帧，即"hello"刚开始的发音，如图 5.77 所示。

图5.77

12. 将播放头移动到主时间轴的第 12 帧。

13. 在"帧选择器"中选择第 4 帧。

当动画播放到第 12 帧时，外星人的 head 图形元件将更改到第 4 帧。它的嘴张开得更宽了一些，用来发"hello"中"eh"部分的音，如图 5.78 所示。

14. 将播放头移动到主时间轴的第 14 帧。

15. 在"帧选择器"中选择第 2 帧。

当动画播放到第 14 帧时，head 元件开始显示第 2 帧。它的嘴更圆了，用来发"oh"的音，如图 5.79 所示。

图5.78

图5.79

16. 在第 17 帧，使用"帧选择器"将嘴型改回到第 1 帧，如图 5.80 所示。

17. 最后，在第 30 帧，使用"帧选择器"将嘴型更改回第 5 帧，让外星人显示一个灿烂的笑脸，如图 5.81 所示。

图5.80

图5.81

 注意： 如果在图形元件的时间轴上添加了帧标签，则这些标签也将出现在"帧选择器"中，从而让用户更容易选择想要的帧。

18. 选择 Control（控制）>Play（播放）（Enter/Return 键）。

Animate 播放动画。现在外星人的嘴型与"hello"同步，然后暂停，最后是笑脸。

现在这个文档已经完成，请保存并关闭。

5.7 复习题

1. 在哪两个方面，传统补间和运动补间很相似？

2. 在哪两个方面，传统补间和运动补间有不同？

3. 在为传统补间添加运动引导时，为什么"工具"面板中的 Snap to Objects（贴紧至对象）选项这么重要？

4. 如何编辑对象的运动路径？

5. 缓动图形的两个坐标轴是什么？

6. 图形元件是如何有别于影片剪辑元件的？

5.8 复习题答案

1. 运动补间和传统补间在舞台上都需要元件实例。两者相似的另外一个地方是，它们都需要自己的图层；其他补间或者绘制的对象不能存在于补间图层上。

2. 通过 Motion Editor（运动编辑器）可以为时间轴上的运动补间应用复杂的缓动效果。对于传统补间来说，缓动是从"属性"面板的 Tweening（补间）区域应用的。要更改运动补间的运动路径，可以直接编辑出现在舞台上的路径。要更改传统补间的运动路径，必须创建单独的运动引导图层，然后自行绘制路径。

3. Snap to Objects（贴紧至对象）选项迫使对象贴紧到它周围的其他对象上。对于沿着运动引导中的路径运动的对象，对象必须贴紧到第一个和最后一个关键帧的路径上。

4. 要编辑对象的运动路径，可选择"选取"工具，然后直接在路径上拖动，将它弯曲。也可以选择 Convert Anchor Point（转换锚点）工具和"部分选取"工具，在锚点处向外拉动手柄。手柄可以控制路径的曲率。

5. 缓动图形显示了补间中的变化量与所经过的时间量的对比。时间（以帧来衡量）在水平方向显示，而补间的百分比在垂直方向显示。

6. 只有当实例所在的主时间轴上有足够的帧时，图形元件才能播放动画。而影片剪辑元件包含了独立的时间轴，因此无论主时间轴持续多长时间，只要实例还在舞台上，它就播放动画。

第6课 控制摄像机

课程概述

本课将介绍如下内容：

- 理解最适合使用Camera工具制作动画的运动类型；
- 激活摄像机；
- 隐藏或显示摄像机；
- 平移、旋转或缩放摄像机；
- 使用图层创建景深；
- 将图层附在摄像机上，使其独立于摄像机的运动；
- 为摄像头应用颜色效果。

本课大约要用 60 分钟完成。

开始之前，请先将本书的课程资源下载到本地硬盘中，并进行解压。在学习本课时，将覆盖相应的课程文件。建议先做好原始课程文件的备份工作，以免后期用到这些原始文件时，还需重新下载。

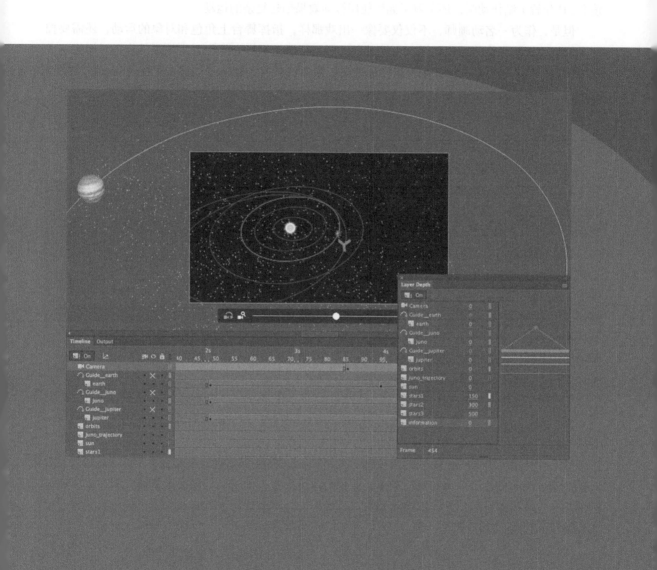

使用摄像机可将观众的注意力集中到动画中。使用电影制作技术（比如平移、缩放甚至旋转），可以指挥更多电影方法的动作。

6.1 对摄像机的移动进行动画处理

目前为止，我们学习了如何对舞台上元件实例的不同属性（位置、缩放、旋转、透明度、滤镜和 3D 位置）制作动画，还学习了如何使用缓动效果创建复杂的运动。

但是，作为一名动画师，不仅仅要像一出戏那样，指挥舞台上角色和对象的运动，还需要控制摄像机，如同影片的导演那样。也就是说，要控制摄像机指向的位置来拍摄动作，对摄像机进行缩放、平移，甚至是旋转，来获得特殊效果。摄像机所有的这些运动都可以在 Animate 中使用 Camera（摄像机）工具来实现。

6.2 开始

在开始之前，先通过查看最终的影片文件，来看一下本课将要创建的教育视频。

1. 双击 Lesson06/06End 文件夹中的 06End.mp4 文件，播放视频文件，如图 6.1 所示。

Juno 使用地球引力作为弹射力

图6.1

这个项目是一个显示了 Juno 航天器的运动轨道的动画，Juno 航天器在 2001 年从地球发射，在 2015 年到达木星。大家可能在教育网站或者博物馆中看到过这个动画。请注意观众的视角是如何缩放的，以及在 Juno 航天器穿越太阳系时，摄像机时如何跟踪它的。在动画的不同点，将出现标题来解释发生的事情。

2. 关闭 06End.mp4 文件。

3. 双击 Lesson06/06Start 文件夹中的 06Start.fla 文件，在 Animate 中打开初始的项目文件，如图 6.2 所示。

这个文件是一个 ActionScript 3.0 文档，包含了 Juno 航天器运动轨道和轨道木星、地球的完整动画。第 5 课中创建了一个类似的动画，但是当前这个文件中有一些额外的动画元素。第 5 课创建的项目没有摄像机的运动，本课将添加上这些内容。当前这个文件还包含了已经导入到库中供用户使用的其他图形元件。

4. 选择 File（文件）>Save As（另存为）。将文件命名为 06_workingcopy.fla，然后保存在 06Start 文件夹中。

保存一份工作副本，以确保如果要重新开始，可以使用原始的开始文件。

5. 选择 Control（控制）>Test（测试），结果如图 6.3 所示。

Animate 生成一个 SWF 文件，用来预览动画。我们将看到太阳系的部分视图，太阳在中间位置，地球和木星围绕着轨道运转。一个航天器从地球发射出去，然后沿着灰色的轨道运行。观察航天器在靠近地球时如何飞出去，以吸附到木星上。

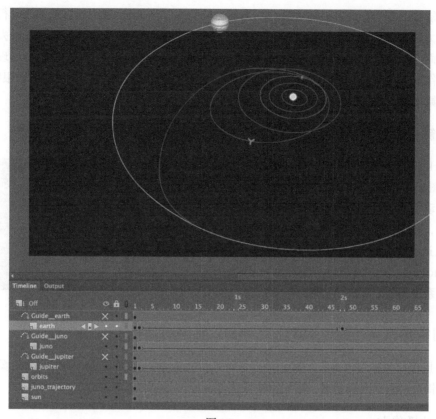

图6.2

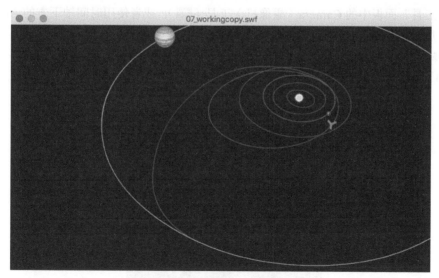

图6.3

这个动画不错，舞台显示了所有的动作：轨道行星和 Juno 航天器的运动。但是，它缺乏戏剧性，一些细节可能会因为用户观看的缩放级别不同而造成丢失。当 Juno 航天器靠近地球飞行时，将使用地球的引力作为弹弓效应，推动它飞向木星。如果能够看到它靠近地球，并被弹出去，则会再好不过了。而 Camera（摄像机）工具可以为此提供帮助。下面将对摄像机进行动画处理，将注意力引导到动作上。当需要时，就靠近；当想看到更宏观的图像时，就缩小。使用摄像机跟踪航天器，就如同跟踪舞台上的角色那样。

6.2.1　理解项目文件

06_workingcopy.fla 文件包含 3 个图层：earth、juno 和 jupiter，如图 6.4 所示。每个图层都包含了带有运动引导的传统补间。运动引导将动画保持在运动路径上。前面讲到，在发布动画时，传统补间的运动引导是不可见的，因此要想显示行星的轨道和 Juno 的轨迹，需要将运动引导复制到名为 orbits 和 juno_trajectory 的图层上。名为 sun 的底部图层包含了位于太阳系中间的太阳。

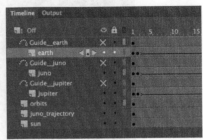

图6.4

6.3　使用摄像机

可以将摄像机当做可以为其形状、旋转或缩放应用运动或传统补间的另外一个对象。如果大家对管理关键帧和补间驾轻就熟，则能很快上手 Camera（摄像机）工具。

6.3.1　启用摄像机

使用"工具"面板中的 Camera（摄像机）工具（ ），或者使用时间轴下方的 Add/Remove Camera（添加 / 删除摄像机）按钮，可以启用摄像机。

- 选择"工具"面板上的"摄像机"工具，或者单击时间轴底部的 Add Camera（添加摄像机）按钮，如图6.5所示。

Camera图层

图6.5

一个 Camera 图层将添加到时间轴的顶部，并进入活动状态。在舞台上出现摄像机控件，如图 6.6 所示。

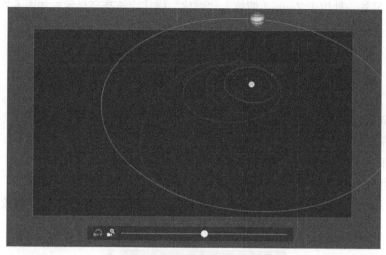

图6.6

注意：单击时间轴底部的Remove Camera（删除摄像机）按钮并不会真的删除Camera图层，只是将它给隐藏了。可以再次单击该按钮恢复Camera图层。要彻底删除Camera图层，可将其选中然后单击Delete（删除）按钮（垃圾桶图标）。

注意："摄像机"工具可用于所有类型的Animate文档。

6.3.2 摄像机的特点

Camera 图层的操作和用来添加图形的正常图层的操作略有不同。

- 舞台的大小将成为摄像机视图的取景框架（frame）。
- 只能有一个Camera图层，而且总是位于其他所有图层的顶部。
- 不能重命名Camera图层。
- 无法在Camera图层中添加对象或绘图，但是可以在Camera图层中添加传统或运动补间，从而对摄像机的运动和滤镜进行动画处理。
- 在选择了"摄像机"工具时，无法移动或编辑其他图层中的对象。可选择"选取"工具或者单击时间轴底部的Remove Camera（删除摄像机）按钮，禁用摄像机。

6.3.3 设置摄像机框架

首先，使用摄像机来构建（frame）太阳系的一小部分，关注动作的开始位置：从地球上发射

Juno。

1. 确保"摄像机"工具是活动的，而且舞台上的控件都存在。控件有两种模式，一种用于Rotate（旋转），另外一种用于Zoom（缩放）。"缩放"模式应该高亮显示，如图6.7所示。

旋转 缩放

图6.7

2. 将滑块向右拖动。

"摄像机"视图缩放到舞台附近。

3. 当滑块抵达"摄像机"控件的边缘时，松开鼠标按钮。

滑块快速回到中心位置，从而允许用户继续向右拖动到右侧，继续进行缩放。

也可以在"属性"面板的Camera Properties（摄像机属性）区域输入一个缩放数值，如图6.8所示。

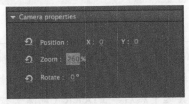

图6.8

4. 继续缩放摄像机，直到缩放比例大约为260%，如图6.9所示。

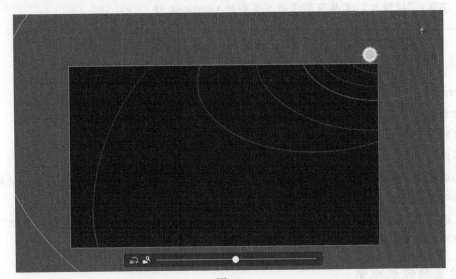

图6.9

5. 现在拖动摄像机，让位于太阳系中心位置的太阳居中显示，如图6.10所示。

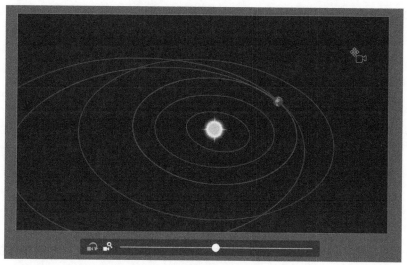

图6.10

 注意：在使用摄像机缩放模式时，要注意图像的分辨率。对于位图来说，如果显著放大，则暴露出原始嵌入图像的局限性。

舞台上对象的移动方向与拖动的方向相反，这让人诧异，但是我们应该知道，因为我们移动的是摄像机，而不是舞台上的对象。

在拖动时间轴查看动画时，可以注意到视点距离动作更近了。

6.3.4　对缩小进行动画处理

因为摄像机是对地球进行的放大处理，所以可以轻松看到 Juno 航天器的发射。但是，在大约第 60 帧处，Juno 离开了舞台的边界。下面需要缩小摄像机，让航天器出现在视图中。

1. 选择 Camera 图层上的第 24 帧，如图 6.11 所示。

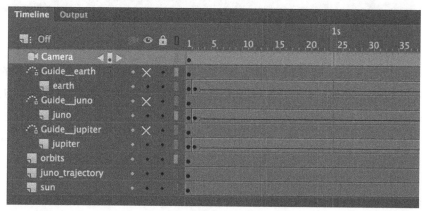

图6.11

2. 在第 24 帧插入一个新关键帧（F6 键），如图 6.12 所示。

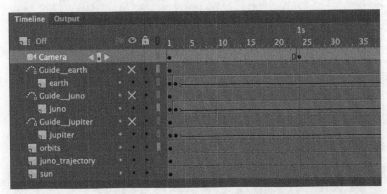

图6.12

下面让摄像机从第 1 帧到第 24 帧保持在放大位置，然后从第 24 帧开始对摄像机运动进行动画处理。

3. 选择刚才在 Camera 图层的第 24 帧处创建的关键帧，右键单击并选择 Create Motion Tween（创建运动补间）。

这个运动补间将应用到第 24 帧的开始位置，由 Camera 图层上的蓝色补间范围来指示，如图 6.13 所示。

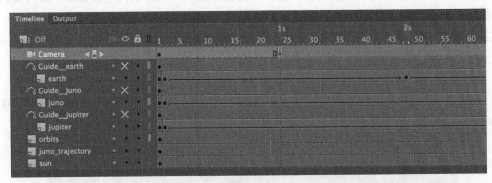

图6.13

4. 将播放头移动到第 72 帧。

5. 将舞台上的 Camera（摄像机）缩放滑块向左拖动，进行缩小，查看太阳系的更多内容。"属性"面板中的缩放百分比应该大约为 170%。移动摄像机，让 Juno 航天器仍然大约在视图的中心位置，如图 6.14 所示。

在第 72 帧自动创建一个关键帧，并且摄像机具有新的 Zoom（缩放）值和位置，如图 6.15 所示。

6. 在第 24 帧到第 72 帧之间拖动时间轴，观看动态的缩放。

当 Juno 远离地球移动时，摄像机进行了缩小，让 Juno 仍然显示在取景框架中。

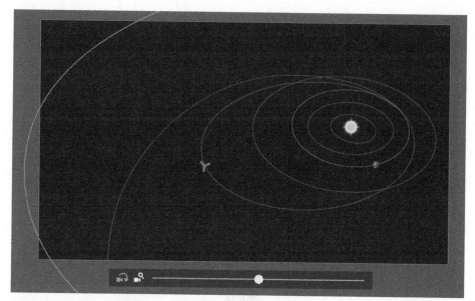

图6.14

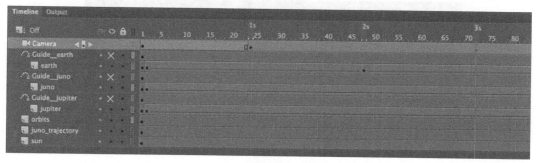

图6.15

6.3.5　对平移进行动画处理

平移是指摄像机的左右运动或上下运动。在下面的步骤中，将对摄像机进行平移处理，使它从左侧慢慢移到右侧，以跟踪 Juno 航天器的运动。

1. 将时间轴上的播放头移动到第 160 帧。

在这个时间点，创建另外一个关键帧，建立摄像机的新位置。

2. 将舞台上的摄像机移动到右侧。在移动时按住 Shift 键，让摄像机呈直线运动。

航天器应该依然大约在取景框架的中心位置，如图 6.16 所示。

3. 在第 160 帧将自动创建一个关键帧，如图 6.17 所示。

4. 按 Enter/Return 键预览运动补间。其中，摄像机从第 24 帧到第 72 帧进行缩小，从第 72 帧到第 160 帧向右平移，用来跟踪航天器的运动。

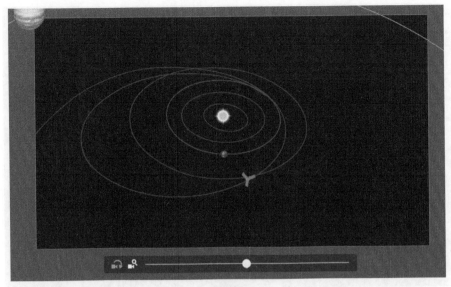

图6.16

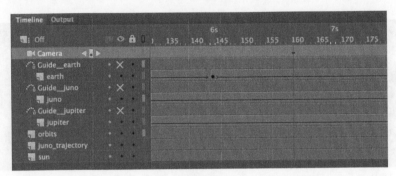

图6.17

6.3.6 对放大进行动画处理

该动画的一个关键部分是，当Juno飞过地球的时候，使用了地球引力作为弹射力，发送到木星上。下面将进行放大处理，显示航天器是如何接近地球的。

1. 右键单击第160帧，然后选择Insert Keyframe（插入关键帧）▷All（所有），如图6.18所示。

为第160帧处的所有摄像机属性插入一个关键帧，可以确保缩放、位置或旋转的后续改变是从第160帧处开始的，而不是始于时间轴上一个更早的位置。

图6.18

2. 将时间轴上的播放头移动到第190帧。

在这个时间点，Juno距离地球最近。

3. 放大并移动舞台上的摄像头，给地球和 Juno 一个特写镜头，而且两者位于中心位置，如图 6.19 所示。Zoom（缩放）值应该约为 760%。

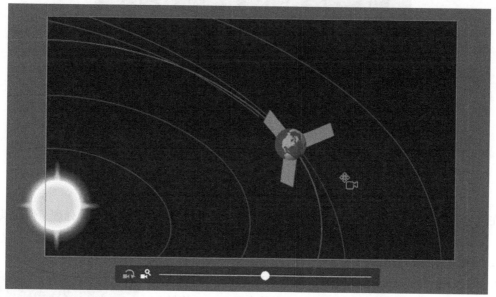

图6.19

4. 在第 190 帧处自动创建一个关键帧。

5. 按 Enter/Return 键预览运动补间。

从第 160 帧到第 190 帧，在 Juno 朝着地球飞去时，摄像机进行了显著的放大处理。

6.3.7 对旋转进行动画处理

摄像机的旋转并不常见，但是在某些情况下，旋转运动可以相当具有戏剧性，而且相当有效。在这个项目中，旋转摄像机会增强航天器靠近地球飞行时的感觉。

1. 确保时间轴上的播放头依然停留在第 190 帧。

2. 选择 Camera（摄像机）滑块的 Rotation（旋转）选项，如图 6.20 所示。

图6.20

3. 向右拖动 Camera（摄像机）滑块，让摄像机顺时针旋转（视图中的对象逆时针旋转）。Rotation（旋转）值应该大约为 -39°。

4. 移动摄像机，让地球后面的航天器大约在中央位置，如图 6.21 所示。

5. 按 Enter/Return 键或者拖动时间轴，预览动画。

摄像机紧跟 Juno 的运动，对 Juno 飞跃地球的戏剧性画面进行了放大和旋转处理。

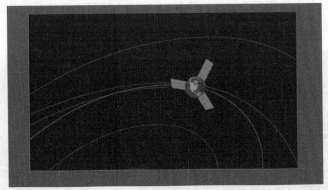

图6.21

6.3.8 优化摄像机的运动

在飞越地球之后，Juno 沿着运动轨迹向木星飞去。下面对摄像机进行动画处理，使用其他的缩放、旋转和平移来构建 Juno 运动轨迹的剩余部分。

1. 将播放头移动到第 215 帧。

2. 将 Camera 的 Rotation（旋转）值重置为 0°。在"属性"面板中，在 Rotate（旋转）值中输入 0，或者单击 Rotate（旋转）标签前面的 Reset Camera Rotation（重置摄像机旋转）按钮，如图 6.22 所示。

图6.22

Camera（摄像机）视图会回退到默认的角度。

3. 移动 Camera（摄像机），让地球和 Juno 大约在中心位置，如图 6.23 所示。

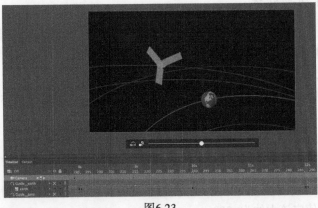

图6.23

4. 现在将播放头移动到第 288 帧。

Juno 现在正远离太阳系，所以需要继续调整摄像机。

5. 将 Zoom（缩放）值更改为大约 90%，然后移动 Camera（摄像机），使得太阳系的大部分（包括木星轨道）显示在视图中，如图 6.24 所示。

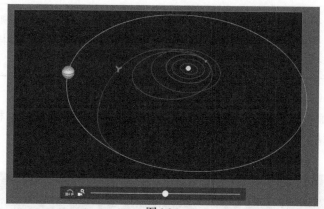

图6.24

6. 选择第 480 帧，右键单击并选择 Insert Keyframe（插入关键帧）>All（所有）。在第 480 帧将创建一个关键帧，如图 6.25 所示。

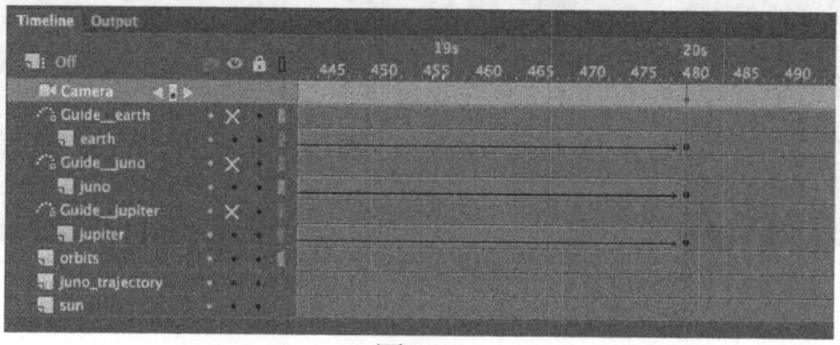

图6.25

摄像机的最终运动是在 Juno 靠近木星时，将其放大，因此需要创建一个起始关键帧，为摄像机的缩放、位置和旋转创建起始值。

7. 选择 Camera 图层上的第 480 帧。

8. 放大并移动摄像机，让木星和 Juno 航天器近乎填满整个取景框架，如图 6.26 所示。Camera（摄像机）的 Zoom（缩放）值应该大约为 1400%。

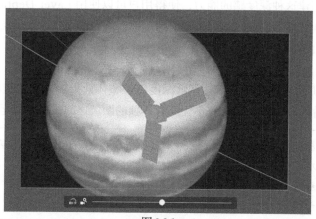

图6.26

9. 选择 Control（控制）>Test（测试），预览整个动画。

Animate 在一个新窗口中将动画导出为 SWF。这个动画播放摄像机的平移、缩放和旋转，紧跟 Juno 从地球飞向木星的整个旅程，如图 6.27 所示。

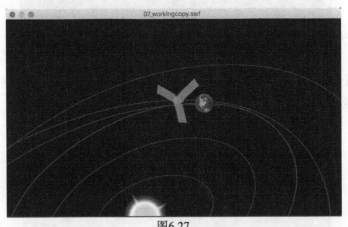

图6.27

6.4 创建景深

在真实生活中移动摄像机来拍摄景色时，会有一种深度感，这是因为前景元素在镜头中的移动速度要比背景元素快一些。这称之为视差（parallax）效应。我们很熟悉这种效应，比如在透过行驶汽车的车窗向外看时，就存在视差效应。近处的树木和街道标志从车窗中一闪而过，而遥远的山脉则缓慢移动。

Animate 提供了创建这种深度感的能力，使得用户可以使用 Layer Depth（图层深度）面板对摄像机的运动进行动画处理。Layer Depth（图层深度）面板允许用户设置图层的 z 深度（z-depth），它表示到 Camera 图层的距离。

默认情况下，"图层深度"面板是关闭的，所有图层的 z 深度值都是 0。在"图层深度"面板为关闭状态时，摄像机的平移和缩放不会显示深度感，整体效果如同摄像机在一个平面图片上平移或者缩放。尽管图片会移动或变大、变小，但是单独的图层之间没有差异运动。

6.4.1 添加星星图层

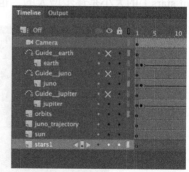

在接下来的任务中，将通过创建深度感来加强 Juno 飞往木星的动画效果。下面将添加几个星星图层并放置到不同的 z 深度位置，这将增加太空的浩渺感。

1. 在时间轴中添加一个新图层，并移动到图层堆栈的底部。

2. 将图层重命名为 stars1，如图 6.28 所示。

stars1 图层包含星星的第一个图层。

3. 在"库"面板中，将名为 stars1 的图形元件从"库"中拖放到舞台上，如图 6.29 所示。

图6.28

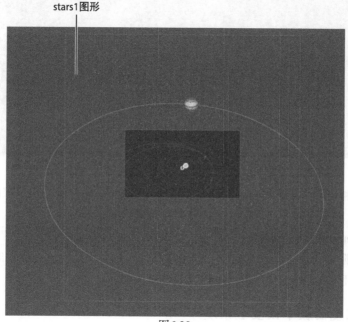

stars1图形

图6.29

这个图形由随机散落在一个巨大区域中的灰点和白点构成。现在无须考虑精确的放置位置，只需让实例覆盖大部分太阳系就好。

更改舞台的视图缩放级别可能会有帮助，这能让用户看到位于舞台外面（也位于摄像机视图外面）的更多图形。

4. 在 stars1 下面添加名为 stars2 的另外一个图层，并在该图层上添加图形元件 stars2。

再次确保星星覆盖了大部分的太阳系。

5. 在其他所有图层下面添加名为 stars3 的第三个星星图层，在这个图层上添加图形元件 stars3，如图 6.30 所示。

用户可能已经在图 6.31 中注意到，每一个图层中星场（field

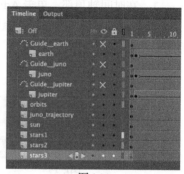

图6.30

of stars）的大小是逐步增大的，也就是说，star3 要比 stars2 大，stars2 要比 stars1 大。

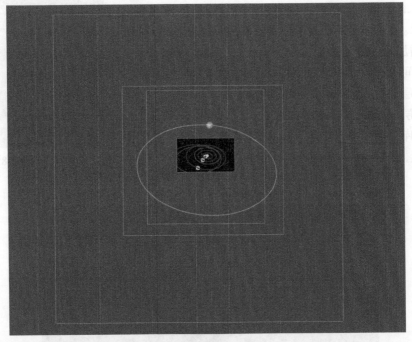

图6.31

背景图形需要相当大，才能将背景图层移动到远离 Camera 图层的一个更深的 z 深度级别。背景图形距离 Camera 图层越远（z 深度越大），图形显示得将越小。

6. 按 Enter/Return 键预览动画。

虽然星星为太阳系添加了一丝现实感，但是星星仍然是在平面上，在移动时不会存在任何视差效应。接下来使用 Layer Depth（图层深度）面板进行更改。

6.4.2 在图层深度面板中设置 z 深度

Layer Depth（图层深度）面板管理每一个图层到 Camera 图层的距离。

1. 在时间轴顶部，单击 Advanced Layers（高级图层）按钮，如图 6.32 所示。

Animate 显示一个与高级图层相关的通知，告知用户如何控制图层的深度级别，如图 6.33 所示。

图6.32

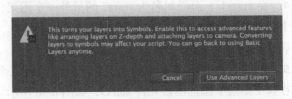

图6.33

2. 单击 Use Advanced Layers（使用高级图层）按钮。

Advanced Layers（高级图层）按钮表现为"按下"状态，其标签为 On，表示高级图层被激活。

3. 在 Advanced Layers（高级图层）按钮旁边，单击 Layer Depth（图层深度）按钮，如图 6.34 所示。也可以选择 Window（窗口）>Layer Depth（图层深度）。

图6.34

这将出现 Layer Depth（图层深度）面板，显示所有的图层，其图层顺序与在时间轴中的顺序相同。在每一个图层旁边有一个 0，用来表示它当前的 z 深度值。在 z 深度值旁边是一个颜色，它编码到面板右侧的深度图中。

由于当前所有图层的 z 深度是 0，即它们具有相同的深度级别，因此它们与摄像机框架位于同一个平面中。

摄像机使用一个带有辐射虚线的球体来表示。与辐射虚线相连接的扁平蓝线显示了摄像机的视野（field of view），如图 6.35 所示。

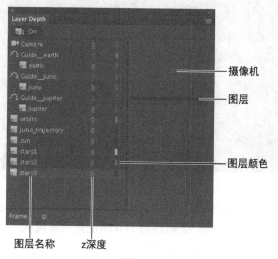

图6.35

4. 拖动 star3 图层的 z 深度值，增大到 500。也可以单击值然后输入一个新的数值，或者是拖动相应的彩色线条，如图 6.36 所示。

在更改 stars3 图形的 z 深度值时，注意该图形在舞台上的效果。随着 z 深度值的增加，图层到摄像机的距离增加，星星向后退。如果将 z 深度值更改为一个负值，则实际上是让图层出现在摄像机的后面（可以试试看！）。

5. 将 stars2 图层的 z 深度值更改为 300，将 stars1 图层的 z 深度值更改为 150。

图 6.37 显示 3 个图层相对于摄像机和其他图层（其 z 深度值依然为 0 的图层）的位置，其中粗体显示的图层是当前选中的图层。

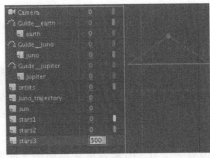
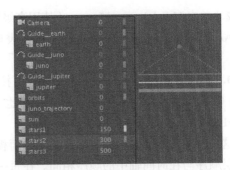

图6.36 图6.37

6. 这就是我们要做的所有内容。预览上述步骤的操作带来的效果，结果如图 6.38 所示。

图6.38

如果在第 72 帧到第 160 帧之间的时间轴上拖动，可以看到显著的视差效应，这正是摄像机在不同的深度级别上运动时所产生的。第 72 帧到第 160 帧也是摄像机从左向右平移，跟踪 Juno 运动的范围。用户可以看到，Juno 的轨道要比一些星星滑动得快，而且与更远处的星星相比，滑动得更快。这样一来，整体效果具有了一种真实的空间感。

有关Layer Depth（深度图层）面板的更多知识：对z深度进行动画处理

需要注意的是，z深度属性是与每个图层的单个关键帧相关联的。也就是说，同样的图层在一个关键帧处可以具有特定的z深度，然后在时间轴后面的另外一个关键帧处有另外一个完全不同的z深度。对象可以跳来跳去，更改与摄像机之间的距离。对于本课中的项目来说，不必担心不同的关键帧具有不同的z深度，因为stars1、stars2和stars3图层只有一个关键帧，即第1帧处的关键帧。

然而，既然z深度与单独的关键帧相关联，则可以在两个关键帧之间应用补间，对朝着摄像机或者远离摄像机的运动进行动画处理。对z深度进行动画处理在三个维度上打开了一个全新的创意世界，而且这是继3D Translation（平移）和3D Rotation（旋转）工具之后的另外一个可以在3个维度上进行动画处理的方式。

6.5 将图层附在摄像机上以固定图形

还需要为 Juno 航天器动画添加最后一点东西，这就是用来解释轨道不同部分的弹出式信息性标题。然而，添加到舞台上的任何图形都将受到摄像机所有运动（平移、旋转和缩放）的影响。也就是说，我们需要使用一种不会因摄像机运动而受到影响的方式，来固定或附加一个包含图形的图层。

当用户将图层附加到 Camera 图层时，可以使用 Animate 对一个或多个图层进行上述操作。

6.5.1 将附加图层添加到 Camera 图层

附加图层（attached layer）是 Layer Properties（图层属性）对话框中的一个选项。也可以在时间轴中选择 Attach Layer to Camera（将图层附加到摄像机）选项来附加一个图层。

1. 创建一个新图层并重命名为 information。

这个新图层包含出现在动画中多个位置上的标题，如图 6.39 所示。

2. 在时间轴的 Attach Layer to Camera（将图层附加到摄像机）图标下面，单击图层名称旁边的黑点。

一个链接图标表示图层当前锁定到 Camera 图层，如图 6.40 所示。

图6.39

图6.40

3. 双击图层名称前面的图层图标，或选择 Modify（修改）>Timeline（时间轴）>Layer Properties（图层属性）。

出现 Layer Properties（图层属性）对话框。确保选中了 Attach to Camera（附加到摄像机）选项，如图 6.41 所示。

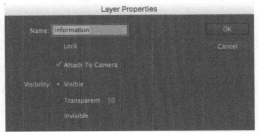

图6.41

6.5.2　添加标题

现在，在时间轴的关键帧动画中添加信息。

1. 在动画开始之前，在第 1 帧处添加大约 2 秒（48 帧）的时间（F5 键）。

动画开始之前的稍微停顿可以让观众有机会看到第一个标题，如图 6.42 所示。

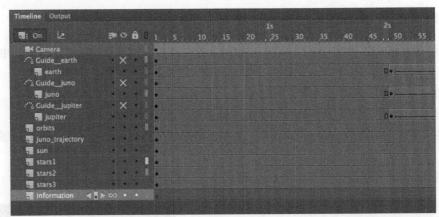

图6.42

2. 选择 information 图层的第 1 帧。

3. 选择"矩形"工具，选择 No Stroke（无描边），为 Fill（填充）选择 50% 透明度的白色。

4. 在左上角创建一个长矩形，宽和高分别为 700 像素和 50 像素。

半透明的矩形框将成为文本框，如图 6.43 所示。

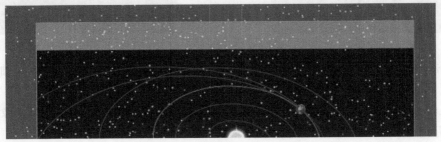

图6.43

5. 选择 Text（文本）工具。

6. 在"属性"面板的 Character（字符）区域，从 Family（字体）和 Style（样式）菜单中选择一种可以吸引你的字体。将 Size（大小）设置为 28 磅（取决于当前字体的大小，可能需要进行增大或减小），颜色为黑色。在 Paragraph（段落）区域的 Format（格式）中，选择 Align Center（居中对齐），如图 6.44 所示。

图6.44

7. 在 information 图层的半透明白色矩形框上方拖出一个文本框。

8. 输入 Juno's journey to Jupiter begins，然后使用 Align（对齐）面板，让文字在水平方向和垂直方向上居中对齐（如果不记得怎么使用"对齐"面板，请见第 2 课）。

第一个标题制作完毕，结果如图 6.45 所示。

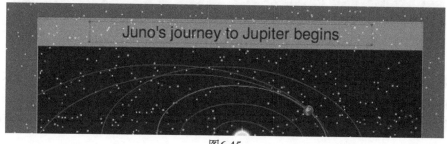

图6.45

9. 在下一个标题出现之前，需要先让第一个标题消失。因此在第 90 帧，右键单击然后选择 Insert Blank Keyframe（插入空白关键帧）（F7 键）。

一个空白关键帧出现在第 90 帧，标题从舞台上消失了。

10. 第二个标题要在 Juno 再次返回地球时出现，因此在第 118 帧创建另外一个关键帧，如图 6.46 所示。

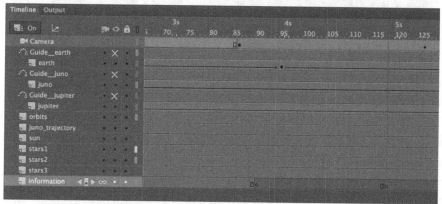

图6.46

11. 在第 118 帧的这个新关键帧中，从第 1 帧中复制并粘贴文本，以及半透明矩形框。

12. 将矩形框和标题向下移动到舞台的底部，并将文本的内容更改为 Juno heads back to Earth，如图 6.47 所示。

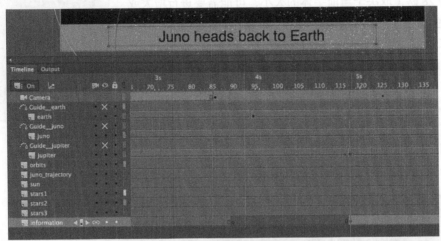

图6.47

13. 采用类似方式继续添加第三个标题。第二个标题应该在大约第 192 帧处消失不见，而第三个标题在第 236 帧出现。第三个标题应该是 Juno uses Earth's gravity as a sling shot。

第三个标题应该在第 335 帧处消失不见，如图 6.48 所示。大家可以随意调整标题的时序和位置。

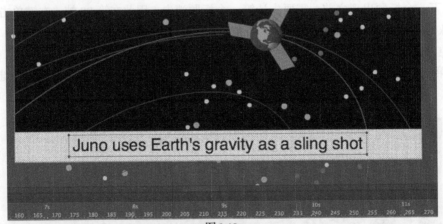

图6.48

14. 最后一个标题应该在大约 454 帧处（摄像机放大木星时）出现，其文字为 Juno arrives at Jupiter 5 years later，如图 6.49 所示。

An | **注意**：即使图层附加到Camera图层上，也可以调整该图层的z深度值。

---

15. 测试影片。

在动画播放时，标题将依次出现。由于 information 图层附加到 Camera 图层上，因此旋转、平移和缩放并不会影响图层中的内容。

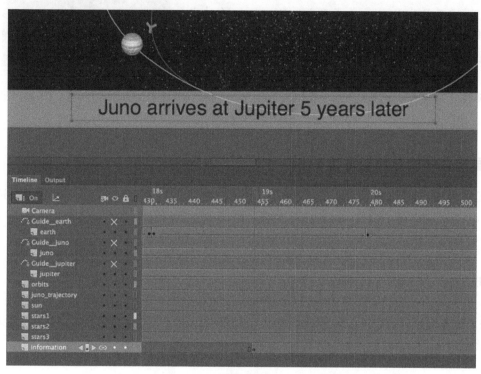

图6.49

摄像机颜色效果

也可以应用摄像机颜色效果并对色彩效果进行动画处理，以创建一种颜色色调（tint），或更改舞台上整个视图的对比度、饱和度、亮度或色相（hue）。颜色效果模拟了一种摄影师可能会应用到镜头上的滤镜，以增强某种情绪的颜色，或者创建黑白电影的黑色感觉。

要应用颜色效果，可在"属性"面板的Camera Color Effects（摄像机颜色效果）区域中，单击Tint（色调）或Adjust Color（调整颜色）选项前面的Apply（应用）按钮（眼睛图标）。Camera（摄像机）工具必须是活动的，才能应用摄像机颜色效果。单击Tint（色调）值旁边的颜色框，选择色调的颜色，或分别更改Red（红）、Green（绿）、Blue（蓝）的值，然后更改Tint（色调）的值，来设置颜色的量，如图6.50所示。100是最大值。

更改Brightness（亮度）、Contrast（对比度）、Saturation（饱和度）和Hue（色相），可以修改摄像机颜色的这些属性。例如，将Saturation（饱和度）设置为-100，则会对通过摄像机显示的所有图层进行去饱和处理。

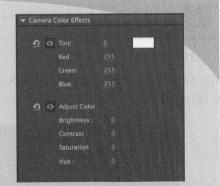

图6.50

6.6 导出最终的影片

要创建MP4影片文件，可以将动画从Animate中导入，然后在Media Encoder中进行转换。Media Encoder是一款与Animate打包在一起的独立应用程序（第10课将详细讲解Media Encoder）。

1. 选择File（文件）>Export（导出）>Export Video（导出视频）。

出现Export Video（导出视频）对话框。

2. 将Render（渲染）大小保持为原始的700×400像素。选择Convert video in Adobe Media Encoder（在Adobe Media Encoder中转换视频）。选择Browse（浏览）按钮，选择目标文件名和位置，如图6.51所示。

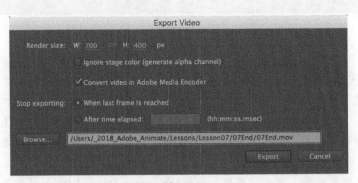

图6.51

Animate生成一个SWF文件，并利用它导出一个.mov文件。Adobe Media Encoder自动启动。

3. 在Adobe Media Encoder中，选择File（文件）>Add Source（添加源），或单击Queue（队列）面板中的Add Source（添加源）按钮（加号图标）。选择Animate导出的.mov文件。

Adobe Media Encoder将文件添加到队列中。

4. 在 Preset（预设）菜单中，选择 Match Source – Medium bitrate（匹配源 - 中等比特率），如图 6.52 所示。

图6.52

Match Source – Medium bitrate（匹配源 - 中等比特率）设置会保持源文件的大小（700×400 像素），并保持一个中等的质量。

5. 单击 Start Queue（开始队列）按钮（绿色三角形），或按 Enter/Return 键开始编码过程。

6. Media Encoder 将 .mov 文件转换为 H.264 格式的视频，而且带有标准的 .mp4 扩展名，如图 6.53 所示。

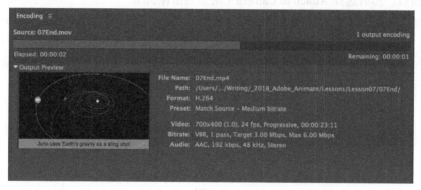

图6.53

可以将最终生成的文件上传到 Facebook、YouTube 或其他视频共享站点，也可以放到自己的站点上。

6.7 复习题

1. 可以使用过 Camera（摄像机）工具进行动画处理的 3 种摄像机的运动是什么？

2. 如何激活 Camera 图层？

3. 将图层附加到 Camera 图层的两种方法是什么？

4. 什么是 z 深度，如何更改 z 深度？

6.8 复习题答案

1. 可以使用 Camera（摄像机）工具对平移（左右移动或上下移动）、缩放或旋转进行动画处理。

2. 从"工具"面板中选择 Camera（摄像机）工具，或者单击时间轴底部的 Add Camera（添加摄像机）按钮，均可以激活 Camera 图层。

3. 在时间轴 Attach Layer to Camera（将图层附加到摄像机）图标的下面，单击图层名称旁边的黑点，图层将显示一个链接图标，表示图层被附加到 Camera 图层。也可以打开 Layer Properties（图层属性）窗口，然后选择 Attach to Camera（附加到摄像机）。

4. z 深度是一个表示图层到摄像机距离的数值。首先，在时间轴顶部打开 Advanced Layers（高级图层），然后打开 Layer Depth（图层深度）面板。要在 Layer Depth（图层深度）面板（Window > Layer Depth）中更改图层的 z 深度，可直接更改它的值，或者拖动相对应的彩色线条（彩色线条表示图层相对于黑色虚线的距离，其中黑色虚线表示摄像机）。

第7课　制作形状的动画和使用遮罩

课程概述

本课将介绍如下内容：

- 利用形状补间制作形状的动画；
- 使用形状提示美化形状补间；
- 形状补间的渐变填充；
- 查看绘图纸的轮廓；
- 对形状补间应用缓动效果；
- 创建和使用遮罩；
- 理解遮罩的限制；
- 制作遮罩图层和被遮罩图层的动画。

本课大约要用 60 分钟完成。

开始之前，请先将本书的课程资源下载到本地硬盘中，并进行解压。在学习本课时，将覆盖相应的课程文件。建议先做好原始课程文件的备份工作，以免后期用到这些原始文件时，还需重新下载。

使用形状补间可以轻松地在形状中
创建有机变化。遮罩提供了一种选择性
地显示部分图层的方式。两者结合可以
给动画增加更复杂的效果。

7.1 开始

开始之前，先来看一个动画 logo，在 Adobe Animate CC 中学习形状补间和遮罩时，将创建这个动画 logo。

1. 双击 Lesson07/07End 文件夹中的 07End.html 文件，在浏览器中播放动画，如图 7.1 所示。浏览器在播放动画时，需要使用 Flash Player。有关在浏览器中安装和启用 Flash Player 的更多信息，请见 Adobe 官网。

图7.1

这个项目的动画效果是一个火焰在一家虚构公司的名字上闪烁。不但火焰形状不停地变换，同时在火焰里的径向渐变填充也在不停地改变。一个线性渐变从公司名称字母上从左到右扫过。在本课，将为火焰和字母中移动的颜色制作动画。

2. 关闭浏览器。双击 Lesson07/07Start 文件夹中的 07Start.fla 文件，在 Animate 中打开初始项目文件。

3. 选择 File（文件）>Save As（另存为）。把文件命名 07_workingcopy.fla，并把它保存在 07Start 文件夹中。保存一份工作副本，以确保如果要重新开始，可以使用原始的初始文件。

7.2 制作形状动画

在前面的课程中，讲解了如何使用元件实例创建动画。可以对应用到元件实例的动作、缩放、旋转、颜色效果或滤镜制作动画，但不能为真正的图像轮廓制作动画。例如，使用运动补间或传统补间创建一个起伏不定的海面或一条蛇的滑行动作都是非常困难的。为了做得更加形象，必须使用形状补间。

形状补间是一种在不同关键帧之间为描边和填充进行插值的技术。形状补间使一个形状平滑地变成另外一个形状成为可能。形状的描边或填充需要发生变化的任何动画，例如云、水和火焰的动画，都可以使用形状补间。

由于形状补间仅能应用在形状上，所以不能使用组、元件实例或位图。

7.3　理解项目文件

07Start.fla 文件是一个 ActionScript 3.0 文档，包含已经完成并放置在不同图层中的大部分图形。但是，这个文件是静态的，需要给它添加动画。

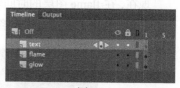
图7.2

text 图层在最顶部，包含公司名称 Firestarter。flame 图层包含火焰，最下面的 glow 图层包含了一个来提供柔和光线的径向渐变，如图 7.2 所示。

库中没有资源。

7.4　创建形状补间

要创建闪烁的火焰效果，将对火焰典型的泪珠形状中的起伏变化制作动画。我们将使用形状补间来处理一个形状到另外一个形状的平滑变化，还将处理颜色的逐渐变化。一个形状补间在同一个图层上至少需要两个关键帧。起始的关键帧包含使用 Animate 中的画图工具所画的形状或从 Adobe Illustrator 导入的形状。结束关键帧也包含了一个形状。形状补间在起始和结束关键帧之间插入平滑的变化。

7.4.1　建立包含不同形状的关键帧

在接下来的步骤中，将为公司名称上方的火焰创建动画。

1. 选择所有 3 个图的第 40 帧，如图 7.3 所示。

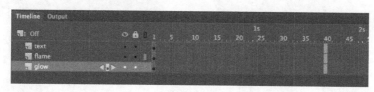
图7.3

2. 选择 Insert（插入）>Timeline（时间轴）>Frame（帧）（F5 键）。

帧被添加到所有 3 个图层中，一直到第 40 帧处，从而定义了动画的总长度，如图 7.4 所示。

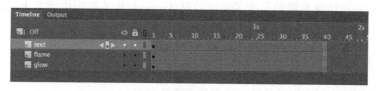
图7.4

3. 锁定 text 图层和 glow 图层，以防意外选中它们或移动了这些图层中的图形。

4. 在确保没有选中任何帧时，右键单击 flame 图层的第 40 帧并选择 Insert Keyframe（插入关键帧），或选择 Insert（插入）>Timeline（时间轴）>Keyframe（关键帧）（F6 键）。前一个关键帧中的内容（在第 1 帧）被复制到新的关键帧中。

现在，在 flame 图层的时间轴中有两个关键帧，分别位于第 1 帧处和第 40 帧处，如图 7.5 所示。下面将更改结束关键帧中的火焰形状。

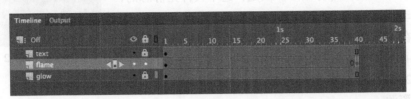

图7.5

5. 选择"选取"工具。

6. 在形状外面单击，以便取消选中形状。将鼠标光标靠近形状的轮廓，拖动火焰的轮廓使火焰窄一些，如图 7.6 所示。

图7.6

现在起始关键帧和结束关键帧包含了不同的形状——起始关键帧中的宽火焰和结束关键帧中的窄火焰（在第 40 帧处）。

7.4.2　应用形状补间

接下来，在关键帧之间应用形状补间来创建平滑的过渡。

注意：如果火焰没有按照预期的那样变形，也不要担心，关键帧之间小的改变将会有最好的效果。火焰在从第一个形状变到第二个形状时，可能会旋转。本课后面将使用形状提示改善形状补间。

1. 单击 flame 图层中起始关键帧和结束关键帧之间的任意一帧。

2. 右键单击并选择 Create Shape Tween（创建形状补间）。或者从 Insert（插入）菜单选择 Shape Tween（形状补间），如图 7.7 所示。

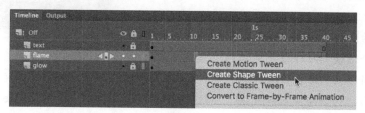

图7.7

Animate 将在两个关键帧之间应用形状补间，用一个黑色的向前箭头来表示，且补间范围之间有一个绿色填充，如图 7.8 所示。

图7.8

3. 选择 Control（控制）>Play（播放）（Enter/Return 键），或单击时间轴底部的 Play（播放）按钮来观看动画，结果如图 7.9 所示。

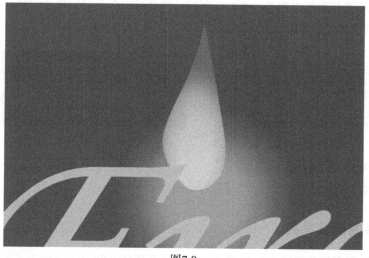

图7.9

这将在 flame 图层的关键帧之间创建平滑的动画，将第一个火焰的形状变形为第二个火焰。

混合样式

在"属性"面板中，可以通过选择Blend（混合）的Distributive（分布式）或Angular（角形）选项来修改形状补间，如图7.10所示。这两个选项决定了Animate如何进行插值，以改变两个关键帧的形状。

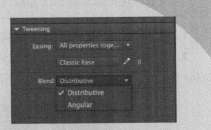

图7.10

默认为Distributive（分布式）选项，在大部分情况下这个选项都可以很好地工作。它将使用更加平滑的中间形状来创建动画。

如果形状包含许多点和直线，可以选择Angular（角形）。Animate将尝试在中间形状中保留明显的角和线条。

7.5 改变节奏

可以很容易地在时间轴上移动形状补间的关键帧，从而改变动画的时序或节奏。

7.5.1 移动关键帧

在第40帧的过程中，火焰缓慢地从一个形状变换成另外一个形状。如果希望火焰更快速地改变形状，需要让关键帧靠得更近一些。

1. 选择 flame 图层中形状补间的最后一个关键帧，如图 7.11 所示。

2. 确保在鼠标光标附近出现了一个方框图标。将最后一个关键帧拖动到第 6 帧。

形状补间变得更短了，如图 7.12 所示。

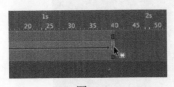

图7.11

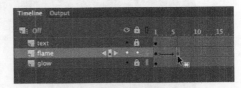

图7.12

3. 按 Enter/Return 键播放动画。

火焰快速晃动，然后保持静止，一直到第 40 帧。

7.6 增加更多的形状补间

可以通过增加更多的关键帧来添加形状补间，每个形状补间只需要两个关键帧来定义起始状态和结束状态。

7.6.1 插入额外的关键帧

要使火焰像真正的火焰那样不停地改变形状，需要在动画中增加更多的关键帧，并在所有关键帧之间应用形状补间。

1. 右键单击 flame 图层的第 17 帧，并选择 Insert Keyframe（插入关键帧），或选择 Insert（插入）>Timeline（时间轴）>Keyframe（关键帧）（F6 键）。

前一个关键帧中的内容将复制到第二个关键帧中，如图 7.13 所示。

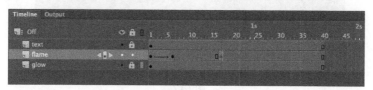

图7.13

2. 右键单击 flame 图层的第 22 帧，并选择 Insert Keyframe（插入关键帧）（F6 键）。

前一个关键帧中的内容将复制到新关键帧中，如图 7.14 所示。

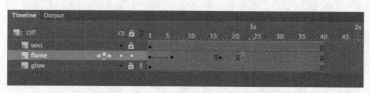

图7.14

3. 继续在第 27 帧、第 33 帧和第 40 帧插入关键帧，如图 7.15 所示。

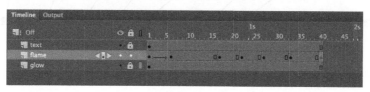

图7.15

flame 图层的时间轴上现在有 7 个关键帧，第 1 个和第 2 个关键帧之间有形状补间。

4. 移动红色播放头到第 17 帧，如图 7.16 所示。

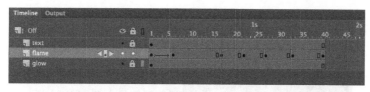

图7.16

5. 选择"选取"工具。

6. 在形状外部单击以取消选中。拖动火焰的轮廓来创建另一个形状变化。可以使底部更窄一些，或改变尖部的轮廓使它向右或向左倾斜，如图 7.17 所示。

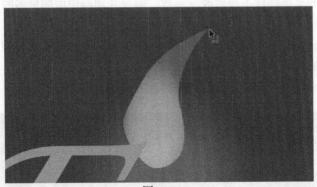

图7.17

7. 修改每个新关键帧中的火焰形状，创建微小的变化，如图 7.18 所示。

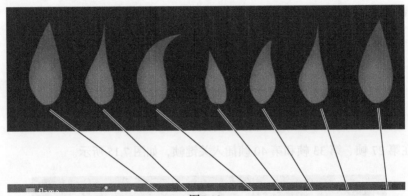

图7.18

7.6.2 延长形状补间

下一步是延长形状补间，使火焰从一个形状变形到下一个形状。

1. 右键单击第二个和第三个关键帧之间的任意一帧，然后选择 Create Shape Tween（创建形状补间），或选择 Insert（插入）>Shape Tween（形状补间），如图 7.19 所示。

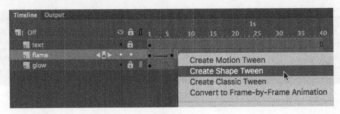

图7.19

绿色背景上的黑色向前箭头出现在两个关键帧之间，表示已经应用了形状补间，如图 7.20 所示。

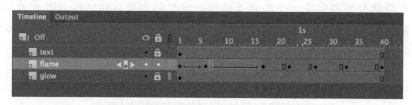

图7.20

2. 继续在所有关键帧之间插入形状补间。

在 flame 图层中将会有 6 个形状补间，如图 7.21 所示。

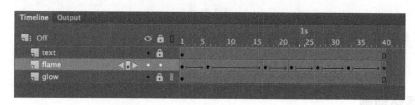

图7.21

3. 选择 Enter/Return 键，播放动画，如图 7.22 所示。

图7.22

火焰将在动画期间来回闪烁。取决于对火焰的修改程度，火焰可能在关键帧之间发生一些奇怪的变形，例如毫无征兆地蹦跳或旋转。不过别担心，在本课后面，将有机会用形状提示来改善动画。

 注意：试一下这个快捷方式：选择覆盖了多个关键帧的一个帧范围，右键单击并选择Create Shape Tween（创建形状补间），在所有的关键帧上应用形状补间。

残缺的补间

　　每个形状补间都需要一个起始关键帧和一个结束关键帧，而且起始关键帧和结束关键帧中都有一个形状。如果形状补间的最后一个关键帧丢失了，Animate将会把残缺的补间表示为黑色虚线（而不是实箭头），如图7.23所示。

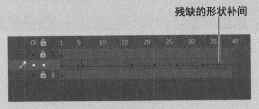

残缺的形状补间

图7.23

　　在本例中，插入一个关键帧来修复补间。

7.7 创建循环动画

　　只要 logo 在屏幕上，火焰就应该持续地来回晃动。可以通过将第一个和最后一个关键帧设置为相同，并将火焰动画放入影片剪辑元件中来创建无缝循环播放。影片剪辑时间轴将不断循环播放，并且独立于主时间轴。

 注意：Loop Playback（循环播放）选项只能在Animate CC创作环境中循环播放，在发布后无法使用。

7.7.1 复制关键帧

　　通过复制其内容来使第一个关键帧和最后一个关键帧相同。

　　1. 右键单击 flame 图层的第一个关键帧，选择 Copy Frames（复制帧）。或选择 Edit（编辑）>Timeline（时间轴）>Copy Frames（复制帧），如图 7.24 所示。

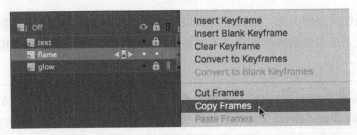

图7.24

　　第一个关键帧的内容被复制到剪贴板中。

2. 右键单击 flame 图层的最后一个关键帧，选择 Paste Frames（粘贴帧）。或选择 Edit（编辑）>Timeline（时间轴）>Paste Frames（粘贴帧），如图 7.25 所示。

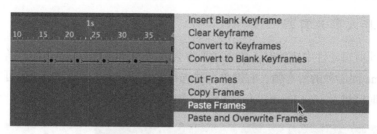

图7.25

现在第一个关键帧和最后一个关键帧含有相同的火焰形状。

 提示： 可以通过先选中一个关键帧，然后按住Alt/Option键拖动这个关键帧到一个新位置来快速复制关键帧。

7.7.2　预览循环

使用时间轴底部的 Loop（循环）按钮来预览动画。

1. 单击时间轴底部的 Loop（循环）按钮（见图 7.26），或选择 Control（控制）>Loop Playback（循环播放）（Alt + Shift +L/Option + Shift + L 组合键），可在播放影片时启用连续播放。

图7.26

出现在时间轴标题上的标记，用来表示播放期间的循环播放的帧范围。接下来，通过调整标记来延长循环，以便将整个影片包含进来。

2. 延长标记，以便将时间轴上的所有帧（第 1 帧 ~ 第 40 帧）包含进来，或单击 Modify Markers（更改标记）按钮并选择 Marker Range All（标记所有范围），如图 7.27 所示。

修改标记

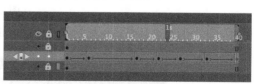

图7.27

3. 按 Enter/Return 键来测试动画。

火焰动画将不断循环播放。单击 Pause（暂停）按钮，或再次按 Enter/Return 键停止播放。取消选中时间轴底部的 Loop（循环）按钮，隐藏标记并终止循环播放模式。

7.7.3　将动画插入影片剪辑

当动画在影片剪辑元件中播放时，这个动画将会自动循环播放。

1. 选中 flame 图层种的所有帧，右键单击并选择 Cut Frames（剪切帧）。也可以选择 Edit（编辑）>Timeline（时间轴）>Cut Frames（剪切帧），如图 7.28 所示。

图7.28

关键帧和形状补间将从时间轴中删除，并放到剪贴板中。

2. 选择 Insert（插入）>New Symbol（新建元件）（Ctrl + F8/Command + F8 组合键）。

这将出现 Create New Symbol（创建新元件）对话框。

3. 输入 flame 作为元件的名称，从 Type（类型）中选择 Movie Clip（影片剪辑），单击 OK 按钮，如图 7.29 所示。

这将创建一个新的影片剪辑元件，并在元件编辑模式中打开。

图7.29

4. 右键单击影片剪辑时间轴的第一帧并选择 Paste Frames（粘贴帧）。也可以选择 Edit（编辑）>Timeline（时间轴）>Paste Frames（粘贴帧），如图 7.30 所示。

图7.30

主时间轴中的火焰动画将被粘贴到影片剪辑元件的时间轴中，如图 7.31 所示。

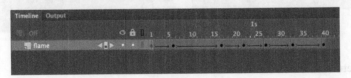

图7.31

5. 单击舞台顶部 Edit（编辑）栏中的 Scene 1 按钮，或选择 Edit（编辑）>Edit Document（编辑文档）（Ctrl + E/Command + E 组合键）。

退出元件编辑模式并回到主时间轴。

6. 选择当前为空的 flame 图层，将新创建的 flame 影片剪辑元件从"库"面板中拖到舞台上。一个 flame 影片剪辑元件的实例出现在舞台上，如图 7.32 所示。

图7.32

7. 选择 Control（控制）>Test（测试）（Ctrl + Enter/Command + Return 组合键）。

Animate 将在新窗口中导出 SWF 文件，以便在其中预览动画。火焰将在一个无缝的播放循环中不停晃动。

其描边具有可变宽度的形状补间

形状的任何方面都可以进行补间处理，其中包括形状描边的可变宽度。第2课学习了使用Width（宽度）工具创建粗细变化的线条，让图形更具有表现力。可以在不同的关键帧中更改描边的宽度，当在这些关键帧之间应用形状补间时，Animate将在这些描边宽度中创建平滑的插值变化。

考虑到可以对形状描边的粗细、描边的轮廓以及形状的内部填充制作动画，由此可见形状补间的创意几乎是无限的。

7.8 使用形状提示

Animate 会在形状补间的关键帧之间创建平滑的过渡，但有时候结果是不可预料的，形状在从一个关键帧变化到另一个关键帧时，有可能发生奇怪的弯曲、翻转或旋转。大部分情况下我们不会喜欢这种变化，我们希望保持对过渡的控制，使用形状提示可以帮助改善形状的变化过程。

形状提示强制 Animate 将起始形状上的点映射到结束形状上的对应点。通过放置多个形状提示，可对形状补间的出现方式进行更加精确的控制。

7.8.1　添加形状提示

现在可为火焰的形状添加形状提示，以更改它从一个形状变化到另外一个形状的方式。

| An | **提示**：应该将形状提示放置在形状的边缘。 |

1. 双击库中的 flame 影片剪辑元件，进入元件编辑模式。在 flame 图层中选择形状补间的第一个关键帧，结果如图 7.33 所示。

2. 选择 Modify（修改）>Shape（形状）>Add Shape Hint（添加形状提示）（Ctrl + Shift + H/Command + Shift + H 组合键）。

一个内含字母 a 的红圈出现在舞台上。红圈字母代表第一个形状提示，如图 7.34 所示。

3. 选择"选取"工具，并确保选中了 Snap To Objects（贴紧至对象）选项。

"工具"面板底部的磁铁图标应被选中。Snap To Objects（贴紧至对象）选项确保对象在移动或修改时会互相紧贴。

4. 将红圈字母拖到火焰的顶端，如图 7.35 所示。

5. 再次选择 Modify（修改）>Shape（形状）>Add Shape Hint（添加形状提示），创建第二个形状提示。

一个红圈字母 b 出现在舞台上，如图 7.36 所示。

6. 将形状提示 b 拖至火焰的底部，如图 7.37 所示。

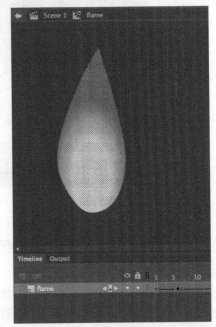

图7.33

图7.34

图7.35

图7.36

图7.37

现在有两个形状提示映射到第一个关键帧中形状上的不同点。

7. 选择 flame 图层的下一个关键帧（第 6 帧）。

相应的红圈 b 出现在舞台上，而形状提示 a 则正好被挡在后面，如图 7.38 所示。

8. 将第二个关键帧中的红圈字母拖动到形状中的相应点上。形状提示 a 放置在火焰的顶端，b 放置在火焰的底部。

形状提示变为绿色时，表示已正确地放置了形状提示，如图 7.39 所示。

9. 选择第一个关键帧。

注意到初始形状提示变成了黄色，表示它们已经被正确放置，如图 7.40 所示。当放置正确时，起始关键帧中的形状提示变为黄色，在结束关键帧中的形状提示变为绿色。

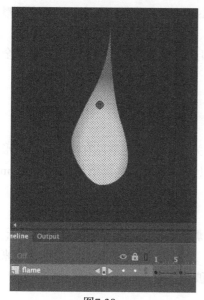

图7.38

图7.39

图7.40

10. 在时间轴的第一个形状补间上来回拖动播放头，观察形状提示对形状补间的影响。

形状提示强制把第一个关键帧的火焰顶部映射到第二个关键帧的火焰顶部，对于底部也是如此。这将对形状的过渡进行限制。

为证明形状提示的价值，可以故意创造一些形状补间。在结束关键帧中，将提示 b 放置在顶部而将提示 a 放置在底部，如图 7.41 所示。

Animate 将强制把火焰的顶端变形为火焰的底部，并把火焰的底部变形为火焰的顶端。Animate 在进行变形时，带来的结果是火焰进行了翻转。做完实验之后记得将 a 和 b 分别放回顶端和底部。

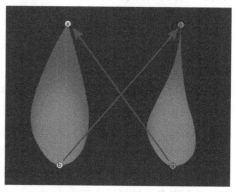

起始关键帧　　　结束关键帧

图7.41

7.8.2 删除形状提示

如果添加了过多的形状提示，也可以轻松删掉那些不需要的提示。在一个关键帧中删除形状提示将会导致另一个关键帧中的相应形状提示也被删除。

- 将一个独立的形状提示从舞台和粘贴板上完全移出。
- 选择Modify（修改）>Shape（形状）>Remove All Hints（删除所有提示）来删除所有的形状提示。

只有形状补间的关键帧中的内容会被完全渲染，其他的帧只会显示轮廓线。要想看到被完全渲染的所有帧，需要使用"绘图纸"（onion skinning）。

7.9 使用绘图纸预览动画

有时候，同时看到形状在舞台上从一个关键帧到另一个关键帧的改变是很有用的。了解形状如何逐渐变化，可让用户对动画进行更明智的调整。可以使用时间轴底部的绘图纸（onion skinning）选项。

绘图纸显示当前选择帧之前和之后的帧的内容。

术语"绘图纸"来自于传统手绘动画。动画师在半透明的薄描图纸上画画，这些纸称为绘图纸。图画后面的灯箱照出光线，动画师可以透过几张纸看到图像。当创建动作序列时，动画师快速来回翻转他们手指间夹着的图画，可以看到图画之间如何平滑地彼此连接。

7.9.1 打开绘图纸功能

绘图纸功能有两种模式：Onion Skin（绘图纸）和Onion Skin Outlines（绘图纸轮廓）。虽然两者显示帧的范围都一样，但是绘图纸显示的是完整渲染的图形，而绘图纸轮廓只显示图形的轮廓。在这个任务中，将使用绘图纸轮廓。

1. 单击时间轴底部的 Onion Skin Outlines（绘图纸轮廓）按钮，如图 7.42 所示。

Animate 显示火焰的几个轮廓，当前选择的帧显示为红色。前两个帧以蓝色显示，后面两个帧以绿色显示。离当前帧越远，火焰的轮廓越浅，如图 7.43 所示。

在时间轴上，Animate 采用括号的形式对当前选定的帧做了标记，如图 7.44 所示。蓝色标记的括号（位于播放头左侧）表示前面有多少帧显示在舞台上，绿色标记的括号（位于播放头右侧）表示后面有多少帧显示在舞台上。

2. 将播放头移动到一个不同的帧。

无论将播放头移动到哪里，Animate 始终让标记围绕播放头，并总是显示前后相同数量的帧。

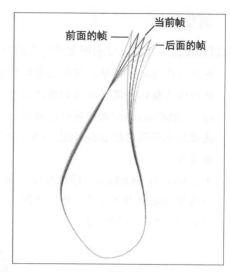

图7.43

图7.42

3. 单击时间轴底部的 Onion Skin（绘图纸）按钮，如图 7.45 所示。

绘图纸从 Outlines（轮廓）模式切换到标准的 Onion Skin（绘图纸）模式，显示了完整渲染的火焰的绘图纸效果。前面帧的火焰被着色为蓝色，后面帧的火焰被着色为绿色，如图 7.46所示。

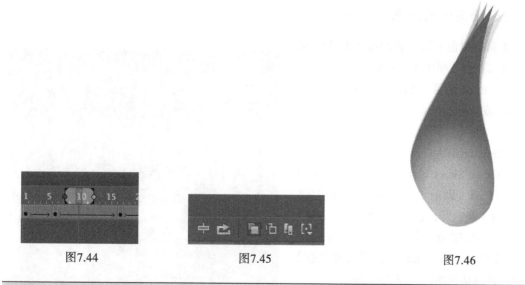

图7.44　　　　　　图7.45　　　　　　图7.46

> **提示：** 沿着时间轴来回移动播放头时，将会看到绘图纸与动画一起移动的幽灵图像。但是在正常播放期间，无法看到绘图纸。

7.9.2 调整标记

可以移动任一标记以显示更多或更少的绘图纸帧。

- 拖动蓝色标记，调整以前的绘图纸帧的显示数量，如图7.47所示。
- 拖动绿色标记，调整以后的绘图纸帧的显示数量。
- 按住Ctrl/Command键的同时拖动任一标记，将会对以前和以后的标记调整相同的量。
- 拖动标记的同时按住Shift键，将会把绘图纸范围移动到时间轴上的不同点（只要它仍包含播放头）。
- 单击Modify Markers（修改标记）菜单按钮选择预设标记选项，如图7.48所示。例如，可以选择Marker Range 2（标记范围2）或Marker Range 5（标记范围5），使标记在当前帧的前面和后面显示2个或5个帧。

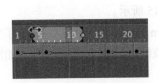
图7.47

图7.48

7.9.3 定制绘图纸的颜色

如果不喜欢以前和以后帧的绿色和蓝色颜色编码，可以在首选项中更改它们。

1. 选择 Edit（编辑）>Preferences（首选项）（Windows）或 Animate CC>Preferences（首选项）（Mac）。

出现 Preferences（首选项）对话框。

2. 在 Onion Skin Color（绘图纸外观颜色）区域，单击 Past（以前）、Present（目前）或 Future（以后）颜色框，选择新颜色。

3. 单击 OK 按钮。取消选中 Onion Skin（绘图纸）或 Onion Skin Outlines（绘图纸轮廓）按钮，返回到默认视图，如图 7.49 所示。

7.10 制作颜色动画

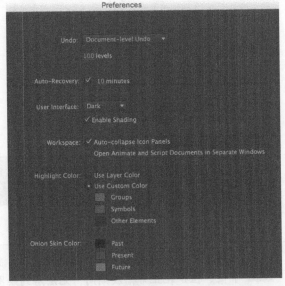
图7.49

形状补间会为形状的所有方面插值，这表示一个形状的描边和填充也可以进行补间处理。目前为止，我们已经修改了描边，也就是火焰的轮廓。接下来将修改填充，使颜色可以逐渐改变——在动画的某个时间点让火焰变得更亮，更强烈。

7.10.1　调整渐变填充

使用 Gradient Transform（渐变变形）工具可以改变颜色渐变应用到形状中的方式，使用 Color（颜色）面板可以更改渐变中使用的颜色。

1. 如果当前没有处于 flame 元件的元件编辑模式，可双击库中的 flame 影片剪辑元件来编辑它。

2. 选择 flame 图层的第二个关键帧（第 6 帧）。

3. 选择 Gradient Transform（渐变变形）工具，它在"工具"面板中和 Free Transform（任意变形）工具在一个分组中。

"渐变变形"工具的控制点出现在火焰的渐变填充上，如图 7.50 所示。各种控制点可以延伸、旋转并移动填充中渐变的焦点。

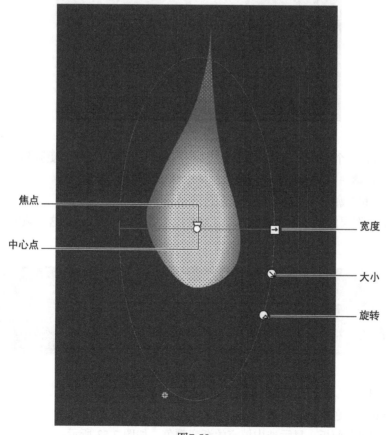

图7.50

4. 使用控制点将颜色渐变缩小至火焰的底部。降低渐变的大小，让渐变更宽一些，并在火焰中放置得更低一些，然后将渐变的焦点（由一个小三角形表示）移至另一边，如图 7.51 所示。

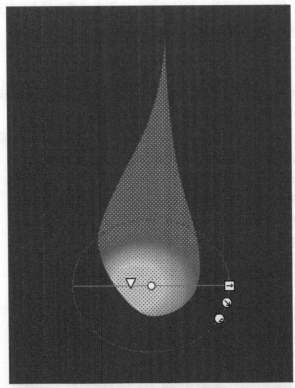

图7.51

由于颜色分布在一个更小的区域，因此火焰的橙色焰心显得更低而且更强烈了。

5. 将播放头在第一个和第二个关键帧之间的时间轴上移动。

形状补间将会和轮廓一样自动生成火焰颜色的动画。

6. 选择 flame 图层的第 3 个关键帧（第 17 帧），如图 7.52 所示。在这一帧中，可调整渐变的颜色。

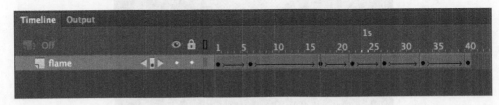

图7.52

7. 选择"选取"工具，单击舞台上火焰的填充。

8. 打开 Color（颜色）面板（Window > Color）。

这将出现"颜色"面板，显示选中填充的渐变颜色，如图 7.53 所示。

9. 单击内部的颜色标记，当前显示为黄色。

10. 将颜色更改为亮粉色（#F019EE）。

渐变的中心颜色将变为粉色，如图 7.54 所示。

11. 将播放头沿第 2 个和第 3 个关键帧之间的时间轴移动，结果如图 7.55 所示。

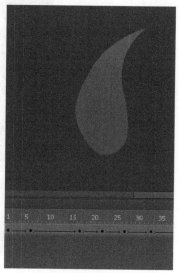

图7.53　　　　　　　　　　图7.54　　　　　　　　　　图7.55

 注意：形状补间可以平滑地为纯色和颜色渐变制作动画，但它不能在不同的渐变类型之间制作动画。例如，不能添加一个形状补间，将一个线性渐变变成一个径向渐变。

形状补间自动为渐变的中心颜色制作由黄变粉的动画。可通过更改渐变填充来试验其他关键帧，并观看可以为火焰应用的各种有趣的效果。

7.11　创建和使用遮罩

遮罩是一种选择性地隐藏和显示图层内容的方法。遮罩可以对观众观看的内容进行控制。例如，可以制作一个圆形遮罩，让观众只能看到圆形区域里的内容，以此来得到钥匙孔或聚光灯的效果。在 Animate 中，遮罩所在的图层要放置在需要被遮罩的内容所在图层的上面。

对本课中要创建的动画 logo，可以使用文字作为遮罩，让文字看起来更为有趣。

7.11.1　定义遮罩图层

下面从 Fire starter 文本创建遮罩，显示一个文字下面的火焰图像。

1. 返回到主时间轴。解锁 text 图层。双击 text 图层名称前面的图标，或选中 text 图层并选择 Modify（修改）>Timeline（时间轴）>Layer Properties（图层属性）。

这将出现 Layer Properties（图层属性）对话框，如图 7.56 所示。

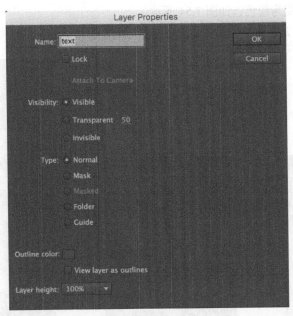

图7.56

2. 选择 Mask（遮罩层），单击 OK 按钮，如图 7.57 所示。

text 图层将变为"遮罩"图层，用图层前面的遮罩图标表示（见图 7.58），这个图层中的任何内容都会被当做下方"被遮罩"图层的遮罩。

图7.57

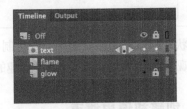

图7.58

在本课中，我们使用已有的文本作为遮罩，但是遮罩可以是任意的填充形状。填充的颜色无关紧要，对于 Animate 来说，重要的是形状的大小、位置和轮廓。这个形状相当于"窥视孔"，透过这个孔可以看到下面图层中的内容。可以使用任意绘图或文本工具来创建遮罩的填充。

 注意：Animate不会识别在时间轴上创建的遮罩的不同Alpha值，所以遮罩图层的半透明填充和不透明填充的效果是一样的，而边界将总是保持实心的。然而，在ActionScript 3.0文档中，可以使用ActionScript代码动态创建具有透明度的遮罩。

 提示：遮罩不会识别描边，所以在遮罩图层中只能使用填充。使用Text（文本）工具创建的文本也可以作为遮罩使用。

7.11.2 创建被遮罩图层

被遮罩图层总是在遮罩图层的下面。

1. 单击 New Layer（新建图层）按钮，或选择 Insert（插入）>Timeline（时间轴）>Layer（图层）。将出现一个新的图层。

2. 把图层重命名为 fiery effect，如图 7.59 所示。

3. 将 fiery effect 图层拖至遮罩图层（名为 text）的下面，并靠右一点，它将被缩进处理。

fiery effect 图层变为一个被遮罩图层，它的上面是遮罩图层，如图 7.60 所示。被遮罩图层中的任何内容将被它上面的图层遮住。

图7.59

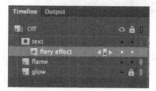
图7.60

4. 选择 File（文件）>Import（导入）>Import to Stage（导入到舞台），并在 07Start 文件夹中选择 fire.jpg 文件。

火焰位图出现在舞台上，文字在图像的上面，如图 7.61 所示。

图7.61

 提示：可以双击遮罩图层下面的正常图层，或选择Modify（修改）>Timeline（时间轴）>Layer Properties（图层属性），并选择Masked（被遮罩），将图层修改为"被遮罩"图层。

7.11.3 查看遮罩效果

要查看遮罩图层置于被遮罩图层上的效果，要锁定这两个图层。

1. 单击 text 图层和 fiery effect 图层的 Lock（锁定）选项，如图 7.62 所示。

现在遮罩图层和被遮罩图层都被锁定了。遮罩图层中的字母形状显示了被遮罩图层的部分图像，如图 7.63 所示。

图7.62

图7.63

2. 选取 Control（控制）>Test（测试）。

当火焰在文本上方闪烁时，字母显示了其下方图层的火焰纹理。

An　**注意**：一个遮罩图层下面可以有多个被遮罩图层。

传统遮罩

　　遮罩图层显示而不是遮盖住被遮罩的图层，这或许会违反直觉，然而，这正是摄影或绘画作品中所使用的传统遮罩方式。当一个画家使用遮罩时，遮罩保护了下方的绘画，避免其被油漆飞溅。当摄影师在暗室中使用遮罩时，遮罩可以保护感光相纸免受光照，以防止这些区域变得更暗。所以将一个遮罩当做保护下方被遮罩图层的物体，可以更有效地记住哪些区域被隐藏，哪些区域被显示了。

7.12　制作遮罩图层和被遮罩图层的动画

　　创建了火焰图像在后面的遮罩图层之后，所制作的动画 logo 中的字母更具有观赏性了。然而，这个项目的客户现在希望其效果更具冲击力。尽管客户喜欢火焰字母的外观，但是客户想要一个动画效果。

　　幸好，我们可以在遮罩图层或被遮罩图层中包含动画。可以在遮罩图层中创建动画，使遮罩移动或扩张来显示被遮罩图层的不同部分。可以选择在被遮罩图层中创建动画，使内容在遮罩下面移动，就像景色在火车车窗外掠过那样。

7.12.1　在被遮罩图层中添加补间

　　为了让 logo 对客户更具吸引力，下面在被遮罩图层中添加形状补间。这个形状补间使光线在字母下面从左到右平滑移动。

1. 将 text 文字图层和 fiery effect 图层解锁。

遮罩和被遮罩图层的效果不再可见，但是它们的内容依然可以编辑。

2. 在 fiery effect 图层中，删除火焰的位图图片。

3. 选择 Rectangle（矩形）工具，打开 Color（颜色）面板（Window >Color）。

4. 在"颜色"面板中，确保选择了 Fill Color（填充色），并从 Color Type（颜色类型）菜单中选择了 Linear Gradient（线性渐变）。

5. 创建一种渐变色，其左端和右端都为红色（#FF0000），中间为黄色（#FFFC00）。确保 Alpha 的设置是 100%，使得颜色不透明，如图 7.64 所示。

6. 在 fiery effect 图层中创建一个矩形，使其包含了 text 图层中的文字，如图 7.65 所示。

图7.64

图7.65

7. 选择 Gradient Transform（渐变变形）工具，并单击矩形的填充，将其选中。

"渐变变形"工具的控制手柄出现在矩形填充的周围，如图 7.66 所示。我们将使用该工具将渐变放在舞台上，创建一个戏剧性的入口。

图7.66

8. 移动渐变的中心点，让黄色出现在舞台的最左侧，如图 7.67 所示。

图7.67

黄色的光将从左边进入，并移动到右边。

9. 右键单击 fiery effect 图层的第 20 帧并选择 Insert Keyframe（插入关键帧）（F6 键）。
前一个关键帧的内容被复制到新关键帧中，如图 7.68 所示。

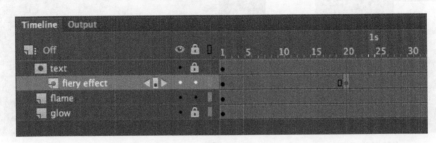

图7.68

   10. 右键单击 fiery effect 图层的最后一帧（第 40 帧）并选择 Insert Keyframe（插入关键帧）
（F6 键）。

   第 20 帧处的关键帧的内容被复制到新关键帧中。现在 fiery effect 图层中已经有 3 个关键帧了，
如图 7.69 所示。

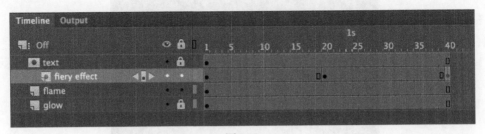

图7.69

11. 确保播放头仍然在最后一帧（第 40 帧）。

12. 将渐变的中心点拖到最右侧，使得在舞台的右侧几乎看不到黄色，如图 7.70 所示。

图7.70

13. 右键单击时间轴上 fiery effect 图层中第 2 个和第 3 个关键帧之间的任意位置,并选择 Create Shape Tween(创建形状补间)、或从顶部菜单中选择 Insert(插入)>Shape Tween(形状补间)。

颜色渐变现在也进行了补间处理,这样一来,黄色光线在矩形填充的内部从左边移动到右边,如图 7.71 所示。

图7.71

14. 选择 Control (控制)>Test (测试),观看动画。

当火焰在字母上方燃烧时,柔和的黄色光线照过字母,如图 7.72 所示。

图7.72

在图 7.71 的顶部轨道上 fiery effect 图层的每一帧前面有一个黑色圆点图标。将鼠标指针放在红色标识条上时，光标会多出几个圆点，此时可以选择菜单中的 Insert（插入）>Shape>Blend 来添加帧，或者右击此图层，并选择相应命令。以后 ~~~~，也许会……

7.13 对形状补间进行缓动处理

通过为动画中的运动添加加速或减速组件，缓动（ease）可以让动画具有重量感。

可以在"属性"面板中对形状补间添加缓动。缓动值范围是 -100（缓入）~ 100（缓出）。缓入（ease-inn）效果使运动缓慢地开始，而缓出（ease-out）效果会在动画到达结束帧时，减慢运动速度。

 注意：集成到时间轴中的 Motion Editor（运动编辑器）提供了不同的缓动类型，但是无法在形状补间中使用。

7.13.1 添加缓入效果

接下来将使照过 logo 中字母的光线一开始比较慢，然后加速通过。缓入效果有助于让观众在动画开始前注意到动画。

1. 单击 fiery effect 图层中形状补间的任意位置。

2. 在"属性"面板中，为 Ease（缓动）值输入为 -100，如图 7.73 所示。

Animate 将给形状补间应用一个缓入效果。

3. 确保锁定了遮罩图层和被遮罩图层，然后选择 Control（控制）>Test（测试）来测试影片。

柔和的黄色光线在字母上闪烁，刚开始时很慢，然后越来越快，为整个动画增加了更多复杂的效果。

图7.73

 注意：与传统补间一样，可以应用更高级的缓动或自定义的缓动效果。单击 Class Ease（传统缓动）按钮可访问其他缓动选项。

7.14　复习题

1. 什么是形状补间，如何应用形状补间？

2. 什么是形状提示，如何使用它们？

3. 绘图纸标记的颜色编码表示什么意思？

4. 形状补间和运动补间有什么区别？

5. 什么是遮罩，如何创建遮罩？

6. 如何观察遮罩效果？

7.15　复习题答案

1. 形状补间在包含不同形状的关键帧之间创建平滑的过渡。要应用形状补间，首先在起始和结束关键帧中创建不同的形状。然后选择时间轴中两个关键帧之间的任意一帧，右键单击并选择 Create Shape Tween（创建形状补间）。

2. 形状提示是表示初始形状上的点和最终形状上的相应点之间映射关系的标签。形状提示有助于改善形状变形的方式。要使用形状提示，首先选择形状补间的起始关键帧，选择 Modify（修改）>Shape（形状）>Add Shape Hint（添加形状提示），将第一个形状提示移动到形状的边缘，然后将播放头移到结束关键帧，并将相应的形状提示移动到相应的形状边缘。

3. 默认情况下，Animate 以蓝色显示前面帧中的绘图纸，以绿色显示后面帧中的绘图纸。当前所选帧的绘图纸为红色。可以在 Preferences（首选项）面板中自定义颜色。

4. 形状补间使用形状，而运动补间使用元件实例。形状补间为两个关键帧之间描边或填充的改变进行平滑的插值。运动补间为两个关键帧中元件实例的位置、缩放、旋转、颜色效果或滤镜效果进行平滑的插值。

5. 遮罩是选择性地隐藏或显示图层内容的一种方法。在 Animate 中，将遮罩放在顶部的遮罩图层，而将内容放在其下方的图层（称为被遮罩图层）。遮罩图层和被遮罩图层都可以进行动画处理。

6. 要观察遮罩图层在被遮罩图层上的效果，需要锁定这两个图层，或选择 Control（控制）>Test（测试）来测试影片。

第8课 自然和人物动画

课程概述

本课将介绍如下内容：

- 使用骨骼工具构建影片剪辑的骨架；
- 使用骨骼工具构建形状的骨架；
- 使用反向运动学使骨架产生自然的运动；
- 约束和固定骨架的连接；
- 编辑骨骼和连接的位置；
- 使用绑定工具优化形状的变形；
- 使用弹簧功能模拟物理现象；
- 调整速度设置，为骨架增加重量感。

本课大约要用90分钟完成。

开始之前，请先将本书的课程资源下载到本地硬盘中，并进行解压。在学习本课时，将覆盖相应的课程文件。建议先做好原始课程文件的备份工作，以免后期用到这些原始文件时，还需重新下载。

通过在称为反向运动学的过程中使用Bone
（骨骼）工具制作动画，可轻松地用关节创建出
复杂且自然的运动。所谓"关节"（articulation），
是指链接对象之间和形状之间的骨节点（joint）。

8.1 开始

开始本课之前，先看一下行走的猴子动画。在 Adobe Animate CC 中学习自然运动时，将创建这个动画。

1. 双击 Lesson08/08End 文件夹中的 08End.html 文件，播放动画，如图 8.1 所示。

图8.1

在该动画中，一个卡通猴子一直在不停走动，而且背景中有一个滚动的运动。它的胳膊和腿自然摆动，尾巴自然顺畅地卷曲和展开。在本课中，将建立一个控制猴子和其四肢的骨架（skeleton），然后对它的循环走动进行动画处理。

2. 双击 Lesson08/08Start 文件夹中的 08Start.fla 文件，在 Animate 中打开初始项目文件。

3. 选择 File（文件）>Save As（另存为），将文件命名为 08_workingcopy.fla，然后保存在 08Start 文件夹中。保存一份工作副本，以确保如果要重新开始，可以使用原始的初始文件。

8.2 反向运动学中的自然运动和角色动画

当想对一个有关节的对象（有多个骨节点 [joint] 的对象）的自然运动制作动画时，例如一个行走的人，或者本例中这个行走的猴子，Animate CC 可以使用反向运动学轻松实现。反向运动学是一种计算有关节的对象的不同角度，来实现特定配置的数学方式。可以在开始关键帧中放置对象，然后在后续的关键帧中设置不同的姿势。Animate 将使用反向运动学来计算出所有骨节点的不同角度，以从第一个姿势平滑地到达下一个。

反向运动学降低了动画处理的难度，因为用户不必担心需要对对象的每一个部分或者角色的肢体进行动画处理。只需专注于整体的姿势，Animate 会解决细节问题。

8.2.1 构建第一个骨架，让角色运动起来

当对一个有清晰关节的对象（具有肢体和骨节点的角色）进行动画处理时，首先要确定需要

移动角色的哪些部位。同时,还要检查这些部位是如何连接以及移动的。这几乎总是一个层次结构,像一棵树那样,从根部开始,向各个方向产生分支。这种结构称为骨架(armature),并且像真实的骨架一样,组成骨架的每个刚性部件称为骨骼。骨架定义了对象可以弯曲的位置以及不同骨骼的连接方式。

可以使用 Bone(骨骼)工具()创建骨架。骨骼工具告诉 Animate 如何连接一系列影片剪辑实例,或者在形状内提供连接结构。两个或多根骨骼之间的连接称为骨节点。

1. 在 08working_copy.fla 文件中,打开"库"面板,查看已经创建并导入进来的猴子的图形,如图 8.2 所示。

2. 将所有的猴子片段从"库"面板拖动到舞台上,并分别拖动脚、手、腿、小腿、手臂 1 和手臂 2 的两个实例。对它们进行排列,使它们大致排列在需要形成整个身体(包括头、身体、骨盆、两条胳膊和两条腿)的位置上。

对于后臂,使用 Free Transform(任意变形)工具将所有 3 个部件(手臂 1、手臂 2 和手)旋转 180° ,如图 8.3 所示。

图8.2

图8.3

在部件之间保留一些空间,以便更容易得连接骨骼。不要急于将当前的工作做得很准确,因为后续步骤中会移动它们。

3. 选择 Bone(骨骼)工具。

4. 单击猴子胸部的中部,用"骨骼"工具拖动到左上臂的顶部,然后释放鼠标按钮,结果如图 8.4 所示。

第一根骨骼已定义好了。Animate 将骨骼显示为直线，在其基部骨节点处有一个矩形，而在其顶端骨节点处有一个圆形。从一个骨节点到下一个骨节点之间的对象，被定义为骨骼。

　　图 8.5 显示了骨骼及其彼此之间的关系，而且没有完全渲染影片剪辑（启用了 Show All Layers As Outlines（将所有图层显示为轮廓）选项）。

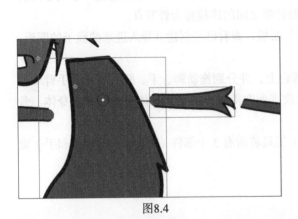

图8.4

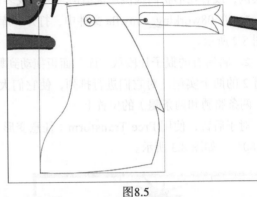

图8.5

　　5. 现在将第一根骨骼的末端（在猴子的肩膀上）拖动到猴子下臂的顶部（肘部），然后释放鼠标按钮，结果如图 8.6 所示。

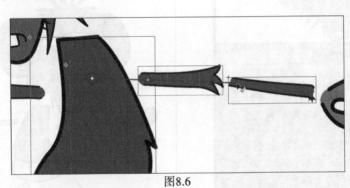

图8.6

第二根骨骼已经定义好了。

　　6. 将第二根骨骼的末端拖动到猴子手部的腕部位置，释放鼠标按钮，结果如图 8.7 所示。

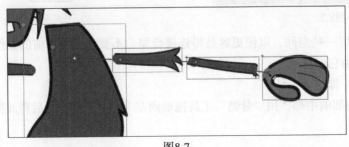

图8.7

第三根骨骼已经定义好了。请注意，现在与骨骼连接的 4 个影片剪辑实例已移动到具有新图标和默认名称 Armature_# 的新图层，如图 8.8 所示。这种特殊类型的图层可保持骨架与时间轴上的其他对象分离，例如图形或运动补间。

图8.8

 注意：在原始文件中创建的第一个骨骼图层被命名为 Armature_1，每当新添加一个骨骼图层时，其名字后面的数字都会加1。如果用户的骨骼图层与图8.8中的不一样，请不要着急。

7. 选择"选取"工具，并尝试抓住骨骼链中的最后一根骨骼（猴子的手），并将其在舞台中上下移动，如图 8.9 所示。

因为骨骼连接整个手臂，所以移动手时，前臂和上臂也将一起移动。

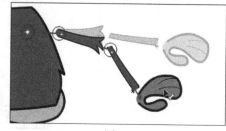

8.2.2 延伸骨架

图8.9

下面将继续通过连接猴子的另一只手臂、头部、骨盆和腿来建立它的骨架。

1. 使用 Bone（骨骼）工具，将第一根骨骼的根部（在猴子的胸部）拖动到另一只上臂的顶部。第一根骨骼当做"根骨骼"（root bone）。释放鼠标按钮。

2. 继续创建更多到另一只手根部的骨骼。

骨架现在向两个方向延伸：一个是向猴子的左臂；一个是向它的右臂，如图 8.10 所示。

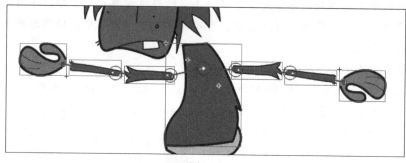

图8.10

3. 将第一根骨骼的根部（在猴子的胸部）拖动到骨盆中部。

4. 将骨架从骨盆向下延伸到猴子的两条腿。骨盆分支为左右大腿、小腿和脚。

5. 最后，将躯干连接到猴子的头上。

骨架现在连接了猴子的所有组成部分，并定义了每个部件相对于骨架中的其他部分如何旋转和移动，如图 8.11 所示。

图8.11

骨架层次

骨架的第一根骨骼是根骨骼，它也是与其相连的子骨骼的父骨骼。一根骨骼可以连接多跟子骨骼（如同那个猴子骨架一样），并形成一个非常复杂的关系。在猴子的例子中，胸部的骨骼是父骨骼，上臂的每根骨骼是子骨骼，手臂彼此之间是兄弟关系。随着骨架变得更复杂，可以在"属性"面板中，使用这些关系在层次结构中导航。

在骨架中选择骨骼时，"属性"面板的顶部会显示一系列箭头，如图8.12所示。

可以单击箭头，在层次结构中移动，并快速选择和查看每根骨骼的属性。如果选择了父骨骼，则可以单击向下的箭头以选择子骨骼。如果选择了子骨骼，可以单击向上的箭头以选择其父骨骼，或单击向下的箭头以选择它的子骨骼（如果有）。左右箭头则在兄弟骨骼之间导航。

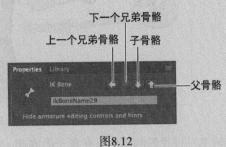

图8.12

8.2.3 移动骨架上的骨骼

现在已经将每个影片剪辑与完整骨架中的骨骼连接了起来，下面可以编辑每根骨骼的相对位置。在刚开始放置骨骼时，骨骼之间留有缝隙，以便更容易连接。按住 Alt/Option 键可以移动骨架中任何骨骼的位置。

1. 选择"选取"工具。

2. 按住 Alt/Option 键，将猴子的左上臂移近身体，如图 8.13 所示。还可以使用 Free Transform（任意变换）工具。

上臂重新定位，但骨架保持完好。

3. 按住 Alt/Option 键，移动猴子身体的所有部分，使它们靠近在一起，以消除骨节点处的缝隙。

猴子及其骨架应类似于图 8.14 所示。

图8.13

图8.14

删除/添加骨骼和影片剪辑

要删除影片剪辑，可在舞台上选中它，然后按 Backspace/Delete 键。这将删除影片剪辑以及相应的骨骼。

如果想添加更多影片剪辑到骨架中，请将新影片剪辑实例拖动到舞台不同的图层中。不能向骨架图层添加新对象。一旦影片剪辑出现在了舞台上，就可以使用"骨骼"工具将添加的实例与现有骨架的骨骼进行连接。新实例将移动到与骨架相同的图层上。

8.2.4 修改骨节点的位置

如果要更改一根骨骼连接到另一根骨骼的点（骨节点），可使用 Free Transform（任意变形）工具来移动其变形点。这也将移动骨骼的旋转点。

例如，假设用户犯了一个错误，将骨骼的终点连接到猴子手的中间，而不是在基部，则它的手会不自然地旋转，如图 8.15 所示。

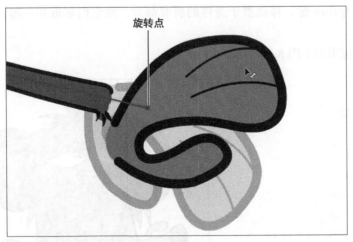

图8.15

1. 要修改骨节点的位置，请选择"任意变形"工具，然后单击手将其选中。将变形点移动到手的基部，如图 8.16 所示。

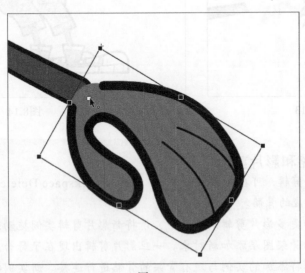

图8.16

2. 骨骼现在连接到影片剪辑的新变形点，因此，手将围绕手腕旋转，如图 8.17 所示。

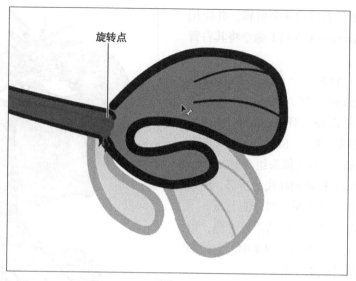

图8.17

8.2.5 重新布置堆叠顺序

当构建骨架时，最近使用过的骨骼将移动到图形堆栈的顶部。取决于连接骨骼的顺序，各个影片剪辑的重叠顺序可能不正确。例如，在前面的任务中，猴子的脚和腿的重叠方式可能不会说得通。一条腿应该在骨盆后面，另一条腿应该在前面。使用 Modify（修改）>Arrange（排列）命令更改骨架中影片剪辑的堆栈顺序，使它们正确地彼此重叠。

1. 选择"选取"工具，然后按住 Shift 键选择构成猴子后腿的 3 个影片剪辑。

2. 选择 Modify（修改）>Arrange（排列）>Send to Back（移至底层）。也可以右键单击并选择 Arrange（排列）>Send to Back（移至底层）（Shift + Ctrl + 向下箭头 /Shift + Command + 向下箭头组合键），如图 8.18 所示。

骨架中选中的骨骼被移动到堆栈的底部，所以它的右腿现在在它身体其他所有部分的后面，如图 8.19 所示。

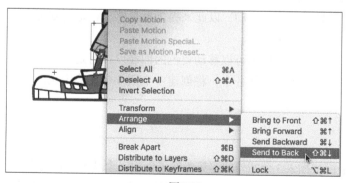

图8.18

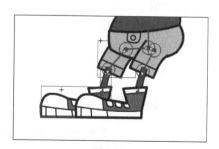

图8.19

3. 选择构成猴子右臂的 3 个剪辑，并使用 Modify（修改）>Arrange（排列）命令将其右臂移动到身体后面。

4. 选择猴子左臂的 3 个部分，然后选择 Modify（修改）>Arrange（排列）>Bring to Front（移至顶层），或右键单击并选择 Arrange（排列）>Bring to Front（移至顶层）（Shift + Ctrl+ 向上箭头 /Shift + Command + 向上箭头组合键）。

骨架中选中的骨骼移动到堆栈的顶部，所以它的左臂现在在它身体其他所有部分的上面。

5. 可能需要向前或向后移动单根骨骼，以使其正确地重叠。例如，在猴子的腿中，它的裤子和它的鞋子应该盖住它的小腿。

6. 选择"选取"工具并移动骨架，看看猴子的左右手臂和腿如何在它的身体后面或前面移动，并根据需要进行修正，如图 8.20 所示。

图8.20

> **An** **注意：** 使用Modify（修改）>Arrange（排列）>Send to Back（移至底层）将所选图形一直移动到堆栈顺序的底部，或使用Modify（修改）>Arrange（排列）>Send Backward（下移一层）将所选图形向下移动一级。类似地，使用Bring to Front（移至顶层）将图形移动到堆栈顺序的顶部，或使用Bring Forward（上移一层）将图形向上移动一级。

8.3 创建行走周期

行走周期（walk cycle）是一个显示人物行走的基本循环动画。一个好的行走周期动画，不仅摆动的胳膊和腿要协调，身体和头部也需具备微妙的摆动，以此来提供重量感。行走周期可以是非常复杂的（欺骗性的），可以为一个角色赋予很多个性。

骨架有助于用户更容易地创建一个行走周期，因为可以移动角色的四肢以在行走周期中定义关键姿势。尝试将姿势视为动画的关键帧。在下一个任务中，将创建一个用 4 个姿势定义的简单行走周期。

8.3.1 摆动骨架

在第 1 帧有一个猴子的初始姿势。下面将插入 3 个额外的姿势为猴子创建一个基本的行走周期。第 5 个姿势将是第一个姿势的重复，因此当动画循环时，行走周期将是无缝的。图 8.21 总结了 4

个基本姿势。

图8.21

在第一个姿势中，前景腿向前，背景腿向后。在第二姿势中，腿彼此相交。在第 3 姿态中，背景腿向前，前景腿在后面。在第四姿势中，腿再次彼此相交。手臂的摆动方向与腿相反。

1. 使用"选取"工具，拖动猴子的左脚并将其移动到猴子的后面。尽量让脚在地面上，这可以使得猴子看起来像是在踩地面上，而不是在空中。

当拖动猴子的脚时，连接到脚的骨骼也将移动。可能还要拖它的大腿或小腿，让骨架的位置恰到好处。如果无法轻松控制骨架，也不要担心！这需要反复练习，下文将讲解更多的提示和技巧来约束或隔离某些骨节点，以进行精确定位。

2. 移动猴子的右脚，使它向前走。

3. 将猴子的左臂向前移动，将右臂移动到它的后面。

第一个姿势在骨架图层的第 1 帧中完成，如图 8.22 所示。

图8.22

8.3.2　隔离单根骨骼的旋转

当通过推拉骨架来创建姿势时，可能会发现骨骼之间的连接导致我们很难控制单根骨骼的旋转。在移动单根骨骼时按住 Shift 键，可隔离它的旋转。

1. 选择猴子的左手。

2. 使用"选择"工具拖动手。

整个手臂将随手一起运动。

3. 现在按住 Shift 键，拖动猴子的手，如图 8.23 所示。

图8.23

手围绕手腕旋转，但手臂的其余部分不动。Shift 键隔离了所选骨骼的旋转。

按住 Shift 键有助于隔离单根骨骼的旋转，这样就可以完全按照想要的姿势进行摆放。回到猴子的腿和手臂，使用 Shift 键进行必要的调整。

8.3.3　固定单根骨骼

可以更精确地控制骨骼的旋转或位置的另一种方法是将各根骨骼固定在适当的位置，让子骨骼以不同的姿势自由移动。可以使用"属性"面板中的 Pin（固定）选项执行此操作。

1. 选择"选取"工具。

2. 选择猴子右大腿的骨骼。

骨骼变为突出显示，表示被选中，如图 8.24 所示。

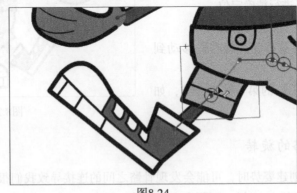

图8.24

3. 在"属性"面板中，选择 Pin（固定）选项，如图 8.25 所示。

尾部（连接到子骨骼的末端）现在被固定到舞台的当前位置。带有黑点的白色圆圈出现在骨节点上，表示已固定，如图 8.26 所示。

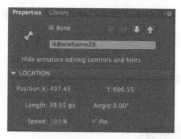

图8.25

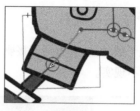

图8.26

4. 拖动猴子腿中的最后一根骨骼（脚），如图 8.27 所示。

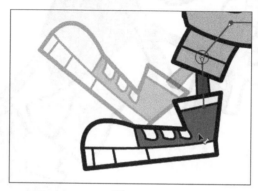

图8.27

只有最后的两根骨骼移动。请注意在使用"固定"选项和使用 Shift 键时，骨架的运动有什么不同。Shift 键可隔离单根骨骼和连接到其上的所有其余骨骼。而当固定骨骼时，固定的骨骼保持固定，但可以自由移动所有的子骨骼。取消骨骼的固定，继续学习本课内容。

 提示：也可以选择一根骨骼，并在光标变为图钉图标时单击它的尾部，如图8.28所示。所选骨骼将被固定。再次单击可以取消固定骨骼。

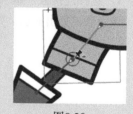

图8.28

8.4 禁用和约束骨节点

在插入其余姿势之前，可以对骨架进行细化调整，这可以更容易地定位猴子的四肢。猴子的各种骨节点可以自由旋转，这不现实，特别是它的骨盆。在现实生活中，许多骨架结构只能旋转到某些角度。例如，我们的前臂可以朝着二头肌向上旋转，但它不能朝着二头肌向下旋转。我们的臀部可以在躯干周围摆动，但幅度有限。这些约束也可以应用到所设计的骨架上。当在 Animate

CC 中使用骨架时，可以选择约束各种骨节点的旋转，或者甚至约束各种骨节点的平移（运动）。

8.4.1 禁用骨节点的旋转

如果拖动猴子的骨盆，会看到连接躯干与骨盆的骨骼可以自由旋转，如图 8.29 所示。这将一来，骨骼位置将非常不现实。

图8.29

1. 选择连接猴子躯干和骨盆的骨骼。

该骨骼被突出显示，如图 8.30 所示。

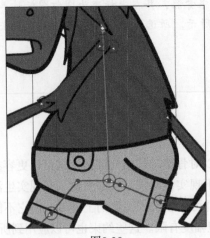

图8.30

2. 在"属性"面板的 JOINT: ROTATION（联接：旋转）区域中，取消选中 Enable 选项，如图 8.31 所示。

所选骨骼的头部骨节点处的圆消失，这意味着骨节点不再能旋转，如图 8.32 所示。

图8.31　　　　　　　　　　　　　　　　图8.32

3. 现在拖动骨盆。

骨盆不再围绕躯干中的骨节点旋转，如图 8.33 所示。

图8.33

8.4.2 限制旋转范围

还需要再对猴子的骨盆做一些工作。虽然它不能围绕猴子躯干中的骨节点自由旋转，但它仍然可以围绕子骨节点（child joint）旋转360°。可以对该旋转范围进行限制。

1. 单击连接猴子骨盆与其中一条腿的骨骼，将其选中。

骨骼变为高亮显示，如图 8.34 所示。

2. 在"属性"面板的 JOINT: ROTATION（联接：旋转）区域，选择 Constrain（约束）选项，如图 8.35 所示。

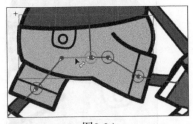

图8.34

图8.35

骨节点处的角度指示器从一个完整的圆形变为一个部分圆形，显示了骨骼的最小和最大允许角度以及当前位置，如图 8.36 所示。

3. 在"属性"面板中，将 Left Offset（左偏移）旋转角度设置为 -6°，将 Right Offset（右偏移）旋转角度设置为 6°，如图 8.37 所示。

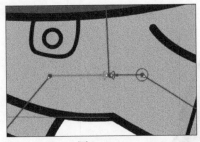

图8.36

图8.37

4. 拖动骨盆，如图 8.38 所示。

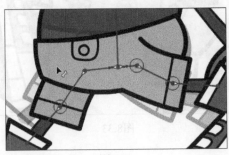

图8.38

现在移动骨盆，它的旋转被限制在顺时针几度，逆时针几度，以防止骨骼出现不现实的位置上，并更加容易地控制和定位姿势。

8.4.3 限制骨节点的平移

在现实生活中，骨节点只允许骨骼的旋转。但是，在 Animate CC 中，可以允许骨节点在 X（水平）或 Y（垂直）方向滑动，并可以对骨节点的移动距离设置限制。

在本例中，用户将允许骨盆中的骨节点向上和向下移动。这将给骨架带来一定程度的运动空间，因此可以创建轻微的摆动动作。

1. 如果尚未选择，请单击选中上一个任务中限制旋转的相同骨骼。

2. 在"属性"面板的 JOINT: Y TRANSLATION（联接：Y 平移）区域中，选择 Enable（启用）选项，如图 8.39 所示。

骨节点处出现箭头，表明该骨节点可以在上下方向移动，如图 8.40 所示。

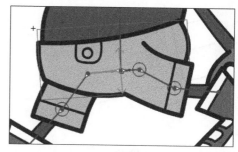

图8.39　　　　　　　　　　　　　　　图8.40

3. 在"属性"面板的 JOINT: Y TRANSLATION（联接：Y 平移）区域中，选择 Constrain（约束）选项。

骨节点上的箭头变成 T 形（直线），表明平移受限，如图 8.41 所示。

4. 将 Top Offset（顶部偏移）设置为 -6，Bottom Offset（底部偏移）设置为 6，如图 8.42 所示。

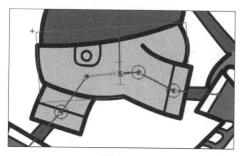

图8.41　　　　　　　　　　　　　　　图8.42

骨节点上的长条变短，指示骨盆可以在 Y 方向上平移的距离。

5. 抓住猴子的骨盆，并尝试移动它。

通过对骨节点的旋转和平移做出限制并将限制施加到姿势上，有助于创建更逼真的动画。骨盆现在可以轻微地上下移动以及以有限的方式来回摇摆。

使用舞台的控件来约束骨节点

可以使用显示在骨节点上的舞台（on-Stage）控件，对骨节点的旋转或平移约束进行快速调整，而不用在"属性"面板中进行这些调整。通过使用舞台控件，可以查看在舞台上其他骨骼和图形的约束。

选择一根骨骼，并将鼠标指针移动到骨骼头部的骨节点上，将出现一个带有4个蓝色箭头的圆圈，如图8.43所示。单击它可以访问舞台控件。

要更改对旋转的约束，请将鼠标指针移动到圆形的外边缘，圆形将突出显示为红色。单击它，如图8.44所示。

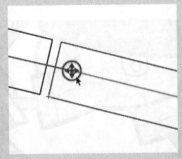

图8.43

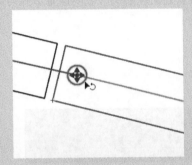

图8.44

单击圆形内部，定义骨节点旋转的最小和最大角度。阴影区域是允许旋转的范围，如图8.45所示。也可以通过拖动来更改圆内的角度。单击圆形外部，确认所做的调整。

如果要禁用该骨节点处的旋转，请单击在滚动圆的中心时出现的锁定图标，如图8.46所示。

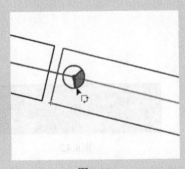

图8.45

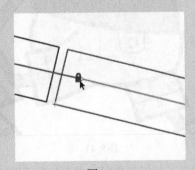

图8.46

要更改对平移的限制（上下移动或左右移动），请将鼠标光标移动到圆内的箭头上方，该箭头将以红色突出显示，如图8.47所示。

单击水平或垂直箭头，然后拖动偏移量，以约束骨节点在水平或垂直方向的平移，如图8.48所示。

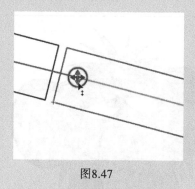

图8.47

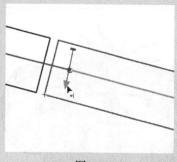

图8.48

8.5 添加姿势

骨架现在准备好了。我们已经连接好骨骼，并做出了适当的约束，以便更容易摆放姿势。在时间轴中插入姿势的方式，如同在补间动画中插入关键帧一样。

8.5.1 插入姿势

还记得我们的目标是定义 4 个独特的姿势来形成一个自然的步行周期。

 注意：处理骨架图层时，"姿势"和"关键帧"本质上是一回事。

1. 在时间轴上，选择第 10 帧，然后选择 Insert（插入）>Timeline（时间轴）>Keyframe（关键帧），或右键单击并选择 Insert Pose（插入姿势）。

在第 10 帧处插入新的姿势 / 关键帧。第一个关键帧中的姿势被复制并粘贴到第二个关键帧中，如图 8.49 所示。

图8.49

2. 移动猴子的手臂和腿，使它们相互交叉。腿在向前移动时，膝盖应该抬起，脚离地，如图8.50 所示。

3. 在时间轴上，选择第 20 帧并插入第 3 个关键帧。

4. 移动猴子骨架的手臂和腿，使左腿和右臂向前，右腿和左臂向后，与第 1 帧中的姿势相反，如图 8.51 所示。

图8.50

图8.51

5. 在第 30 帧中添加第四个关键帧 / 姿势，使腿和手臂相互交叉。

6. 选择第 40 帧并插入其他帧以延长时间轴，如图 8.52 所示。

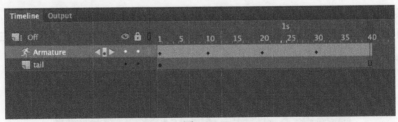
图8.52

7. 按住 Alt/Option 键，将第一个关键帧（在第 1 帧处）拖动到第 40 帧。

第 1 帧中包含姿势的关键帧被复制到第 40 帧中。现在，第一个和最后一个关键帧是相同的，动画可以无缝地循环，如图 8.53 所示。

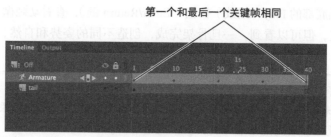

第一个和最后一个关键帧相同

图8.53

8. 前4个关键帧看起来应该与图8.54类似，但用户可以自由体验，给猴子创造自己的个性！要让它的脚、手臂和身体协调，可能需要做很多微小的调整和优化。

图8.54

提示： 可以像编辑运动补间中的关键帧那样，在时间轴上编辑姿势。右键单击时间轴并选择Insert Pose（插入姿势），插入一个新的姿势。右键单击任意姿势并选择Clear Pose（清除姿势），从图层中删除姿势。按住Ctrl/Command键单击一个姿势，将其选中。拖动姿势将其移动到时间轴的不同位置。

9. 在时间轴底部选择 Loop Playbook（循环播放）（Shift + Alt + L/Shift + Option + L 组合键），并扩展标记以覆盖从第 1 帧到第 40 帧的整个动画片段，如图 8.55 所示。

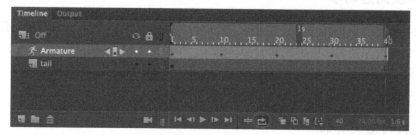

图8.55

10. 单击时间轴底部的 Play（播放）按钮（Enter/Return 键），查看动画循环。

动画尽管不完美，但可以看到，一旦骨架完成，创造不同的姿势和自然、复杂的运动是多么容易和充满乐趣。

 提示：选择时间轴上的动画，然后在"属性"面板中选择Ease Type and Strength（缓动类型和强度），可以为反向运动学动画添加缓动效果。缓动效果可以通过慢慢开始（缓入）或慢慢结束（淡出）来改变动画。

 提示：为步行周期添加更多细微调整，以创造更加接近现实的动画！在一些姿势中稍微倾斜猴子的头，看看一个小小的头部晃动是如何使它的步行显得更自然的。

更改骨节点的速度

骨节点速度是指骨节点的粘性或刚度。具有低速值的骨节点在移动时会很迟钝。具有高速值的骨节点在移动时能响应得更快。可以在"属性"面板中为所选的任何骨节点设置速度值。

当拖动骨架的最末端时，骨节点的速度很明显。如果在骨架链（armature chain）的较高位置上有较慢的骨节点，那些骨节点将响应得很慢，并且旋转程度比其他骨节点要小。

要更改骨节点的速度，请单击骨骼将其选中。在"属性"面板中，将Speed（速度）值从0%设置为100%，如图8.56所示。

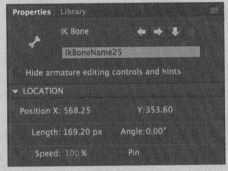

图8.56

骨节点的速度不影响实际动画，只会影响骨架响应舞台上姿势的方式，使其更容易移动。

8.6 形状的反向运动学

猴子是用各种电影剪辑元件制成的骨架。还可以使用形状创建骨架，这对于显示没有明显骨节点和分段但仍具有关节运动的对象很有用。例如，章鱼的手臂没有实际的骨节点，但可以为平滑的触角添加骨骼，以制作起伏运动的动画。还可以制作其他有机对象的动画，如蛇、挥舞的旗帜、在风中弯曲的草叶，或下一个任务将要制作的猴子的尾巴。

8.6.1 在形状内定义骨骼

下面将创建一个尾巴，并添加一系列的骨骼，制作尾巴卷曲和展开的动画，然后再添加到猴子的步行周期中。

1. 选择 Insert（插入）>New Symbol（新建元件）（Ctrl + F8/Command + F8 组合键）。在
Create New Symbol（创建新元件）对话框中，为元件
选择 Movie Clip（影片剪辑），然后在元件名称中输入
monkey_tail，如图 8.57 所示。

2. 单击 OK 按钮。

Animate 创建一个新元件，并进入该元件的元件编
辑模式。

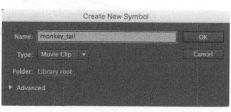

图8.57

3. 选择矩形工具。

4. 选择一个浅棕色的填充色（#8B4B0E）和 2 磅的黑色描边，然后创建一个大约 350 像素宽
和 20 像素高的矩形，如图 8.58 所示。

5. 选择"选取"工具，重新绘制矩形的右端，为猴子尾部创建一个平滑的圆形，如图 8.59
所示。

图8.58　　　　　　　　　　　　　　　　　　图8.59

6. 选择 Bone（骨骼）工具。

7. 从矩形形状的左边开始，拖动尾部内的骨骼的一小部分。

Animate 创建一个矩形形状的骨架，并将它移动到它自己的骨架图层，如图 8.60 所示。

图8.60

8. 单击第一根骨骼的末端，并朝尾巴末端向下拖动出一根骨骼，如图 8.61 所示。

图8.61

第二根骨骼定义完毕。

9. 继续创建总共有 6 根或 7 根骨骼的尾骨架，如图 8.62 所示。

图8.62

10. 当骨架完成后，使用"选取"工具拖动最后一根骨骼，看看尾部如何跟随骨架的骨骼变
形，如图 8.63 所示。

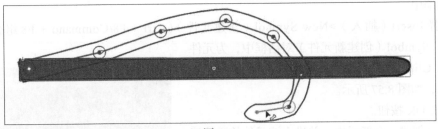

图8.63

8.6.2 制作尾巴的动画

对形状内的骨架制作动画的方式所遵循的流程，与使用影片剪辑制作骨架动画的流程相同。可以使用时间轴上的关键帧为骨架建立不同的姿势。

1. 在 monkey_tail 影片剪辑元件的时间轴上选择第 60 帧，然后选择 Insert（插入）>Timeline（时间轴）>Frame（帧）（F5 键）。

Animate 在时间轴的第 60 帧处添加了帧，如图 8.64 所示。

图8.64

2. 在第一帧中，移动猴子的尾骨，使尾巴的尖端平放在地面上，如图 8.65 所示。

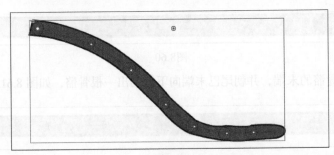

图8.65

3. 选择第 20 帧。

4. 选择 Insert（插入）>Timeline（时间轴）>Keyframe（关键帧）（F6 键）。

Animate 在第 20 帧处插入一个新关键帧，其姿势与第一帧中的姿势相同，如图 8.66 所示。

图8.66

5. 选择第 30 帧。

6. 移动骨架，使猴子的尾巴向上卷曲，如图 8.67 所示。

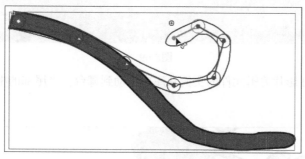

图8.67

Animate 会自动在第 30 帧插入使用新姿势的关键帧。猴子的尾部从第 1 至第 20 帧保持平坦。在第 20 帧之后，尾部将开始卷曲，直到其达到第 30 帧处的姿势。

7. 选择第 50 帧并插入一个新关键帧（F6 键）。

8. 单击选择第 1 帧中的关键帧。按住 Alt/Option 键，然后将第 1 帧中的关键帧拖动到第 60 帧。

Animate 将第一个关键帧复制到第 60 帧。时间轴现在应该有 5 个关键帧。第 1 个、第 2 个和第 5 关键帧的尾部应该是平坦的。第 3 个和第 4 个关键帧应使尾部卷曲，如图 8.68 所示。

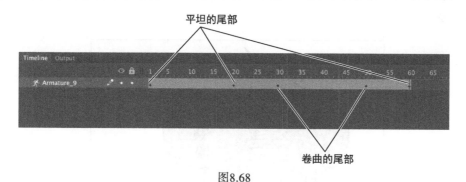

图8.68

9. 循环播放动画。

猴子的尾巴在这 60 帧中反复卷曲和展开。

8.6.3 将尾巴和步行周期整合

由于尾部动画比猴子的步行周期（40 帧）长，当整合动画时，动作不会同步，从而产生了一个不规则和更有机的循环。

1. 返回主舞台。

2. 将空图层重命名为 tail，并确保它在 Armature 图层下面。在 tail 图层中添加足够的帧以匹配步行周期（40 帧），如图 8.69 所示。

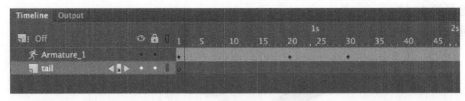

图8.69

3. 将 monkey_tail 影片剪辑元件的实例从库中拖动到舞台，将尾部的根部放在猴子身体的后面，如图 8.70 所示。

图8.70

4. 测试动画，方法是选择 Control（控制）>Test Movie（测试影片）>In Browser（在浏览器中），如图 8.71 所示。

图8.71

Animate 导出必要的文件，以便在浏览器中使用 HTML 和 JavaScript 播放动画。随着猴子连续走动，它的尾巴也将不断卷曲。

8.6.4 编辑形状

编辑包含骨骼的形状时，不需要任何特殊工具。Tools（工具）面板中的许多绘图和编辑工具可用于编辑填充、描边或轮廓，比如 Paint Bucket（颜料桶）、Ink Bottle（墨水瓶）和 Subselection（部分选取）工具。

1. 使用"颜料桶"工具更改骨架形状的填充颜色。

2. 使用"墨水瓶"工具更改骨架形状的描边颜色或样式。

3. 选择"部分选取"工具，然后单击骨架形状的轮廓。锚点和控制手柄出现在形状的轮廓周围，可以把锚点拖动到新位置或拖动手柄以更改曲率，如图 8.72 所示。

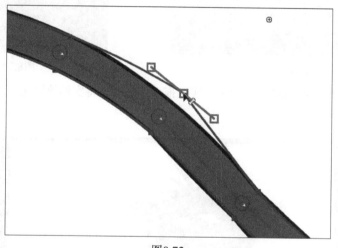

图8.72

4. 选择 Add Anchor Point（添加锚点）工具，然后单击骨架形状的轮廓以添加新的锚点。

5. 选择 Delete Anchor Point（删除锚点）工具，然后单击骨架形状的轮廓以删除锚点。

注意： 通过骨架对形状进行的有机控制，其实是在锚点、形状和骨骼的骨架之间进行映射后的结果。可以使用Bind（绑定）工具来编辑骨骼和控制点之间的连接，并优化其行为。Bind（绑定）工具与Bone（骨骼）工具位于同一组，在"骨骼"工具的下面。有关如何使用"绑定"这一高级工具的更多知识，请参见Animate帮助文档。

8.6.5 添加背景

猴子一直停留在舞台上的同一个地方，所以要使猴子移动的错觉更完整，需要添加一个滚动背景，使它看起来真的像是在散步。

1. 在主时间轴上插入一个新图层，并将其命名为 background。

2. 将新背景图层移动到其他图层的底部，如图 8.73 所示。

3. 库中已提供了一个滚动背景的影片剪辑。影片剪辑的名字为 background，它通过使用线段的形状补间来模拟从左到右移动的人行道，如图 8.74 所示。

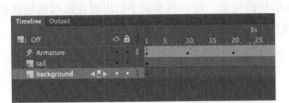

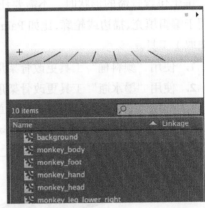

图8.73　　　　　　　　　　　　　　　　　　图8.74

4. 将舞台上的 background 影片剪辑的实例拖动到底层。将实例放置在大约 X=-170 和 Y=620 的位置上，如图 8.75 所示。

图8.75

5. 选择 Control（控制）>Movie（影片）>In Browser（在浏览器中）。

Animate 打开浏览器并播放电影，结果如图 8.76 所示。猴子动画大功告成！

图8.76

8.7　利用弹性模拟物理运动

目前为止，我们已经看到了骨架如何有助于用户轻松地将角色和对象放在不同的关键帧中，以创建平滑、自然的运动。也可以为骨架添加一些物理特性，以便能对不同姿势进行响应。弹簧（Spring）特性可以轻松做到这一点。

无论是使用影片剪辑还是形状，弹簧都会模拟任何动画骨架中的物理现象。柔性物体通常会具有一些"弹性"，这将导致其在移动时自行摆动，甚至在整个身体的运动停止之后继续抖动。弹力的大小取决于物体。例如，悬挂的绳索会摇晃得很厉害，但是跳水板与之相比会更加坚硬，而且也不怎么摇晃。可以根据对象设置弹簧的强度，甚至可以为骨架中的每根骨骼设置不同的弹性，以便在动画中获得精确的刚性或灵活性。例如，在一棵树中，较大的分支将比较小的末端分支具有较小的弹性。

8.7.1　为骨架定义骨骼

在接下来的步骤中，将制作一片被风吹动的叶子的动画。任何反向运动学动画的第一步是使用"骨骼"工具构建骨架。

1. 打开文件 07_IK_spring_start.fla。
2. 在舞台上，将会看到一个简单的叶子和它的茎的形状，如图 8.77 所示。

3. 选择"骨骼"工具。

4. 从茎的底部的叶子形状开始，拖动叶子的基部，创建第一根骨骼，如图 8.78 所示。

图8.77

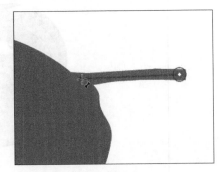

图8.78

这样就定义了第一根骨骼。当前图层的内容被分离到新的骨架图层上。

5. 从第一个骨骼的末端开始，从叶子上向下拖动，创建下一根骨骼。

6. 继续创建更多的骨骼，将骨架延伸到叶片的尖端。完成后的骨架应该有 4 根骨骼，如图 8.79 所示。

8.7.2 设置每根骨骼的弹性强度

接下来，将为每根骨骼设置弹性的 Strength（强度）值。强度值可以从 0（无弹性）到 100（最大弹性）。

1. 选择骨架的最后一根骨骼（在叶的尖端），如图 8.80 所示。

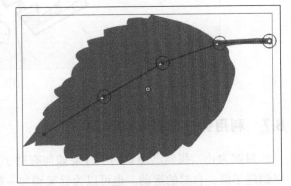

图8.79

2. 在"属性"面板的 SPRING（弹性）区域中，在 Strength（强度）中输入 100，如图 8.81 所示。

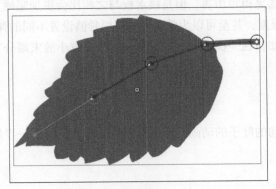

图8.80

图8.81

最后的骨骼具有最大的弹性强度，因为尖端是整个骨架最灵活的部分，并且将具有最独立的运动。

　　3. 选择骨架中的下一根骨骼。可以在舞台上单击它，或者可以使用"属性"面板中的箭头向上导航到骨架层次结构，如图8.82所示。

　　4. 在"属性"面板的SPRING（弹性）区域中，在Strength（强度）中输入80，如图8.83所示。

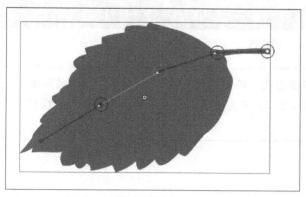

图8.82

图8.83

　　叶片中部的柔韧性要比叶子尖端差一些，因此它的强度值要小一些。

　　5. 选择下一个相邻的骨骼，在"属性"面板的SPRING（弹性）区域中，在Strength（强度）中输入60。

　　叶片基部的柔韧性要比叶片中部更差，因此它的强度值更小。

8.7.3　插入下一个姿势

　　接下来，将在向下的位置创建一个新的叶子姿势，Animate将使用弹性值添加扭动、颤动和其他内部运动。

　　1. 在时间轴上选择第90帧，然后选择Insert（插入）>Timeline（时间轴）>Frame（帧）（F5键），将帧添加到时间轴。

　　2. 选择骨架图层的第20帧，它包含了叶子。

　　3. 抓住叶尖的骨骼，将其向下拉，就像风吹在叶子上一样，如图8.84所示。

　　在第20帧中创建新的姿势。

　　4. 将播放头返回第一帧并播放动画（Enter/Return键）。

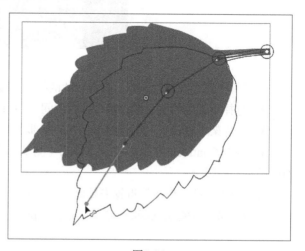

图8.84

叶片从第一个姿势向下移动到第二个姿势，甚至经过第二个关键帧，叶片继续弯曲并轻微摇摆，如图 8.85 所示。叶片骨架的来回旋转，加上对骨骼的弹性设置，模拟了对真实叶茎内的物理力的反应，让动画看起来更逼真。像 Spring（弹性）和 Damping（阻尼）（请见下文）这样的特性使得在 Animate 中创建复杂的自然运动更加容易。

图8.85

 注意： 当时间轴上在骨架的最终姿态之后还有额外的帧时，"弹簧"特性的效果更加明显，如本课所示。额外的帧可以让用户查看在最后一个姿势结束后的残留弹跳效果。

8.7.4 添加阻尼效果

阻尼（Damping）是指弹簧效应随时间减少的量。如果叶子的摇摆无限期地继续，这是不现实的。随着时间的推移，摇摆应该减轻，最终停止。可以为每根骨骼设置阻尼值，其值为 0（无阻尼）到 100（最大阻尼），以控制这些效果减弱的速度。

1. 选择叶子的最后一根骨骼（在尖端），在"属性"面板的 SPRING（弹性）区域中，在 Damping（阻尼）中输入 50，如图 8.86 所示。

图8.86

阻尼值将随着时间的推移而降低叶片的摇摆程度。

2. 选择骨架中的下一根骨骼（在叶中间），并在"属性"面板中输入阻尼的最大值（100）。

3. 在骨架中选择下一根骨骼（在叶的基部），并在"属性"面板中输入阻尼的最大值（100）。

4. 选择 Control（控制）>Test Movie（测试影片）>In Animate（在 Animate 中），查看阻尼值对叶子运动的影响。

叶子仍然摇摆，但摇摆得越来越慢。阻尼值有助于增加骨架的重量感。在骨架的 SPRING（弹性）区域，同时体验 Strength（强度）和 Damping（阻尼）值，以获得最逼真的运动。

8.8 复习题

1. 使用"骨骼"工具的两种方法是什么？

2. 定义和区分这些术语：骨骼、骨节点和骨架。

3. 骨架的层次结构是什么？

4. 如何约束或禁用骨节点的旋转？

5. "弹簧"特性中的强度和阻尼是什么？

8.9 复习题答案

1. Bone（骨骼）工具可以将影片剪辑实例连接在一起，形成一个有关节的对象，该对象可以通过反向运动学来设置姿势和制作动画。"骨骼"工具还可以在形状内创建骨架，它也可以通过反向运动学来设置姿势和制作动画。

2. 骨骼是将各个影片剪辑连接在一起，或用反向运动构成运动形状的内部结构的对象。骨节点是骨骼之间的连接，骨节点可以旋转以及平移（在 X 和 Y 方向滑动）。骨架是指完整的带有关节的物体。骨架在时间轴上被分离到自己的特定骨架图层，可以在里面插入动画姿势。

3. 骨架由在层次结构中依次排序的骨骼组成。当骨骼连接到另一根骨骼时，一个是父级，另一个是子级。当父骨骼具有许多子骨骼时，子骨骼相互之间是兄弟关系。

4. 按住 Shift 键可暂时禁用骨架的运动，并隔离单根骨骼的旋转。使用"属性"面板固定骨骼可以防止其旋转，或取消选中"属性"面板 Rotation（旋转）区域中的 Enable（启用）选项以禁用特定骨节点的旋转。

5. 强度是骨架中任何单根骨骼的弹性量。使用"弹簧"特性添加弹性，可以模拟在整个对象移动时柔性对象不同部分的抖动方式，并且当对象停止时继续抖动。阻尼是指弹性效应随着时间的推移而减缓的速度。

第9课 创建交互式导航

课程概述

本课将介绍如下内容：

- 创建按钮元件；
- 给按钮添加声音效果；
- 复制元件；
- 交换元件和位图；
- 命名按钮实例；
- 理解ActionScript 3.0和JavaScript在Animate文档中的使用方式；
- 使用动作面板中的向导快速添加JavaScript，实现交互性；
- 创建和使用帧标签；
- 创建动画式按钮。

本课大约要用 120 分钟完成。

开始之前，请先将本书的课程资源下载到本地硬盘中，并进行解压。在学习本课时，将覆盖相应的课程文件。建议先做好原始课程文件的备份工作，以免后期用到这些原始文件时，还需重新下载。

让观众探索你的项目，并成为积极的参与者。按钮元件和代码可以一起工作，创建出令人着迷的、由用户驱动的交互式体验。

9.1 开始

开始之前，先来看一个交互式餐厅指南。在 Adobe Animate CC 中学习交互式项目时，将要创建这个餐厅指南。

1. 双击 Lesson09/09End 文件夹中的 09End.fla 文件，在 Animate 中播放动画。选择 Control（控制）>Test（测试），查看最终的项目。

 注意：如果还没有将本课的项目文件下载到计算机上，请现在就这样做。具体可见本书的"前言"。

这个项目在默认浏览器中打开，如图 9.1 所示。请忽略在 Output（输出）面板中出现的任何警告。

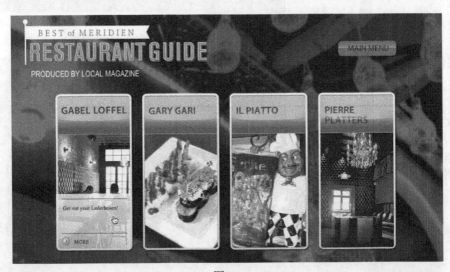

图9.1

 注意：当尝试在本地播放HTML文件时，这个项目包含的按钮和位图可能会生成安全错误。当双击HTML文件，在浏览器中播放时，浏览器可能会显示为空白或者显示一个静态图像。请将所有需要的文件上传到服务器（见第11课），或者在Animate中测试影片。

这个项目是一个虚拟城市的交互式餐厅指南，它在浏览器中运行。访客可以单击任意一个按钮来查看关于某个餐厅的相关信息。本课将在 HTML5 Canvas 文档中创建交互式按钮，并正确地构造时间轴。我们还将学习添加 JavaScript 代码，为每个按钮添加功能。

2. 关闭 09End.fla 文件。

3. 双击 Lesson09/09Start 文件夹中的 09Start.fla 文件，在 Animate 中打开初始的项目文件，如图 9.2 所示。该文件是一个在浏览器中播放的 HTML5 Canvas 文档。该文档包含了已经在"库"面板中的多个资源，并且已经正确地设置了舞台的大小。

图9.2

> **注意**：如果计算机不具备FLA文件中包含的字体，请选择替代字体，或者单击Use Default（使用默认值），让Animate自动进行替换。

4. 选择 File（文件）>Save As（另存为）。把文件名命名为 09_workingcopy.fla，并保存在 09Start 文件夹中。保存一份工作副本，可以确保在重新设计时，可使用原始的开始文件。

9.2 关于交互式影片

交互式影片基于用户的动作而改变，比如，当用户单击按钮时，将显示一个带有更多信息的不同图形。交互可以很简单，如单击按钮；也可以很复杂，以便接受来自多个源的输入，如鼠标的移动、键盘上的按键或是移动设备的倾斜。

9.3 ActionScript 和 JavaScript

在 Animate 中，可使用 ActionScript 3.0 或 JavaScript 添加交互性，具体使用哪种取决于所使用的文档类型。

如果使用的是 ActionScript 3.0、AIR for Desktop、AIR for iOS 或 AIR for Android 文档，可以

使用 ActionScript 实现交互性。ActionScript 提供了相应的指令，可以让动画对用户做出响应。这些指令可以播放声音，跳转到时间轴中新图层所在的关键帧，还可以进行计算。

在 HTML5 Canvas 或 WebGL 文档中，可以使用 JavaScript，它的代码与在浏览器中为页面添加交互性的代码相同。

尽管 ActionScript 3.0 与 JavaScript 非常相似（事实上，两者都是基于 ECMA 编码语言标准），但是 ActionScript 包含了可以用来控制特定于 Animate 特性的语言，而 JavaScript 包含了用来控制特定于浏览器特性（比如在页面上滚动以及 HTML 元素）的语言。

本课将在 HTML5 Canvas 文档中使用 JavaScript 创建非线性的导航——影片没有必要从时间轴的开始位置一直播放到末尾。我们将添加 JavaScript 代码，用来告知 Animate 播放头基于用户单击的按钮，进行跳转并移动到时间轴的不同帧上。时间轴上的不同关键帧包含了不同的内容。用户实际上并不知道播放头在时间轴上的跳转，在单击了按钮时，用户只是在舞台上看到（或听到）了不同的内容。

如果用户觉得自己不善编程，也不要着急！我们没有必要一定是编码达人，因为 Animate 在 Actions（动作）面板中提供了易于使用的菜单驱动的向导，允许用来简单快速地添加 JavaScript 代码。

9.4 创建按钮

按钮是用户可以与之交互的某种物体的基本视觉指示器。用户经常使用鼠标点击按钮，或者使用手指轻敲按钮，但是还有很多其他类型的交互。例如，当用户的鼠标指针经过按钮时，按钮可以执行某些动作。

按钮是一种有 4 种特殊状态（或关键帧）的元件，它们决定了按钮的出现方式。按钮可以是任何东西，例如图像、图形或文本。它们并不一定非得是在许多网站上经常见到的那些经典的药丸形状的灰色矩形。

9.4.1 创建按钮元件

在本课中，将要使用较小的缩览图图像和餐厅名称来创建按钮。按钮元件的 4 种特殊状态在按钮的时间轴上表示为帧，如同在主时间轴上那样。这 4 个帧具体如下。

- Up（弹起）状态在鼠标没有与按钮交互时，用来显示按钮的外观。
- Over（悬停）状态在鼠标光标悬停在按钮上时，用来显示按钮的外观。
- Down（按下）状态在鼠标光标悬停在按钮上，而且鼠标按钮为按下状态时，用来显示鼠标的外观。
- Hit（点击）状态表示按钮的可点击区域。

在进行下面这个练习的过程中，用户将理解这些状态与按钮外观之间的关系。

1. 选择 Insert（插入）>New Symbol（新建元件）。
2. 在 Create New Symbol（创建新元件）对话框中，从 Type（类型）菜单中选择 Button（按

钮），并将元件命名为 gabel loffel button，然后单击 OK 按钮，如图 9.3 所示。

图9.3

Animate 将进入新按钮的元件编辑模式。

3. 在"库"面板中，展开 restaurant thumbnails 文件夹，并将图形元件 gabel loffel thumbnail 拖入舞台中央，如图 9.4 所示。

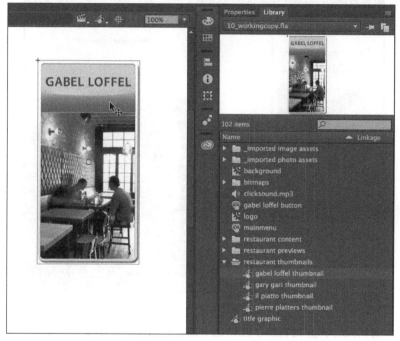

图9.4

4. 在"属性"面板中，将 X 和 Y 的值都设置为 0。

这个较小的 gabel loffel thumbnail 餐厅图片的左上角已经和元件的注册点对齐（由屏幕中心的小十字线来标记）。

5. 在时间轴中选择 Hit 帧，然后选择 Insert（插入）>Timeline（时间轴）>Frame（帧）以扩展时间轴。

gabel loffel 图像现在将进行扩展，并经历 Up、Over、Down 和 Hit 状态，如图 9.5 所示。

6. 插入一个新图层。当用户的鼠标指针悬停在按钮上时，这个新图层将容纳出现的图像。

7. 在新图层中，选择 Over 帧，然后选择 Insert（插入）>Timeline（时间轴）>Keyframe（关键帧）。

Animate 将在顶部图层的 Over 状态中插入一个新关键帧，如图 9.6 所示。

图9.5 图9.6

8. 在"库"面板中，展开 restaurant previews 文件夹，并将 gabel loffel over info 影片剪辑元件拖到舞台上，如图 9.7 所示。

图9.7

9. 移动影片剪辑元件，直到它位于按钮的下部。当沿着对象的底部和边缘出现参考线时，元件将自动吸附过去。在"属性"面板中的 Position and Size（位置和大小）区域，其 X 和 Y 的值应该大致分别为 0 和 217。

当鼠标指针移动到按钮上时，餐厅图像上面会显示一个灰色信息框。

10. 在前两个图层上面插入第 3 个图层。

该图层用来将声音文件绑定到 Down 状态，这样当用户按下按钮时，会发出点击的声音。

11. 在新图层上选择 Down 帧，然后插入 Insert（插入）>Timeline（时间轴）>Keyframe（关键帧）。

在新图层的 Down 状态中将插入一个新关键帧，如图 9.8 所示。

12. 从"库"面板中将 clicksound.mp3 文件拖到舞台中，如图 9.9 所示。

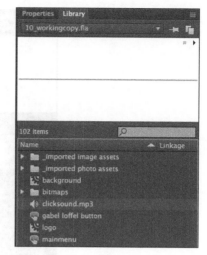

图9.9

图9.8

该声音波形的开始位置（表现为一条直线）将出现在按钮元件顶部图层的 Down 关键帧中，如图 9.10 所示。

13. 选择波形出现位置的 Down 关键帧，在"属性"面板的 Sound（声音）区域，注意到在 Sync（同步）菜单中选择了 Event（事件），如图 9.11 所示。

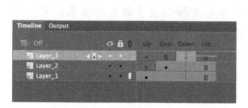

图9.10

图9.11

 注意：第10课将讲解有关声音的更多知识。

只有当用户按下按钮时，才播放点击的声音。

14. 单击舞台上方 Edit（编辑）栏中的 Scene 1，退出元件编辑模式并返回主时间轴。这样就完成了第一个按钮元件。查看"库"面板，可以看到新按钮元件已经保存在其中，如图 9.12 所示。

图9.12

不可见按钮和Hit关键帧

按钮元件的Hit（点击）关键帧表明这个区域是"热区"，或者称之为用户可以点击的地方。通常，Hit关键帧中包含了一个其大小和位置与Up关键帧中的形状完全相同的形状。在大多数情况下，设计者都会希望用户看到的图形与用户点击的区域具有相同大小。然而，在某些高级应用程序中，需要让Hit关键帧和Up关键帧有所不同。如果Up关键帧为空，那么它生成的按钮就是一个不可见的按钮。

用户无法看到不可见的按钮，但是由于Hit关键帧仍定义了一个可单击的区域，因此不可见按钮仍处于活动状态。可将不可见按钮置于舞台的任意位置，并使用ActionScript对其编程，使其响应用户的动作。

不可见按钮还可用于创建通用的热点（hotspot）。例如，将不可见按钮置于不同的照片上，使每张照片对鼠标的单击都可以做出反应，而不必将每一张照片做成不同的按钮元件。

9.4.2 直接复制按钮

现在已经创建了一个按钮，那么创建其他按钮就会更容易了。可以直接复制一个按钮，并修改其图像，然后继续直接复制这些按钮，并为其余餐厅修改其图像。

1. 在"库"面板中，右键单击 gabel loffel 按钮元件，并选择 Duplicate（直接复制）。也可从"库"面板中选择 Duplicate（直接复制），如图 9.13 所示。

2. 在 Duplicate Symbol（直接复制元件）对话框中，从 Type（类型）菜单中选择 Button（按

钮），并把它命名为 gary gari button。然后单击 OK 按钮，如图 9.14 所示。

图9.13

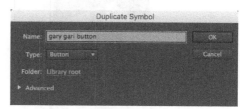

图9.14

9.4.3　交换位图

可以很容易地在舞台上交换位图和元件，从而显著加速工作流程。

1. 在"库"面板中，双击直接复制的新元件（gary gari button）并编辑。

2. 在舞台上选中餐厅图像。

3. 在"属性"面板中，单击 Swap（交换）按钮，如图 9.15 所示。

4. 在 Swap Symbol（交换元件）对话框中，选择名为 gary gari thumbnail 的下一幅缩览图图像（位于 restaurant thumbnails 文件夹中），然后单击 OK 按钮，如图 9.16 所示。

图9.15

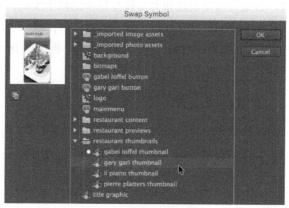

图9.16

原始的缩览图（其元件名称旁边有一个黑点）被所选的缩览图替换掉了。因为缩览图的大小完全相同，因此这种替换是无缝的。

5. 现在选择 Layer 2 上的 Over 关键帧，然后单击舞台上的灰色信息框，如图 9.17 所示。

6. 在"属性"面板中，单击 Swap（交换）按钮，并将所选元件与 gary gari over info 元件交换。

这样，Over 关键帧中的按钮实例将被替换为适合第二家餐厅的实例。由于元件是直接复制的，因此所有其他元素（如顶层图层的声音）都将保持一致，如图 9.18 所示。

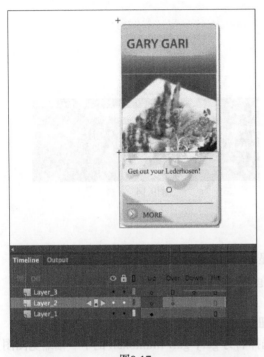

图9.17　　　　　　　　　　　　　　　图9.18

7. 继续直接复制按钮并交换按钮中的两个实例，直到"库"面板中存在 4 个不同的按钮元件为止（gabel loffel button、gary gari button、il piatto button、pierre platters button），而且每一个按钮元件都表示一家不同的餐厅。操作完成后，将这些餐厅的按钮组织到"库"面板中的一个文件夹中，如图 9.19 所示。

9.4.4　放置按钮实例

下面需要把按钮放置在舞台上，并在"属性"面板中为其命名，以便代码可以进行区分。

1. 在主时间轴上插入一个新图层，并命名为 buttons，如图 9.20 所示。

2. 将每个按钮从"库"面板拖到舞台的中央，将它们放置成水平一排，如图 9.21 所示。位置不需十分精确，下面的步骤还会将它们精确对齐。

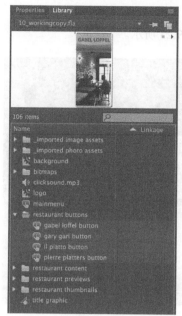

图9.19

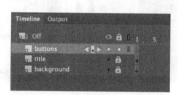

图9.20

图9.21

3. 选中第一个按钮，在"属性"面板中，将 X 值设置为 100。

4. 选中最后一个按钮，在"属性"面板中，将 X 值设置为 680。

5. 选中所有 4 个按钮，在 Align（对齐）面板（Window>Align）中，取消选中 Align to Stage（与舞台对齐）选项，然后选择 Space Evenly Horizontally（水平平均间隔）按钮，然后单击 Align Top Edge（顶对齐）按钮，如图 9.22 所示。

这样所有 4 个按钮全部都是均匀分布的，并且在水平方向上对齐。

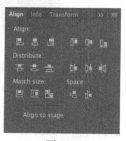

图9.22

6. 在选中所有按钮的情况下，在"属性"面板中，将 Y 值设置为 170。

现在所有 4 个按钮都被正确地放置到舞台中，如图 9.23 所示。

图9.23

7. 现在可以测试影片，查看按钮的行为了。选择 Control（控制）>Test（测试），结果如图 9.24 所示。

图9.24

请忽略 Output（输出）面板中出现的任何警告消息。

注意，当鼠标光标悬停在每个按钮上时，Over 关键帧中将出现灰色信息框；当按下鼠标上的按钮时，将触发按钮播放点击的声音。然而，现在还没有为按钮提供指令，告知要做的事情。在命名按钮并学习了一些编码相关的知识之后，再进行相关操作。

9.4.5 命名按钮实例

下面命名每个按钮实例，以便代码可以引用它们。初学者通常会忘记这个重要的步骤。

1. 单击"舞台"的空白处，取消选中所有按钮，然后只选择第一个按钮，如图9.25所示。
2. 在"属性"面板的 Instance Name（实例名称）字段中输入 gabelloffel_btn，如图9.26所示。

图9.25

图9.26

3. 把其他按钮分别命名为 garygari_btn、ilpiatto_btn 和 pierreplatters_btn。

Animate 很挑剔，只要有一个输入错误，都会导致整个项目无法正确运行。有关实例名称的信息，请见下文的"命名规则"。

4. 锁定所有图层。

命名规则

在Animate中创建交互式项目时，对实例进行命名是至关重要的一步。初学者最常犯的错误是，没有为按钮实例命名，或者没有正确地命名。

实例名称非常重要，因为ActionScript和JavaScript使用名称来引用这些对象。实例名称不同于"库"面板中的元件名称，"库"面板中的元件名称仅仅是为方便进行组织而使用的。

在对实例进行命名时，可以遵循下面这些简单的规则和最佳做法。

1.不能使用空格或特殊的标点符号，但可以使用下划线。

2.名称不能以数字开头。

3.注意大小写字母，因为ActionScript和JavaScript区分大小写。

4.按钮名称以_btn结尾，尽管这并不是必需的，但这样做有助于将对象标识为按钮。

5.不能使用Animate中ActionScript或JavaScript命令的预留单词。

9.5　准备时间轴

每个 Animate 新项目都是从单个帧开始的。要在时间轴上创建空间以添加更多的内容，就需要向多个图层（至少一个图层）中添加更多的帧。

1. 在所有的 3 个图层中，选择后面的一个帧，本例选择的是第 50 帧，如图 9.27 所示。

图9.27

2. 选择 Insert（插入）>Timeline（时间轴）>Frame（帧）（F5 键）。也可以右键单击然后选择 Insert Frame（插入帧）。

Animate 将在所有的所选图层中添加帧，一直添加到第 50 帧处，如图 9.28 所示。

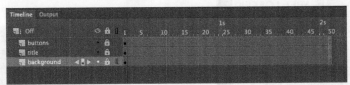

图9.28

9.6　创建目标关键帧

当用户单击每个按钮时，Animate 都会根据插入的代码，将播放头移动到时间轴上的一个新位置。在添加代码之前，将在时间轴上创建所有不同的选项，以提供可选项。

9.6.1　向关键帧插入不同的内容

下面将在一个新图层中创建 4 个关键帧，并在新关键帧中置入每家餐厅的相关信息。

1. 在图层堆栈的顶部插入一个新图层，并将其命名为 content，如图 9.29 所示。

图9.29

2. 选择 content 图层的第 10 帧。

3. 在第 10 帧插入一个新关键帧，如图 9.30 所示。方法为选择 Insert（插入）>Timeline（时间轴）>Keyframes（关键帧），或直接按 F6 键。

图9.30

4. 在第 20 帧、第 30 帧以及第 40 帧插入新关键帧。

这样，content 图层的时间轴上就有了 4 个空白的关键帧，如图 9.31 所示。

图9.31

5. 选择第 10 帧的关键帧。

6. 在"库"面板中，展开 restaurant content 文件夹。将 gabel and loffel 元件从"库"面板拖至舞台。该元件是一个影片剪辑元件，包含关于该餐厅的照片、图形和文本，如图 9.32 所示。

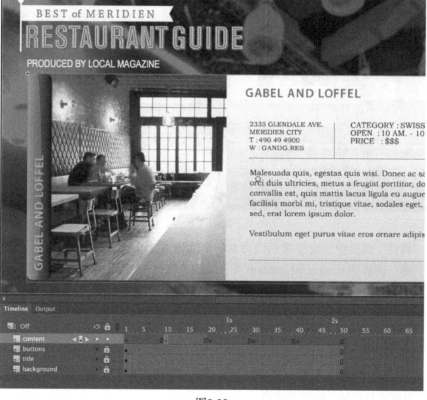

图9.32

7. 将元件放置到舞台的中央，但不要放到标题上。"属性"面板中的 Position and Size（位置和大小）区域应该显示 X=60，Y=150。

关于 gabel and loffel 餐厅的信息将显示在舞台中央，并覆盖住所有按钮。

8. 选择第 20 帧的关键帧。

9. 将 gary gari 元件从"库"面板拖到舞台上，使其覆盖所有按钮。这是另外一个影片剪辑元件，包含了关于该家餐厅的照片、图形和文本，如图 9.33 所示。

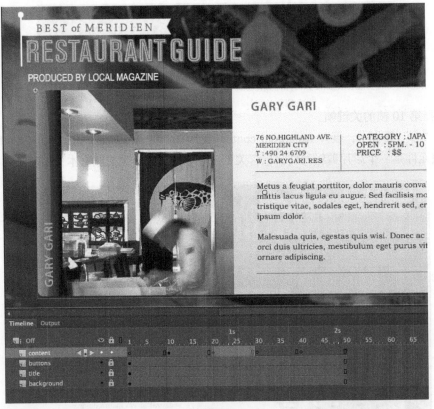

图9.33

10. 在"属性"面板中，确保 X 的值为 60，Y 的值为 150。

11. 在"库"面板的 restaurant content 文件夹中，将每一个影片剪辑元件放到 content 图层中相应的关键帧处。

每个关键帧应该包含一个与不同餐厅相关的影片剪辑元件。

9.6.2　使用关键帧上的标签

帧标签是关键帧的名称。这样，就不需要通过帧编号来引用关键帧，而是通过帧标签来引用，这也可以让代码更容易阅读、编写和编辑。

1. 在 content 图层上选择第 10 帧。

2. 在"属性"面板的 Label（标签）区域，在 Name（名称）字段中输入 label1，如图 9.34 所示。

这样，一个拥有标签的关键帧上就会出现一个很小的旗帜图标，如图 9.35 所示。

图9.34

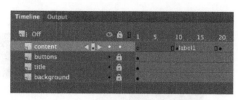

图9.35

3. 在 content 图层上选择第 20 帧。

4. 在"属性"面板的 Label（标签）区域，在 Name（名称）字段中输入 label12。

5. 选择第 20 帧和第 30 帧，然后在"属性"面板的 Name（名称）字段中输入相应的名称：label3、label4。

这样，4 个拥有标签的关键帧上都会出现一个很小的旗帜图标，如图 9.36 所示。

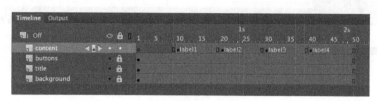

图9.36

9.7　导航 Actions（动作）面板

Actions（动作）面板是编写所有代码的地方，无论是用于 HTML5 Canvas 文档的 JavaScript 代码，还是用于 Flash Player 或 AIR 的 ActionScript 代码。选择 Window（窗口）>Actions（动作），可打开 Actions（动作）面板。也可以在时间轴上选择一个关键帧，然后在"属性"面板的右上角单击 Actions（动作）面板按钮，如图 9.37 所示。

图9.37

还可以右键单击任意一个关键帧，然后选择 Actions（动作）。

"动作"面板为用户提供了一个灵活的代码输入环境，还提供了不同的选项来帮助用户编写、编辑和查看代码，如图 9.38 所示。

"动作"面板被分为两部分，右侧是 Script（脚本）窗口——可以编写代码的空白区域。在脚本窗口中输入 ActionScript 或 JavaScript 代码的方式，与在文本编辑应用程序中的方式相同。

左侧是 Script（脚本）导航器，用于查找代码所处的位置。Animate 将代码存放在时间轴的关键帧上，如果有大量代码分散在许多不同的关键帧和时间轴上，则该脚本导航器就会非常有用。

在"动作"面板的底部，Animate 显示了文本插入点当前位置的行数和列数（或一行中的字符数）。

在"动作"面板的右上角，有各种查找、替换和插入代码的选项。这里还有一个 Add using wizard（使用向导添加）按钮。

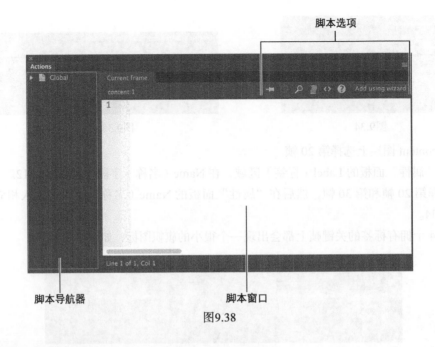

脚本选项

脚本导航器　　　　　　　　　　　脚本窗口

图9.38

9.8 使用动作面板向导添加 JavaScript 交互性

现在，时间轴上有了多个关键帧，影片将从第 1 帧线性播放到第 50 帧，显示所有的餐厅选项。但是在这个交互式餐厅指南中，可能想在第 1 帧暂停播放影片，然后等待观众从中选择参餐厅。

9.8.1 停止时间轴

使用停止图标可以暂停播放 Animate 影片。停止图标是通过停顿时间轴的方式，阻止影片继续播放。

1. 在顶部插入一个新图层，并重命名为 actions，如图 9.39 所示。

JavaScript 和 ActionScript 代码通常放置在时间轴的关键帧上。

2. 选择 actions 图层的第 1 个关键帧，打开 Actions（动作）面板（Window > Actions）。

3. 单击 Add using wizard（使用向导添加）按钮，如图 9.40 所示。

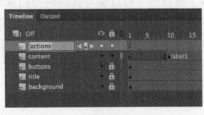

图9.39

图9.40

向导在"动作"面板内打开，如图 9.41 所示。该向导将带领用户经历代码编写过程的每一个步骤。

使用向导生成的代码，出现在第一个字段。可以使用该向导将 JavaScript 插入到 HTML5 Canvas 文档中。对于 ActionScript，可以使用 Code Snippets（代码片段）面板。

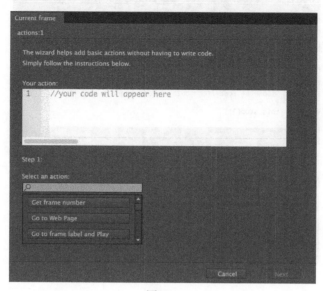

图9.41

4. Step 1（步骤 1）会让用户从列表中选择想要 Animate 执行的动作或行为。滚动列表并选择 Stop（停止）。

在右侧出现另外一个菜单，如图 9.42 所示。

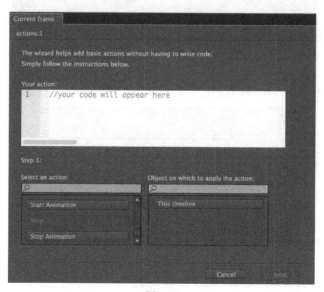

图9.42

5. 在下一个菜单中，选择 This Timeline（这个时间轴）。

代码将出现在动作窗口中。停止动作将应用到当前的时间轴，如图 9.43 所示。

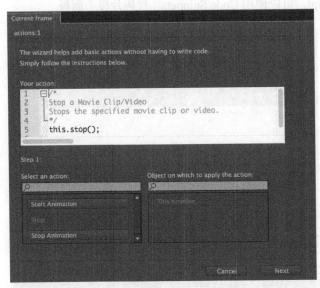

图9.43

6. 单击 Next（下一步）。

向导中出现 Step 2（步骤 2），如图 9.44 所示。

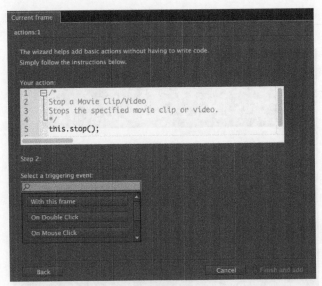

图9.44

7. Step 2 让用户选择可以产生选定动作的触发器。

8. 选择 With this frame（在这个框架中），如图 9.45 所示。

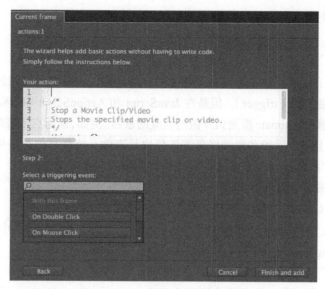

图9.45

我们想让时间轴刚开始就停止动作，所以合适的触发器应该是在播放头遇到当前帧时被触发。

9. 单击 Finish and add（结束并添加）按钮。

最终代码将添加到"动作"面板中的 Script（脚本）窗口中，如图 9.46 所示。

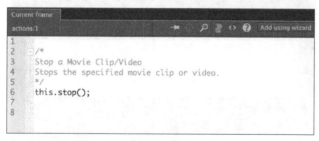

图9.46

这个代码如下所示：

```
this.stop();
```

第一个单词 `this`，指的是当前的时间轴，停止动作是 `stop()`。语句末尾的分号充当句点，表示命名的结束。

以 /* 开始且以 */ 结束的灰色代码称之为多行注释，用来对代码的用途进行描述。多行注释可以为代码作者和其他开发人员充当参考。注释良好的代码相当重要，当返回项目解决特定问题时，注释可以节省大量的时间，因此，为代码添加注释也是开发人员应该遵守的最佳做法。

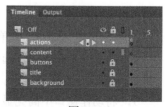

图9.47

10. 在时间轴中，一个很小的字母 a 被添加到了"动作"面板的第 1 帧中，表示这里添加了代码，如图 9.47 所示。

9.8.2 为按钮的点击添加动作

目前为止，添加了让时间轴在第 1 帧处停止播放的代码。现在将为按钮的点击添加动作。按钮点击在向导中称为触发器（trigger），但是在 JavaScript 和 ActionScript 中则称为事件（event）。

事件是影片中能够被 Animate 检测到并做出响应的东西。例如，鼠标点击、鼠标移动和键被按下，都是事件。移动设备上捏合手指和滑动屏幕等姿势也是事件。这些事件是由用户产生的，但是有些事件也可以独立于用户而发生，比如成功载入一段数据或完成一个声音。

1. 选择 actions 图层中的第 1 帧。

2. 打开 Actions（动作）面板（如果还没有打开的话）。

3. 将文本光标放置到 Script（脚本）窗口的最后一行。准备在停止代码中添加额外的代码。

4. 单击 Add using wizard（使用向导添加）按钮。

该向导在"动作"面板内打开。

5. 在 Step 1 中选择动作。向下滚动并选择 Go to frame label and Stop（转到帧标签并停止），如图 9.48 所示。

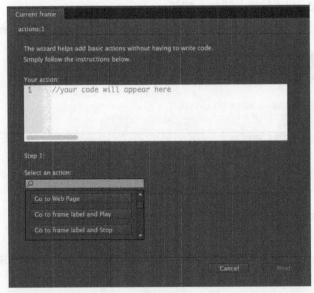

图9.48

在右侧出现另外一个菜单，如图 9.49 所示。

6. 在下一个菜单中，选择 This timeline（这个时间轴）。

代码出现在动作窗口中。该动作将应用到当前的时间轴，如图 9.50 所示。

7. 将动作窗口中高亮显示的蓝色字母替换为这样的一个标签名称，即我们希望播放头能够转到这个标签上。替换 enterFrameLabel1，可输入 label1，如图 9.51 所示。

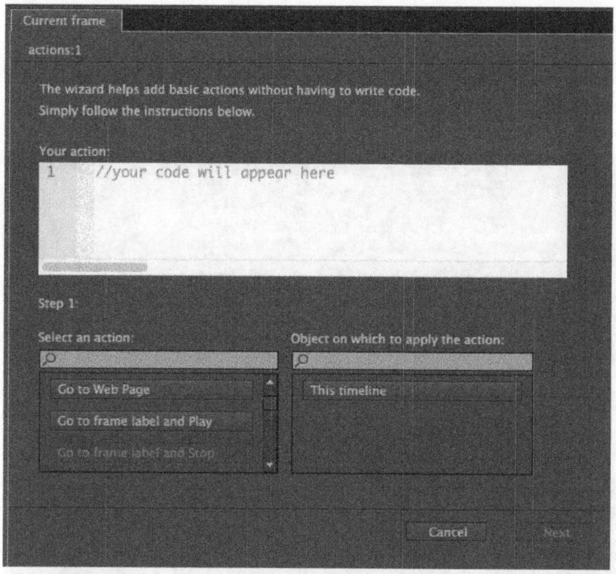

图9.49

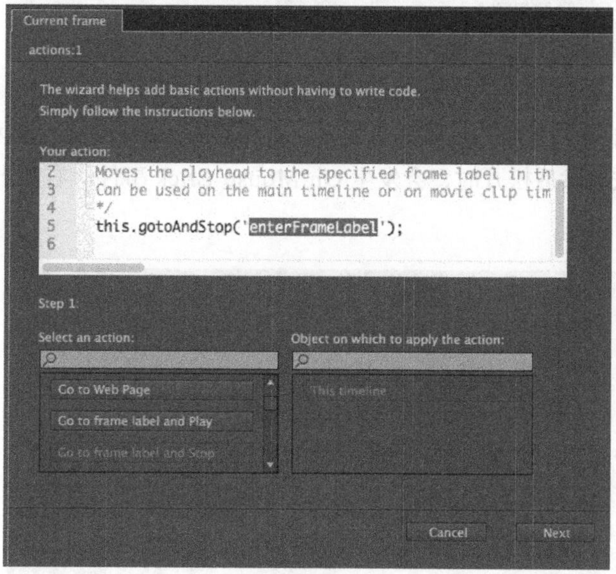

图9.50

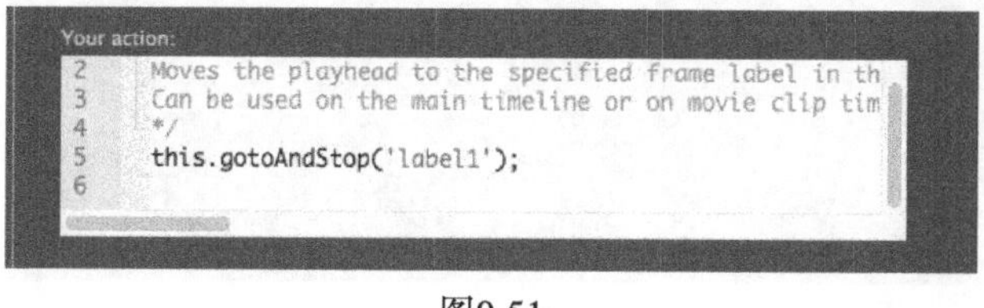

图9.51

帧标签名称呈绿色显示，应该位于一对单引号之间。

8. 单击 Next（下一步）按钮。

向导中出现 Step 2（步骤 2），如图 9.52 所示。

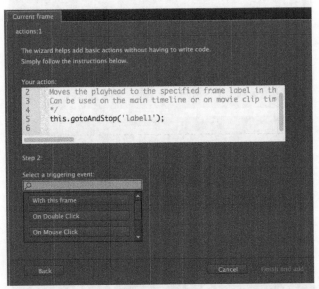

图9.52

9. Step 2 会请求能够产生所选动作的触发器。选择 On Mouse Click（鼠标单击时）。

当用户按下鼠标按钮然后松开时，会发生 On Mouse Click 事件。右侧出现另外一个菜单，如图 9.53 所示。

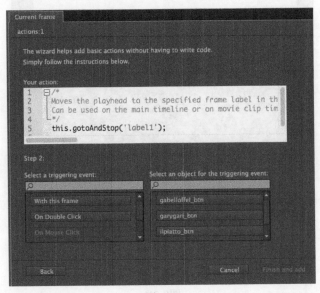

图9.53

10. 向导请求对象的触发事件。选择 gabelloffel_btn，该按钮会对 Gabel and Loffel 餐厅做出响应（见图 9.54），这个餐厅的信息显示在标签为 label1 的关键帧中。

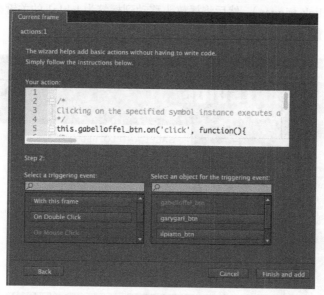

图9.54

11. 单击 Finish and add（结束并添加）按钮。

最终的代码将添加到"动作"面板的 Script（脚本）窗口之中，如图 9.55 所示。代码包含触发器 'click' 以及一个函数，这个函数将触发器在触发时执行的所有代码进行了分组。需要重点识别的是函数的开始花括号和结束花括号。尽管这个函数只有一条语句（一个 gotoAndStop 动作，用来移动播放头），但是函数也可以包含多条语句。

```
1
2    /*
3    Stop a Movie Clip/Video
4    Stops the specified movie clip or video.
5    */
6    this.stop();
7
8
9    /*
10   Clicking on the specified symbol instance executes a functio
11   */
12   this.gabelloffel_btn.on('click', function(){
13   /*
14   Moves the playhead to the specified frame label in the timel
15   Can be used on the main timeline or on movie clip timelines.
16   */
17   this.parent.gotoAndStop('label1');
18   });
19
20
```

图9.55

12. 选择 Control（控制）>Test（测试）。

Animate 打开浏览器并显示项目，如图 9.56 所示。单击 Gabel Loffel 按钮。Animate 在按钮上检测到点击触发器（click trigger），然后将播放头移动到标签为 lable1 的关键帧上，舞台在该位置显示 Gabel and Loffel 餐厅的信息。

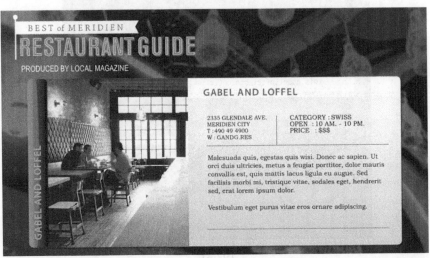

图9.56

注意：如果用户对自己信心十足，可以尝试在Script（脚本）窗口中复制并粘贴代码，然后只更改按钮和帧标签的名字。该操作要比通过向导进行操作更加快速，而且这也将成为用户识别和学习不同JavaScript代码的第一步，以便最终可以自己编写代码。

13. 关闭浏览器并返回 Animate。

14. 选择 actions 图层的第 1 帧，再次打开"动作"面板。

15. 针对其他 3 个按钮，继续在现有代码中添加额外的动作和触发器。每一个按钮都应该触发一个 gotoAndStop 动作，将播放头移动到不同的关键帧上。

检查错误

即使对于编程老手而言，调试也是一个必要的过程。无论再怎么小心，代码中都可能会出现一些错误。幸好，向导有助于降低输入错误和常见的错误。如果是手动输入代码，有下面几个技巧可以预防、捕获和识别错误。

1. 如果是在ActionScript 3.0文档中工作，Animate将在Compiler Errors（编译器错误）面板（Window >Compiler Errors）中自动显示代码错误、错误的描述以及位置。如果代码中存在编译器错误，则代码将无法运行。

2. 充分利用代码中的颜色提示。Animate为关键字、变量、注释和其他语言元素分别使用不同的颜色进行显示。我们不需要知道这样做的原因，只需知道不同的颜色可以给我们提供线索，指出哪里可能丢失了标点符号。

3. 单击Actions（动作）面板右上角的Format Code（格式代码）按钮，对代码进行整理，并使其更容易阅读。在Edit（编辑）>Preferences（首选项）>Code Editor（代码编辑器）（Windows）或Animate CC >Preferences（首选项）>Code Editor（代码编辑器）（macOS）中，可以更改格式化设置。

9.9　创建主按钮

由于每个餐厅的信息覆盖了按钮，因此用户在做出了第一个选择之后，当前无法做出另外一个选择。需要添加另外一个按钮，让返回到第1帧，该操作将在下一小节中讲解。

主（home）按钮直接将播放头移动回时间轴的第1帧，或者移动到带有一组初始选项的关键帧处，或者移动到主菜单，然后呈献给用户。下面将创建一个能移动到第1帧处的按钮，其过程与创建4个餐厅按钮的过程相同。

9.9.1　添加另外一个按钮实例

课程文件示例在"库"面板中提供了一个 home（或 mainmenu）按钮。

1. 选择 buttons 图层，并将其解锁（如果处于锁定状态的话）。

2. 将 mainmenu 按钮从"库"面板拖到舞台中。将按钮实例放置在右上角，如图 9.57 所示。

图9.57

3. 在"属性"面板中，分别将 X 和 Y 的值设置为 726 和 60。

4. 在"属性"面板中，将实例命名为 mainmenu_btn，如图 9.58 所示。

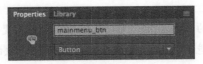

图9.58

9.9.2 为主按钮添加代码

动作是 Go to frame number and Stop（转到帧编号并停止），触发器是发生按钮点击。

1. 选择 actions 面板中的第 1 帧。

2. 打开"动作"面板（如果还没有打开的话）。

3. 将文本光标放置在 Script（脚本）窗口中最后一行代码后的新行上。下面为停止代码添加额外的代码。

4. 单击 Add using wizard（使用向导添加）按钮。

向导在"动作"面板内打开，如图 9.59 所示。

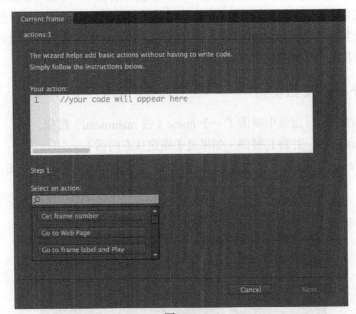

图9.59

5. 在 Step 1（步骤 1）中选择动作。向下滚动然后选择 Go to frame number and Stop（转到帧编号并停止）。

右侧出现另外一个菜单，如图 9.60 所示。

6. 在下一个菜单中，选择 This timeline（这个时间轴），如图 9.61 所示。

代码出现在动作窗口中。该动作将应用到当前的时间轴。

7. 将动作窗口中高亮显示的蓝色字母替换为这样的一个帧编号，即我们希望播放头能够转到这个帧上。将 50 替换为 0，如图 9.62 所示。

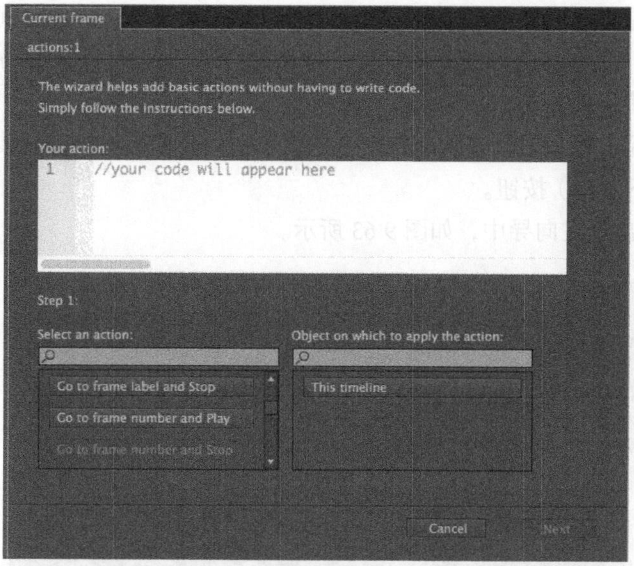

图9.60

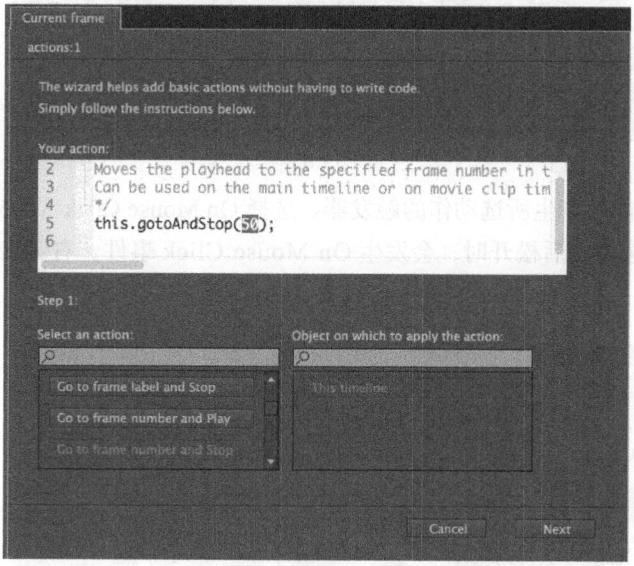

图9.61

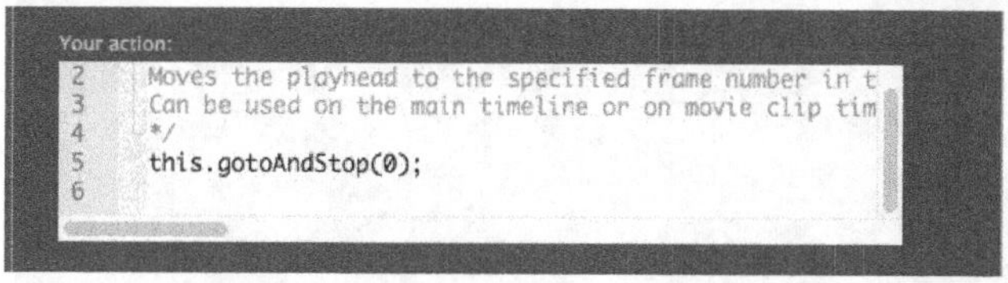

图9.62

为什么是 0 而不是 1 呢？原因是 JavaScript 从 0 开始对帧计数，因此时间轴的第 1 帧是 0，而不是 1。而 ActionScript 则是从 1 开始统计时间轴的帧，因此在对帧编号进行编码时，一定要多加小心。出于这个原因，尽量使用帧标签。

还可以注意到的是，帧编号没有封装在两个单引号中，而帧标签则是封装在两个单引号中的。

8. 单击 Next（下一步）按钮。

Step 2（步骤 2）出现在向导中，如图 9.63 所示。

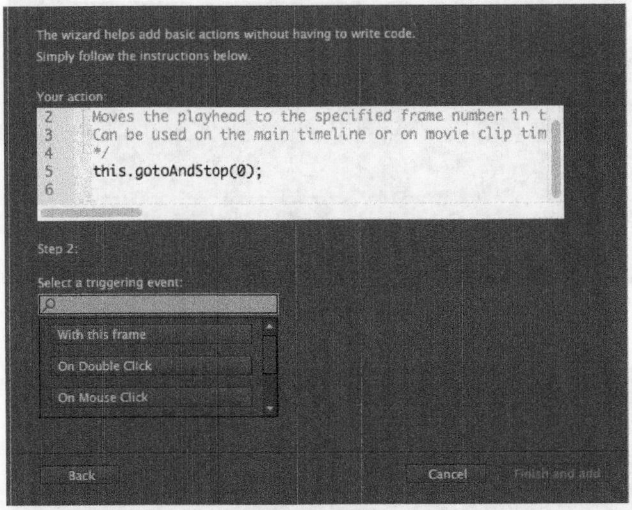

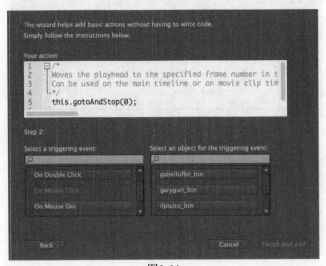

图9.63

9. Step 2 会请求能够产生所选动作的触发器。选择 On Mouse Click（鼠标单击时）。

当用户按下鼠标按钮然后松开时，会发生 On Mouse Click 事件。右侧出现另外一个菜单，如图 9.64 所示。

图9.64

10. 向导请求对象的触发事件。选择 mainmenu_btn，如图 9.65 所示。

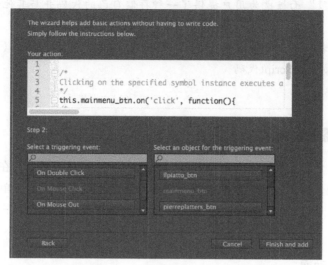

图9.65

11. 单击 Finish and add（结束并添加）按钮，结果如图 9.66 所示。

```
56
57    /*
58    Clicking on the specified symbol instance executes a funct
59    */
60    this.mainmenu_btn.on('click', function(){
61    /*
62    Moves the playhead to the specified frame number in the ti
63    Can be used on the main timeline or on movie clip timeline
64    */
65    this.parent.gotoAndStop(0);
66    });
67
68
```

图9.66

代码片段面板

Animate提供了一个定名为Code Snippets（代码片段）的面板（Window ＞Code Snippets），如图9.67所示。该面板提供了一种添加ActionScript 3.0或JavaScript代码的方式。该面板针对不同类型的交互，组织成了不同的文件夹。只需展开想要的文件夹然后选择里面的动作即可。Animate为用户提供了额外的信息进行指导。

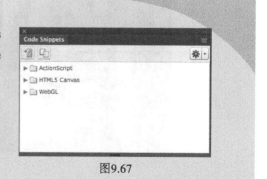

图9.67

"代码片段"面板也为用户提供了一种存储自己的代码并与其他开发人员共享的方法。

对于初学者来说，最好使用"动作"面板中的Add using wizard（使用向导添加）选项来添加JavaScript代码。

9.10　在目标处播放动画

到现在为止，这个交互式餐厅指南可通过gotoAndStop()命令，在时间轴的不同关键帧处显示信息。但是，如果想让一个图像淡入而不是突然出现，则如何在单击按钮后播放动画呢？一种方式是使用gotoAndPlay()命令，该命令将播放头移动至某一帧的编号或帧标签处，然后开始播放。

9.10.1　创建过渡动画

下面将要为每家餐厅的指南创建一个简短的过渡动画。这个过渡动画将缓慢地显示餐厅指南，而且不透明度逐渐增强。然后更改代码，指导 Animate 跳转到每一个开始关键帧，然后播放动画。

1. 将播放头移动到 label1 帧标签处。

2. 在舞台上右键单击餐厅信息的实例，并选择 Create Motion Tween（创建运动补间）选项，如图 9.68 所示。

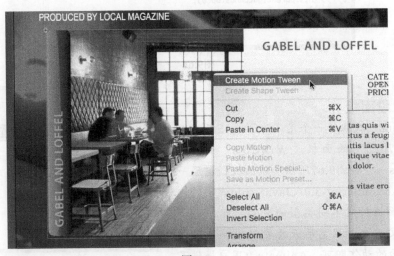

图9.68

Animate 将为实例创建一个独立的补间图层，以便继续处理运动补间，如图 9.69 所示。

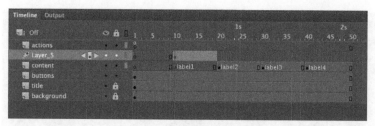

图9.69

3. 在 "属性" 面板的 Color Effect（色彩效果）区域，从 Style（样式）菜单中选择 Alpha。

4. 将 Alpha 滑块移至 0%，如图 9.70 所示。

这样，"舞台" 上的实例将变得完全透明。

5. 将播放头移动至第 19 帧，即补间范围的末尾。

6. 在舞台上选择透明的实例。

7. 在 "属性" 面板中，将 Alpha 滑块移至 100%，如图 9.71 所示。

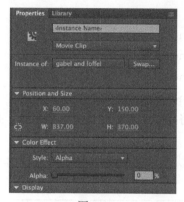

图9.70

图9.71

该实例以正常的不透明度级别进行显示。从第 10 帧到第 19 帧的运动补间则生成了一个了平滑的淡入效果，如图 9.72 所示。

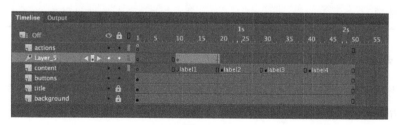

图9.72

8. 在 label2、label3 和 label4 关键帧标签处，分别为其余 3 家餐厅创建与之相似的运动补间，如图 9.73 所示。

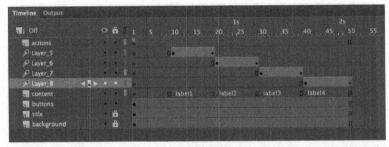

图9.73

9.10.2　使用 gotoAndPlay 命令

gotoAndPlay 命令可将 Animate 播放头移动到时间轴的某一指定关键帧处，并从该点开始播放。

1. 选择 actions 图层的第 1 帧，打开"动作"面板。

2. 在 ActionScript 代码中，将前 4 个 gotoAndStop() 命令替换为 gotoAndPlay() 命令，其中的参数保持不变。

- gotoAndStop('label1');应改为gotoAndPlay('label1');。
- gotoAndStop('label2');应改为gotoAndPlay('label2');。
- gotoAndStop('label3');应改为gotoAndPlay('label3');。
- gotoAndStop('label4');应改为gotoAndPlay('label4');。

对于每一个餐厅按钮，JavaScript 代码现在都将播放头引导到特定的帧标签，并从该点开始播放。

确保 Home（主）按钮的函数没有发生变化，也就是该按钮的函数仍然是一个 gotoAndStop() 命令。

　注意： 快速进行多处替换的方法是在"动作"面板中使用 Find And Replace（查找和替换）命令。单击该面板中右上角的 Find（查找）按钮，选择 Find（查找），然后从 Find Text（查找文本）字段右侧的菜单中选择 Find And Replace（查找和替换）选项。

9.10.3　停止动画

如果现在测试影片（Control > Test），可以看到单击每个按钮都可以前往与其对应的帧标签处，从该点开始播放，但是会持续播放，因此会显示该点后时间轴上的所有动画。下一步是告知 Animate 在何时停止。

1. 选择 actions 图层的第 19 帧，即 content 图层上 label2 关键帧的前一帧。

2. 右键单击并选择 Insert Keyframe（插入关键帧）选项，如图 9.74 所示。

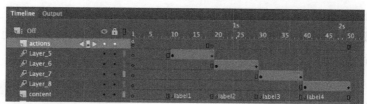

图9.74

下面将使用新关键帧来添加一个停止图标，其位置位于第二个动画开始播放的前一帧。

3. 打开"动作"面板。

"动作"面板中的 Script（脚本）窗口是空白的。不要惊慌！你的代码并没有消失。事件侦听器的代码位于 actions 图层的第 1 个关键帧。前面已经选择了一个新关键帧，下面将在其上添加停止命令。

4. 在 Script（脚本）窗口中，输入 this.stop();，如图 9.75 所示。

Animate 将会在到达第 19 帧时停止播放。

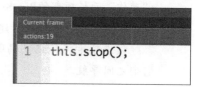

图9.75

5. 在第 29 帧、第 39 帧和第 50 帧处插入关键帧，如图 9.76 所示。

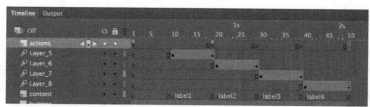

图9.76

 提示：如果想快速且容易地直接复制包含了停止命令的关键帧，可按住 Option/Alt 键，然后将关键帧移动到时间轴上的一个新位置。

 注意：如果愿意的话，也可以使用 Add using wizard（使用向导添加）面板，为每一个关键帧添加停止命令。

6. 在"动作"面板中，分别在以上 3 处关键帧中添加一个停止命令，如图 9.77 所示。

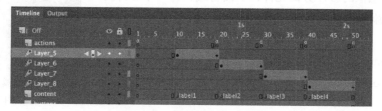

图9.77

7. 选择 Control（控制）>Test（测试）来测试影片。

这时，每个按钮都可前往不同的关键帧，并播放一个简短的淡入动画。在动画末尾，影片停止并等待观众单击 Home 按钮。

在"动作"面板中固定代码

当代码分散在时间轴上的多个关键帧中时，有时很难来回编辑或查看代码。"动作"面板提供了一种方法，可以将特定关键帧的代码"固定"到"动作"面板。单击

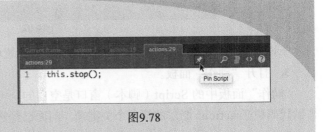

图9.78

"动作"面板顶部的Pin Script（固定脚本）按钮，Animate将为当前显示在Script（脚本）窗口中的代码创建单独的选项卡，如图9.78所示。

该选项卡将标记代码所在的帧的编号。可以固定多个脚本，并可以轻松地在它们之间导航。

9.11　动画式按钮

当前，当鼠标光标悬停在一个餐厅按钮上时，灰色的"附加信息框"会突然出现。可以尝试将灰色信息框制作成动画，这样将会给网站用户和按钮之间的交互性提供更多的活力和复杂性。

动画式按钮在 Up、Over 或 Down 关键帧中显示动画。创建动画式按钮的关键是，在影片剪辑元件内部创建动画，然后将该影片剪辑元件置于按钮元件的 Up、Over 或 Down 关键帧中。这样，当显示其中的一个按钮关键帧时，影片剪辑元件中的动画也将开始播放。

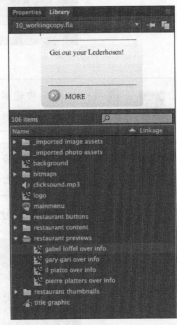

图9.79

9.11.1　在影片剪辑与案件中创建动画

这个交互式餐厅指南中的按钮元件，已经在其 Over 状态中包含了一个灰色信息框的影片剪辑元件，下面将编辑每一个影片剪辑元件，在其中添加动画。

1. 在"库"面板中，展开 restaurant previews 文件夹。双击 gabel loffel over info 影片剪辑元件图标，如图 9.79 所示。

进入 gabel loffel over info 影片剪辑元件的元件编辑模式，如图 9.80 所示。

2. 选中舞台上所有的可见元素（Ctrl + A/Command + A 组合键）。

3. 右键单击并选择 Create Motion Tween（创建运动补间）选项，如图 9.81 所示。

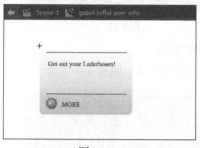 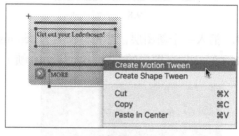

图9.80   图9.81

4. 在出现的对话框中，要求确认将所选内容转换为元件，单击 OK 按钮，如图 9.82 所示。

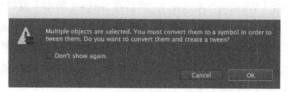

图9.82

Layer 1 被转换为一个运动补间图层，并向影片剪辑时间轴上添加一个 1 秒的帧，如图 9.83 所示。

5. 向左拖动该补间范围的末尾，使得时间轴仅包含 10 帧，如图 9.84 所示。

图9.83   图9.84

6. 将播放头移动到第 1 帧，然后选择舞台上的实例。

7. 在"属性"面板 Color Effect（色彩效果）区域，从 Style（样式）菜单中选择 Alpha，并将 Alpha 值设置为 0%，如图 9.85 所示。

舞台上的实例变得完全透明。

8. 将播放头移动到第 10 帧，即补间范围的末尾，如图 9.86 所示。

图9.85   图9.86

9. 在舞台上选择该透明实例。

10. 在"属性"面板中，将 Alpha 值设置为 100%，如图 9.87 所示。

Animate 将会在 10 帧的补间范围中创建一个从透明实例到不透明实例的平滑过渡，如图 9.88 所示。

图9.87

图9.88

11. 插入一个新图层，并将其命名为 actions，如图 9.89 所示。

12. 在 actions 图层的最后一帧（第 10 帧）插入一个新的关键帧，如图 9.90 所示。

图9.89

图9.90

13. 打开"动作"面板（Window > Actions），然后在 Script（脚本）窗口中输入 `this.stop();`。

在最后一帧中添加了停止动作，可以确保淡入效果仅播放一次。actions 图层中位于第 10 帧处的最后一个关键帧显示了一个很小的字母 a，表示它已经附加了代码，如图 9.91 所示。

14. 单击舞台上方 Edit（编辑）栏中的 Scene 1 按钮，退出元件编辑模式。

15. 选择 Control（控制）> Test（测试）。

当鼠标光标经过第一个餐厅按钮时，其灰色信息框将出现淡入效果，如图 9.92 所示。这是因为位于影片剪辑元件内部的运动补间播放了淡入效果，而影片剪辑元件则位于按钮元件的 Over 状态中。

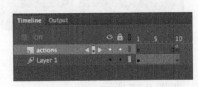

图9.91

图9.92

16. 为其他灰色信息框影片剪辑创建相同的运动补间，以便为所有餐厅按钮创建动画式效果，并在这些运动补间的末尾添加一个停止动作。

9.12 复习题

1. 如何以及在何处添加 ActionScript 或 JavaScript 代码？

2. 如何命名一个实例，为什么这是必要的？

3. 如何为帧添加标签，添加标签的帧在何时有用？

4. stop() 命令的作用是什么？

5. "动作"面板向导中的触发器是什么？

6. 如何创建动画式按钮？

9.13 复习题答案

1. ActionScript 或 JavaScript 代码可与时间轴上的关键帧关联起来。包含代码的关键帧由一个方很小的小写字母 a 来指示。可以在"动作"面板中添加代码。选择 Window（窗口）>Actions（动作），选择一个关键帧，并在"属性"面板中单击"动作"面板图标，或者右键单击并选择 Actions（动作）。可以直接在"动作"面板的 Script（脚本）窗口中输入代码，也可以通过 Add using wizard（使用向导添加）选项来添加代码，还可以使用 Code Snippets（代码片段）面板添加代码。

2. 要命名一个实例，可以在舞台上选中它，然后在"属性"面板的 Instance Name（实例名称）字段中输入一个名字。只有对实例命名后，ActionScript 或 JavaScript 才能用代码识别它。

3. 要为帧添加标签，可以在时间轴上选择一个关键帧，然后在"属性"面板的 Frame Label（帧标签）框中输入其名称。在 Animate 中为帧添加标签后，就可以很容易地在代码中引用帧，从而带来更多的灵活性。

4. 在 ActionScript 或 JavaScript 中，stop() 命令会暂时停顿播放头，不再让它继续播放。

5. 触发器是 Animate 能够使用动作进行响应的一个事件。点击按钮或者将播放头移动到一个帧中，这都是典型的触发器。

6. 动画式按钮显示了 Up、Over 或 Down 关键帧中的动画。要创建动画式按钮，可在影片剪辑元件内部创建动画，然后将该影片剪辑元件置于按钮元件的 Up、Over 或 Down 关键帧中。这样，当显示其中的一个按钮关键帧时，影片剪辑元件中的动画也将开始播放。

第10课 处理声音和视频

课程概述

本课将介绍如下内容：

- 导入声音文件；
- 编辑声音文件；
- 使用Adobe Media Encoder准备视频；
- 理解视频和音频编码选项；
- 使用组件为Adobe AIR、ActionScript 3.0或HTML5 Canvas文档播放视频；
- 嵌入视频作为动画指南；
- 自定义视频播放组件的选项。

本课大约要用60分钟完成。

开始之前，请先将本书的课程资源下载到本地硬盘中，并进行解压。在学习本课时，将覆盖相应的课程文件。建议先做好原始课程文件的备份工作，以免后期用到这些原始文件时，还需重新下载。

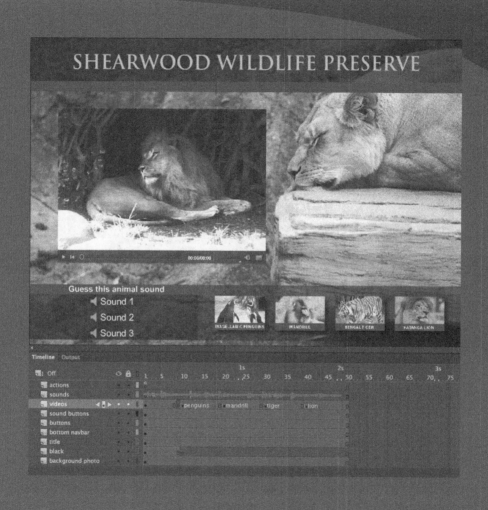

声音和视频可以为项目添加全新的维度。可以直接在 Adobe Animate CC 中导入声音文件并进行编辑，然后使用 Adobe Media Encoder CC 来压缩、转换视频文件，以便在项目中使用。

10.1 开始

在开始本课之前，先来看看最终的动画式动物园信息亭。本课将在 Adobe Animate CC 中为 AIR for Desktop 文档中的项目添加音声音和视频文件，来创建信息亭。

Shearwood-
Wildlife-Preserve.air

图10.1

1. 双击 Lesson10/10End 文件夹中的 Shearwood-Wildlife-Preserve.air 文件（一个跨平台的安装程序）以播放动画，如图 10.1 所示。

 注意： 如果还没有将本课的项目文件下载到计算机上，请现在就这样做。具体可见本书的"前言"。

这个安装程序将警告用户，该应用程序来自未知的作者，但你可以信任我们！单击 Install（安装）。安装完成后，应用程序将在桌面左上角启动一个新窗口。在一段简短的非洲音乐结束之后，将出现一位动物园负责人，并开始自我介绍，如图 10.2 所示。

图10.2

 注意： 如果计算机要求用户选择要打开文件的应用程序，则需要安装Adobe AIR运行时。

2. 单击一个声音按钮（在左下角）以倾听一种动物的声音。

3. 单击一个带有图片和动物名字的按钮，观察一段关于该动物的短片。使用影片下方的界面控件，可以暂停或继续播放影片，也可以降低音量，如图 10.3 所示。

图10.3

4. 按 Ctrl + Q/Command + Q 组合键关闭应用程序（也可以从 Windows 任务栏或 macOS Dock 栏中选择 Quit）。

在本课中，将导入音频文件，并将其放在时间轴上以创建简短的介绍性音乐；然后在按钮中嵌入声音。现在处理视频，将使用 Adobe Media Encoder CC 压缩、转换视频文件，使其成为可在 Animate 中使用的格式。本课还将学习使用和自定义音频组件来播放外部的视频文件。

1. 双击 Lesson10/10Start 文件夹中的 10Start.fla 文件，在 Animate CC 中打开初始项目文件。

2. 选择菜单 File（文件）>Save As（另存为）。把文件名命名为 10_workingcopy.fla，并把它保存在 10Start 文件夹中。保存一份工作副本，以确保想要重新设计时，能够使用原始的开始文件。

10.2 理解项目文件

项目文件是 AIR for Desktop 文档。最终发布的项目是一个独立的应用程序，可以在 Windows 或 macOS 桌面上运行，不需要浏览器。该应用程序可以很容易地在固定显示屏（比如博物馆信息亭或问询台）中播放。

除了音频和视频部分之外，该项目的初始设置已经完成。舞台为 1000 × 700 像素，应用程序的背景是一张打盹的狮子的照片，如图 10.4 所示。背景上面的图层是一排位于舞台底部的按钮，其中3个简单的按钮位于左侧，一组带有动物图案的按钮位于右侧。标题栏位于舞台的顶部。

图10.4

时间轴包含了几个图层，用来分隔不同类型的内容，如图 10.5 所示。

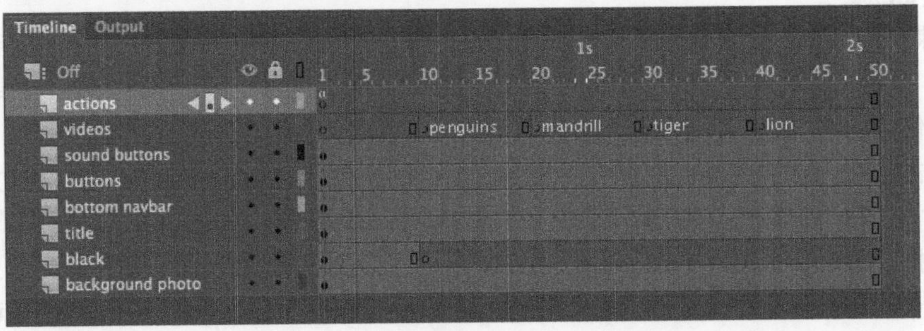

图10.5

名为 background photo、black、title 和 bottom navbar 的底部图层，包含了设计元素、文本和图像。它们上方的两个图层（buttons 和 sound buttons）包含了按钮元件的实例。videos 图层包含了几个带标签的关键帧，actions 图层包含了 ActionScript 3.0 代码，用于为舞台底部的按钮提供交互性。

如果用户已完成了第9课，就应该熟悉这个时间轴的结构。底部按钮上的各个按钮已经被编码，用户在单击按钮时，可将播放头移动到视频图层中相应的带标记的关键帧上。下面将在每个关键帧中插入内容。在此之前，先学习如何使用声音。

10.3 使用声音文件

可向 Animate 中导入各种类型的声音文件，比如 MP3、AIFF 和 WAV 文件，这是 3 种常见的声音格式。在向 Animate 中导入声音文件时，这些文件保存在"库"面板中。可将"库"面板中的声音文件拖动到舞台上，使其位于时间轴的不同位置，以便与舞台上发生的行为同步。

10.3.1 导入声音文件

下面将向"库"面板中导入几个声音文件，本课会用到这些声音文件。

1. 选择 File（文件）>Import（导入）>Import to Library（导入到库）。

2. 在 Lesson10/10Start/Sounds 文件夹中选中 Monkey.wav 文件，然后单击 Open（打开）按钮。

Monkey.wav 文件将会出现在"库"面板中。该声音文件使用一个独特的图标来表示，而且在选中该文件时，预览窗口会显示一个波形——一系列代表声音的波峰和波谷，如图 10.6 所示。

3. 单击"库"预览窗口右上角的 Play（播放）按钮，播放声音文件。

4. 双击 Monkey.wav 文件左侧的声音图标。

这将出现 Sound Properties（声音属性）对话框，如图 10.7 所示。其中提供了关于该声音文件的各种信息，包括其原始位置、大小和其他属性。单击 OK 按钮关闭对话框。

图10.6

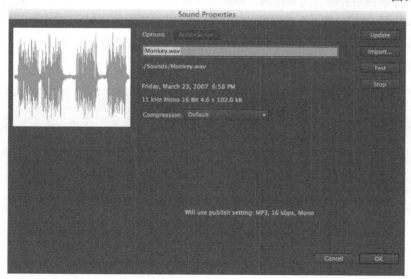

图10.7

5. 选择 File（文件）>Import（导入）>Import to Library（导入到库），然后选中其他声音文件，将其导入到 Animate 项目中。导入 Elephant.wav、Lion.wav、Africanbeat.mp3 和 Afrolatinbeat.mp3 这几个文件。单击 Open（打开）按钮，导入这些文件。

　　"库"面板中应该包含了所有声音文件。

 提示： 按住Shift键选择多个文件，可将其一次导入。

6. 在"库"面板中创建一个文件夹，并将所有声音文件放入其中，以组织"库"面板。将文件夹命名为 sounds，如图 10.8 所示。

 注意： 除了MP3、AIFF和WAV文件外，Animate 还支持ASND（Adobe Sound）、SD2（Sound Designer II）、AU（Sun AU）、FLAC、OGG和 OFF（Ogg Vorbis）。

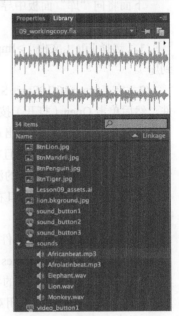

图10.8

10.3.2　把音频放在时间轴上

　　可将声音放在时间轴的任一关键帧上，而 Animate 会在播放头抵达该关键帧时播放声音。下面将一段声音放置在第 1 个关键帧，以便影片开始播放时就出现令人愉悦的音频介绍，让听众有一个好心情。

1. 在时间轴上选择 videos 图层。

2. 插入一个新图层并命名为 sounds，如图 10.9 所示。

3. 选中 sounds 图层的第 1 个关键帧。

4. 从"库"面板的 sounds 文件夹中将 Afrolatinbeat.mp3 文件拖到舞台上。

　　该声音的波形将会出现在时间轴上，如图 10.10 所示。

图10.9

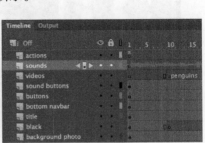

图10.10

5. 选中 sounds 图层的第 1 个关键帧（如果还没有选中的话）。

　　在"属性"面板的 Sound（声音）区域，注意到该声音文件出现在 Name（名称）菜单中，如图 10.11 所示。

6. 在 Sync（同步）选项中选择 Stream（流），如图 10.12 所示。

图10.11

图10.12

Sync（同步）选项决定了声音在时间轴上的播放方式。当想要将声音与时间轴同步时，可使用 Stream（流）同步来播放较长的音频或解说音频。

7. 将播放头在时间轴上来回移动。

此时将播放该声音文件。

8. 选择 Control（控制）>Test（测试）。

声音并没有播放。不要着急，这是我们预期的结果。原因是声音被设置为"流"同步，因此只有当播放头沿着时间轴移动，而且有足够的播放帧时，才播放音乐。在第 1 帧处有一个停止动作，会让播放头暂停以等待用户单击按钮，此时将停止播放声音文件。

9. 在时间轴的 sounds 图层中选择关键帧，在"属性"面板中，将 Sync（同步）选项从 Stream（流）修改为 Event（事件），如图 10.13 所示。

在选择了"事件"同步选项之后，只要播放头进入声音所在的关键帧，就播放声音。选择 Control（控制）>Test（测试），播放并收听完整的声音。

图10.13

理解声音同步选项

声音同步指的是声音被触发、播放的方式，通常有4个选项：Event（事件）、Start（开始）、Stop（停止）和Stream（流）。Stream是将声音关联到时间轴上，以便轻松地将动画元素与声音进行同步。而Event和Start选项则用于触发特定事件的声音（通常是短促的声音），比如按钮的点击。Event和Start相似，但是当声音已经在播放时，Start同步不会再触发声音（这样一来，在使用Start同步时，不会出现声音重叠的情况）。Stop选项用来停止播放声音，不过它很少使用。如果想要停止使用Stream同步的声音，只需插入一个空白关键帧即可。

10.3.3　剪切声音的末尾

导入的声音比需要的播放长度略长。下面需要使用 Edit Envelope（编辑封套）对话框缩短该声音文件，然后应用淡出效果使声音在结束时逐渐减弱。

1. 选中 sounds 图层的第 1 个关键帧。

2. 在"属性"面板的 Sound（声音）区域，单击 Edit Sound Envelope（编辑声音封套）按钮。该按钮位于 Effect（效果）菜单的右侧，显示为一个铅笔图标，如图 10.14 所示。

这将打开 Edit Envelope（编辑封套）对话框，里面显示了声音文件的波形，如图 10.15 所示。

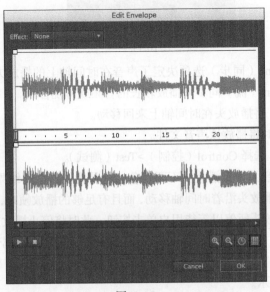

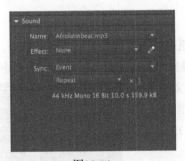

图10.14　　　　　　　　　　　　　　　图10.15

上面和下面的波形分别表示立体声的左、右声道。每个波形上方的水平黑线显示了每个声道的声音级别，这两者构成了声音的封套（envelope，其他作品中也译为"包络"）。时间轴位于这两个波形之间，左上角的 Effect（效果）菜单提供了预设效果，用来启用查看选项的按钮位于右下角。

图10.16

3. 在"编辑封套"对话框中，单击 Seconds（秒）按钮（如果还没有选择的话），如图 10.16 所示。

时间轴的单位将从"帧"变为"秒"。单击 Frame（帧）按钮即可再次转换为"帧"单位。可以在这两个单位之间来回切换，这取决于要如何查看声音。

4. 单击 Zoom Out（缩小）按钮，直到可以看到整个波形，如图 10.17 所示。

波形大约在 240 帧或 10 秒处结束。

5. 将时间滑块的右端向左拖动，拖至大约第 50 帧，如图 10.18 所示。

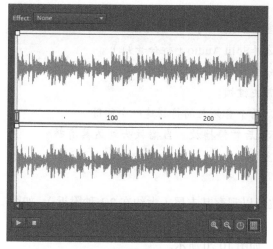
图10.17

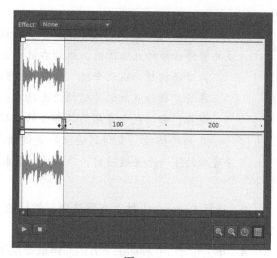
图10.18

这样，就将声音文件从末尾剪短了，现在声音大约播放 50 帧。

6. 单击 OK 按钮，接受所做的修改。

"编辑封套"对话框关闭。

7. 选择 Control（控制）>Test（测试）。

声音大约播放 50 帧（2 秒多一点），然后突然停止。关闭 Test Movie（测试影片）预览窗口。

 注意： 在"编辑封套"对话框中所做的编辑是非破坏性的。这意味着缩短音频剪辑不会丢弃任何数据——它只是改变剪辑在电影中的播放时间。如果以后改变了主意，可以随时再次增加剪辑的播放时间。

10.3.4　更改音量

如果声音是淡出，而不是突然中断的话，效果会更好。可以通过在"编辑封套"对话框中修改整个时间范围内的音量级别，让声音具备淡入、淡出效果，或单独调整左声道、右声道的音量。

1. 选中 sounds 图层的第 1 个关键帧。

2. 在"属性"面板中，单击 Edit Sound Envelope（编辑声音封套）按钮。

出现"编辑封套"对话框。

音频拆分

如果想在时间轴上暂停流音频，然后在稍后的时间点从停止的位置恢复播放音频，可以使用音频拆分（audio split）。我们不需要在本课中拆分音频，但这里将讲解如何做到这一点。

要在时间轴上拆分声音，声音必须被设置为Sync（同步）流传输。

在要暂停音频的点选择帧，然后右键单击并选择Split Audio（拆分音频）。

声音将被拆分成两个流，由位于音频拆分点处的新关键帧指示。

在音频拆分点处的关键帧后面插入一个新关键帧。

现在，移动包含音频第二部分的关键帧，两个音频之间将创建一个间隙。

音频将播放，直到到达空的关键帧处，然后暂停播放。当播放头到达具有拆分音频的下一个关键帧时，声音将恢复播放。

3. 选择 Seconds（秒）查看选项，然后放大波形以观察其末尾（大约在 2.1 秒附近），如图 10.19 所示。

4. 单击位于 1.0 秒标记上方的左声道音量级别，如图 10.20 所示。

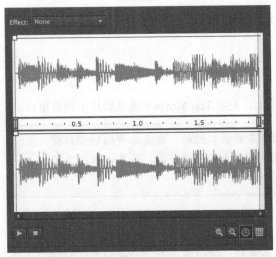

图10.19

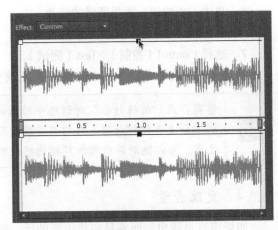

图10.20

水平线上将出现一个方块，表示已经在音量上添加了一个关键帧。右声道上也将添加一个相应的关键帧。

5. 单击位于 2.0 秒标记（在最末尾）上方的左声道音量级别，将其向下拖动到声道底部。向下的对角线表明音量从 100% 下降到 0%，如图 10.21 所示。

6. 在右声道的音量级别上单击相应的关键帧，将其拖动到声道的底部，如图 10.22 所示。

7. 单击 Play（播放）按钮，收听编辑后的声音。

这段非洲音乐播放了大约 1 秒钟，然后缓慢淡出。

8. 单击 OK 按钮，关闭对话框，并接受更改。

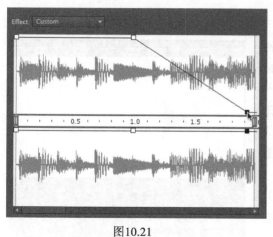
图10.21

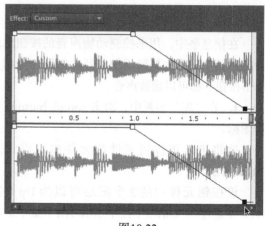
图10.22

10.3.5 删除或更改声音文件

如果不想要时间轴上的声音文件，或者想要替换为不同的声音文件，可以在"属性"面板中进行更改。

1. 选中 sounds 图层上的第 1 个关键帧。

2. 在"属性"面板的 Sound（声音）区域中，从 Name（名称）菜单中选择 None（无），如图 10.23 所示。

声音将从时间轴上删去。

3. 下面添加一个不同的声音文件。从 Name（名称）菜单中选择 Africanbeat.mp3，如图 10.24 所示。

图10.23

图10.24

Africanbeat.mp3 声音文件将添加到时间轴上。Edit Envelope（编辑封套）对话框中用来剪切声音、实现淡出效果的设置都被重置（原因是选择了 None 后，将 Afrolatinbeat.mp3 声音文件移除了）。

返回"编辑封套"对话框，自定义 Africanbeat.mp3 声音文件，其方式与上一个声音文件所用的相同。这个文件播放大约 1 秒钟的时间，然后逐渐淡出，在 2 秒钟后终止。

10.3.6 为按钮添加声音

在信息亭中，用来控制动物声音的按钮出现在舞台的左侧。下面为按钮添加声音，以便无论用户何时单击按钮，都可以播放声音。

1. 在"库"面板中，双击 sound_button1 按钮元件图标。

这将进入该按钮元件的元件编辑模式，如图 10.25 所示。

该按钮元件中的 3 个图层可以为 Up（弹起）、Over（悬停）、Down（按下）和 Hit（集中）状态组织内容。

2. 插入一个新图层，命名为 sounds，如图 10.26 所示。

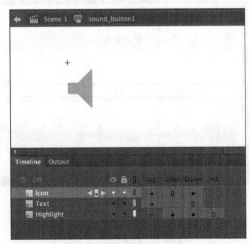

图10.25

3. 在 sounds 图层中选择 Down 关键帧，在该处插入一个关键帧，如图 10.27 所示。

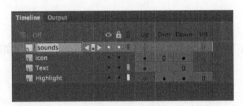

图10.26

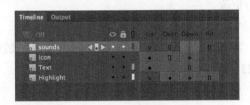

图10.27

这样，就在该按钮的 Down 状态中出现了一个新的关键帧。

4. 将 Monkey.wav 文件从"库"面板拖到舞台中。

Monkey.wav 文件的波形就会出现在 sounds 图层的 Down 关键帧中，如图 10.28 所示。

5. 在 sounds 图层选中 Down 关键帧。

6. 在"属性"面板的声音（Sound）区域，从 Sync（同步）菜单中选择 Start（开始），如图 10.29 所示。

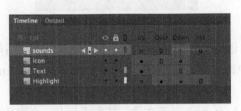

图10.28

图10.29

当为关键帧的 Sync（同步）设置为 Start（开始）时，只要播放头进入这个关键帧，都将触发声音。

7. 选择 Control（控制）>Test（测试），结果如图 10.30 所示。测试第一个按钮以收听猴子的声音，然后关闭预览窗口。

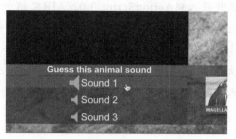

图10.30

 注意：还可以将带有Event（事件）或Start（开始）同步设置的声音，添加到按钮元件的Over（悬停）状态，这样，只要鼠标光标悬停在按钮上，就会播放声音。

8. 编辑 sound_button2 和 sound_button3，分别为它们的 Down（按下）状态添加 Lion.wav 和 Elephant.wav 声音文件。单击 Edit（编辑）栏中的 Scene 1，退出元件编辑模式。

10.4 理解 Animate 视频

Animate 让视频传递变得很容易。通过结合视频、交互性和动画，可以为观众创建丰富多彩的沉浸式多媒体体验。

视频的部署，取决于工作文档是 ActionScript 3.0、AIR for Desktop、AIR for Android、AIR for iOS，还是 HTML5 Canvas。

 注意：WebGL文档不支持视频播放。

10.4.1　使用 ActionScript 3.0 或 AIR 文档的视频

如果是在 ActionScript 3.0 或 AIR 文档中工作（如本课中所做的一样），将有两个显示视频的选项。第一个选项是使用 FLVPlayback 组件播放视频。Animate 中的组件（component）是一个可重用的封装模块，可为 Animate 文档添加特定的功能。FLVPlaybook 组件是一个特殊的小部件，用于在舞台上播放外部视频。

使用 FLVPlayback 组件可以让视频与 Animate 文件分离。如果视频剪辑很短，则可以使用第二个选项，即将视频直接嵌入到 Animate 文件中（本课中不会这样做）。

避免在ActionScript 3.0或AIR文档中嵌入视频

尽管可以直接将视频嵌入到ActionScript 3.0或AIR文档中，但这是不现实的。这个特性是Animate应用程序之前版本的残留物，它要求将视频格式化为FLV文件（Flash Video文件），但是Media Encoder不再支持该文件。此外，要想嵌入视频，视频文件就不能太大，而且在嵌入视频之后，最终会生成一个很大的文件，这将给下载和管理带来不便。

10.4.2 使用 HTML5 Canvas 文档的视频

如果要在 HTML5 Canvas 文档中显示视频，请使用 Animate 的 Video（视频）组件。视频组件（例如针对 ActionScript3.0 文档的组件）提供了一个简单的界面，可以在该界面中指向正确的外部文件，并更改播放参数。

10.4.3 视频编码

无论使用哪种方法播放视频，Animate 都需要先对视频进行正确的编码。要使用 Animate 的播放组件播放视频，视频必须采用 H.264 标准进行编码。H.264 标准是一种视频编解码器，可提供高质量及非常高效的压缩能力。编解码器（压缩 - 解压缩）是计算机用于压缩视频文件以节省空间然后解压缩以播放它的一种方法。H.264 编解码器用于 MP4 视频文件（这种文件很常见），因此 MP4 视频可用于 ActionScript3.0、AIR 和 HTML5 Canvas 文档。

10.5 使用 Adobe Media Encoder CC

可使用 Adobe Media Encoder CC 将视频文件转化为合适的视频格式。Adobe Media Encoder CC 是一款随 Animate CC 一起安装的独立应用程序，它可以转化单个或多个文件（称之为批处理），从而让整个工作流程更快速便捷。

 注意：如果机器上的Media Encoder CC因为某些原因而不可用，可使用Adobe Creative Cloud桌面应用程序进行下载和安装。

10.5.1 向 Adobe Media Encoder 添加视频文件

要将视频文件转化为兼容的 Animate 格式，第一步是向 Adobe Media Encoder 中添加视频文件以便进行编码。

1. 启动 Adobe Media Encoder。

打开的界面（见图 10.31）在右上角显示一个 Queue（队列）面板，它显示了当前已添加的待处理视频文件。"队列"面板现在应该是空的。界面中还有 Encoding(编码)面板、Media Browser(媒体浏览器）和 Preset Browser（预设浏览器）。其中，"编码"面板显示了当前在处理的视频；"媒体浏览器"允许用户在计算机上导航，以查找视频文件；"预设浏览器"提供了常用的预先定义的设置。

媒体浏览器　　　　　　　　　　队列面板

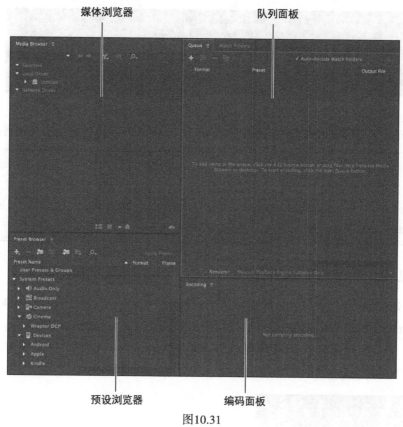

预设浏览器　　　　编码面板

图10.31

2. 选择 File（文件）>Add Source（添加源），或单击 Queue（队列）面板中的 Add Source（添加源）按钮（一个加号图标），如图 10.32 所示。

图10.32

这将打开一个文件导航对话框，用来选择视频文件。

| An | 提示：也可将该文件直接从桌面拖至"队列"面板。 |

3. 导航到 Lesson010/10Start 文件夹，选择 Penguins.mov 文件，然后单击 Open（打开）按钮，如图 10.33 所示。

图10.33

Penguins.mov 文件将添加到文件队列中进行处理，并准备转换为所选择的视频格式。

 注意：默认情况下，当Adobe Media Encoder程序空闲时，它并不会自动处理队列。可以更改这一设置，方法是选择Edit（编辑）>Preferences（首选项）（Windows）或Adobe Media Encoder CC >Preference（首选项）（macOS），然后选择Start Queue Automatically（自动开始队列）选项。

10.5.2 将视频文件转换为 Animate 视频

转换视频文件很容易，所需的时间取决于原始视频文件的大小以及计算机的处理速度。

1. 在 Format（格式）下的第一列中，继续使用默认值 H.264，如图 10.34 所示。

H.264 是一种广泛接受的网络视频编解码器，可与 Animate 的视频组件配合使用。

2. 单击 Preset（预设）列中的箭头，打开"预设"菜单，如图 10.35 所示。

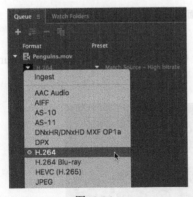

图10.34

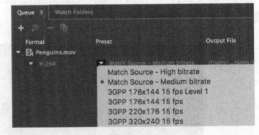

图10.35

视频预设基于特定的播放平台和设备来确定视频的尺寸和视频的质量。选择 Match Source-Medium Birate（匹配源 - 中等比特率）。

3. 单击刚才选择的预设名称。

这将打开 Export Settings（导出设置）对话框，其中包含用于裁剪、调整大小、剪切的高级选项，以及许多其他视频和音频选项，如图 10.36 所示。下面将调整企鹅视频的大小，以便它符合动物园信息亭项目的舞台大小。

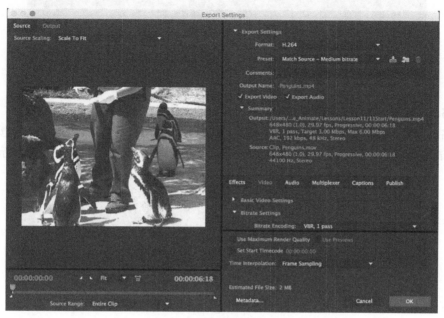

图10.36

4. 单击 Video（视频）选项卡。取消选择 Match This Property To The Source Video（将该属性与源视频相匹配），在 Width（宽度）字段中输入 432，如图 10.37 所示。单击字段外面，接受这一更改。

视频大小　　　　　　　　将该属性与源视频相匹配

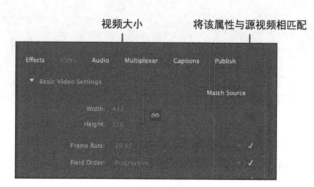

图10.37

因为选择了 Constrain Proportions（固定比例）选项（链接图标），Animate 会将 Height（高度）修改为 320，以保持视频比例一致。

5. 单击 OK 按钮。

Animate 将关闭 Export Settings（导出设置）对话框，并保存高级视频和音频设置。

6. 单击 Output File（输出文件）列下的链接，如图 10.38 所示。

图10.38

出现 Save As（另存为）对话框。可以将转换后的文件保存在计算机上的其他位置，或选择其对其重命名。原始视频不会以任何方式删除或更改。对于该练习，单击 Cancel（取消）按钮。

7. 单击右上角的 Start Queue（开始队列）按钮（绿色三角形图标），如图 10.39 所示。

图10.39

Adobe Media Encoder 开始编码过程。Encoding（编码）面板显示操作的进度（以及视频的预览）和编码设置，如图 10.40 所示。

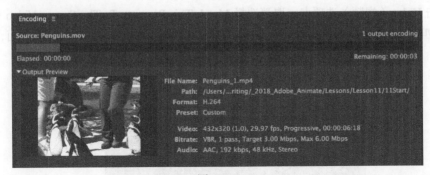

图10.40

编码过程完成后，Done（完成）将出现在 Queue（队列）面板的 Status（状态）列中。

现在，Lesson10/10Start 文件夹中包含了 Penguins.mp4 文件以及原始的 Penguins.mov 文件。

注意：可以在Queue（队列）面板中更改单个文件的状态，方法是选择Edit（编辑）>Reset Status（重置状态）或Edit（编辑）>Skip Selection（跳过选择）。Reset Status将从已完成的文件中删除Done（完成）标签，以便再次进行编码，而Skip Selection则是在队列中有多个文件时，跳过特定的文件。

10.6 理解编码选项

转换原始视频时可以自定义各种设置。前面在转换企鹅视频时，已经讲解了如何更改原始视频的大小。还可以将视频裁剪为特定的大小，只转换视频的某一片段，调整压缩类型和压缩程度，甚至为视频应用滤镜。要显示可用的编码选项，可在 Queue 面板中选择 Penguins.mov 文件，然后选择 Edit（编辑）>Reset Status（重置状态）。单击 Format（格式）或 Preset（预设）列中的选项，将出现 Export Settings（导出设置）对话框，如图 10.41 所示。

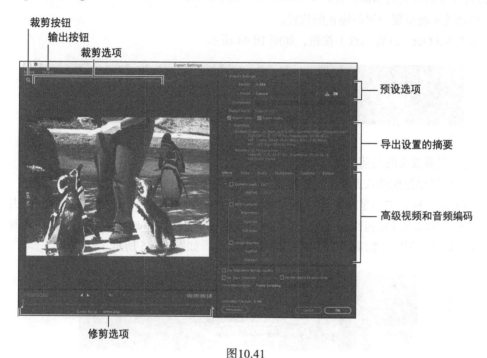

图10.41

10.6.1 调整视频长度

视频可能会在开端或末尾有不想要的片段。如果打算视频在某个地方开始和结束，可在相应的位置分别放置 In（入点）和 Out（出点）来修剪视频素材。

1. 在视频中拖动播放头（位于顶部的蓝色标记），预览素材。将播放头放置在期望视频开始的位置，如图 10.42 所示。

图10.42

位于时间轴左侧的当前时间指示器以"时 : 分 : 秒 : 帧"的形式显示了播放头的位置。

2. 单击 Set In（设置入点）按钮，如图 10.43 所示。

图10.43

入点将移至播放头的当前位置。

3. 将播放头拖至期望视频停止的位置。

4. 单击 Set Out（设置出点）按钮，如图 10.44 所示。

图10.44

出点将移至播放头的当前位置。

5. 也可以简单地拖动入点和出点标记来囊括想要的视频片段。

在入点和出点标记之间呈高亮显示的视频段就是原始视频中唯一一段将会进行编码的片段。

6. 将入点和出点分别拖回各自的原始位置，或在 Source Range（源范围）菜单中选择 Entire Clip（整个剪辑），原因是本课并不需要修改视频的长度，如图 10.45 所示。

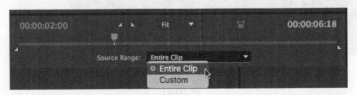

图10.45

> **An** **提示**：可使用键盘的左方向键或右方向键，逐帧前移或后移，以进行更精确的控制。

10.6.2　设置高级视频和音频选项

Export Settings（导出设置）对话框右侧包含了有关原始视频的信息，以及导出设置的摘要，如图 10.46 所示。

可以从顶部的 Preset（预设）菜单中选择一个选项。在中间，可以通过选项卡导航高级视频和音频编码选项。在最底部，Animate 显示了输出文件的预估大小。

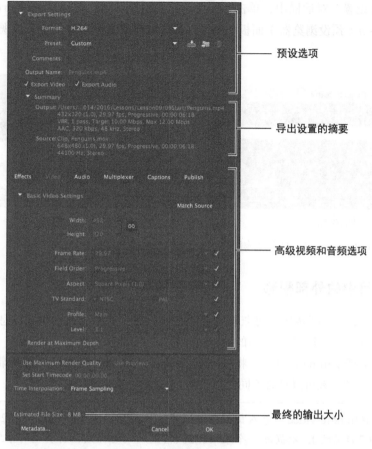

图10.46

10.6.3　保存高级视频和音频选项

如果想对许多视频应用相同的设置，则保存高级视频和音频选项非常有意义。可以在 Adobe Media Encoder 中执行此操作。保存设置后，可以轻松将其应用到队列中的其他视频。

1. 在"导出设置"对话框中，单击 Save Preset（保存预设）按钮，如图 10.47 所示。

图10.47

2. 在打开的对话框中，为视频和音频选项提供一个描述性名称。单击 OK 按钮，如图 10.48 所示。

3. 在"导出设置"对话框中，单击 OK 按钮返回视频队列。可以通过从 Preset（预设）菜单或 Preset Browser（预设浏览器）面板中选择项目，将自定义设置应用于其他视频，如图 10.49 所示。

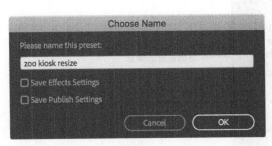

图10.48

图10.49

4. 按 Ctrl + Q/Command + Q 组合键退出 Adobe Media Encoder。

10.7　播放项目中的外部视频

现在已经成功地将视频转换为可兼容的正确格式，那么就可以在动物园信息亭中使用它了。下面将让项目播放位于时间轴不同标签的关键帧处的每一个动物视频。

这些视频独立于 Animate 项目。将视频放在项目外部，用户可以单独编辑它们，而且从 Animate 项目中导出的视频可以具有不同的帧速率。

 提示：在 Import Video（导入视频）向导中，从时间轴中选择 Embed H.264 Video（嵌入 H.264 视频），以嵌入一个采用 H.264 格式编码的视频，将其用作手绘动画的指南。动画师在使用影像描摹（rotoscoping）技术进行逐帧绘制时，通常使用实景视频来指导。视频会出现在时间轴中，但是不会被导出来。

1. 在 Animate CC 中打开 10_workingcopy.fla 项目。

2. 在 videos 图层中选择标签为 penguins 的关键帧，如图 10.50 所示。

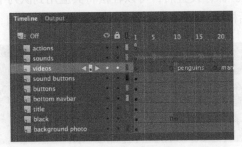

图10.50

3. 选择 File（文件）>Import（导入）>Import Video（导入视频）。

这将出现 Import Video（导入视频）向导。该向导可逐步地指导用户如何在 Animate 中添加视频，如图 10.51 所示。

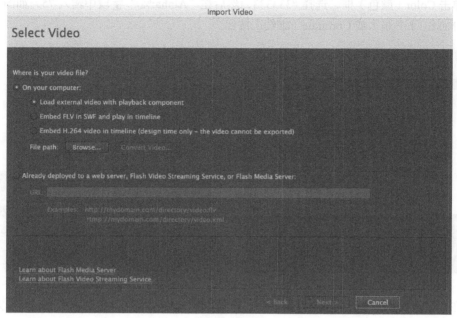

图10.51

4. 在"导入视频"向导中，选择 On your computer（在您的计算机上），然后选择 Load external video with playbook component（使用播放组件加载外部视频），再单击 File path（文件路径）字段旁边的 Browse（浏览）按钮，如图 10.52 所示。

图10.52

5. 在 Open（打开）对话框中，从 Lesson10/10Start 文件夹选择 Penguins.mp4 文件，单击 Open（打开）按钮。

在 Browse（浏览）按钮下面将显示视频文件的路径。

6. 单击 Next（下一步）或 Continue（继续）按钮。

7. 在下一个屏幕中，为视频选择界面控件的皮肤或样式。在 Skin（皮肤）菜单中，选择第 3 个选项 MinimaFlatCustomColorPlayBackSeekCounterVolMute.swf（从上到下），如果还没有选择的话，如图 10.53 所示。

皮肤分为 3 大类。名字以 Minima 打头的皮肤是最新设计，包括带有数字计数器的选项；以 SkinUnder 打头的皮肤则使用出现在视频下面的控件；以 SkinOver 打头的皮肤包含覆盖在视频底部边缘的控件。皮肤及其控件的预览将出现在预览窗口中。

8. 单击 Color（颜色）框，选择 #333333，然后在"Alpha:%"字段中输入 75，如图 10.54 所示。单击 Next（下一步）或 Continue（继续）按钮。

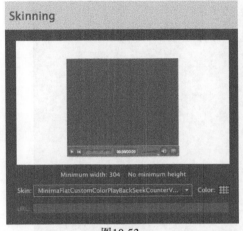

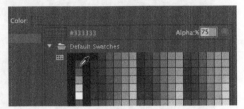

图10.53　　　　　　　　　　　　　　　　　　图10.54

9. 在"导入视频"向导的下一个屏幕中，查看视频文件的信息，然后单击 Finish（完成）按钮以放置视频。

10. 带有选定皮肤的视频将出现在舞台上。将视频放置在舞台的左侧，如图 10.55 所示。在"属性"面板中，将 X 和 Y 的值分别设置为 65 和 160。

图10.55

videos 图层中带有 penguins 标签的关键帧显示为一个圆形，后面紧跟着一个浅灰色的帧范围，这表示这里面包含了内容，如图 10.56 所示。

此时，"库"面板中将会出现一个 FLVPlayback 组件，如图 10.57 所示。

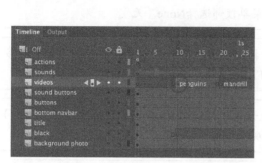

图10.56

图10.57

11. 选择 Control（控制）>Test（测试）。在简短的音乐介绍过后，单击 MAGELLANIC PENGUINES 按钮，如图 10.58 所示。

图10.58

FLVPlayback 组件将播放外部的企鹅视频，而且它的皮肤则是在"导入视频"导向中所选择的。如果视频无法播放，请确保 MP4 视频文件与 FLA 文件在同一文件夹中。在"属性"面板的 Component Parameters（组件参数）区域中，Source（源）选项指出了视频文件的路径。

关闭预览窗口。

12. 其他动物视频已经使用 H.264 格式进行了编码，并位于 10Start 文件夹中。向与其对应的关键帧分别导入 Mandrill.mp4、Tiger.mp4 和 Lion.mp4 视频文件，将它们放置到舞台上，其位置与 Penguins.mp4 视频的位置相同；并且选择与 Penguins.f4v 视频相同的皮肤。

 注意： 皮肤是一个很小的SWF文件，它决定了视频控件的功能和外观。用户可以使用Animate提供的皮肤，也可以从菜单顶部选择None（无）。

 注意： 虽然在ActionScript 3.0文档中播放视频的组件称为FLVPlayback，但它能够播放H.264编码的视频（MP4）以及FLV视频。

 提示： 在Animate CC的舞台上不能预览视频。必须测试影片（Control（控制）>Test（测试）），才能在视频组件中观看视频的播放情况。

 注意： 视频文件10_workingcopy.swf文件和皮肤文件都是动物园信息亭所需要的。皮肤文件发布在与SWF文件相同的文件夹中。

10.7.1 控制视频播放

视频组件可以让用户控制播放哪个视频、是否自动播放该视频以及控制其他一些播放选项。用户可在 Component Parameters（组件参数）面板中访问这些播放选项。在舞台上选择 FLVPlayback 组件，然后在"属性"面板中选择 Show Parameters（显示参数），或者选择 Window（窗口）>Component Parameters（组件参数），如图 10.59 所示。

左侧中列出了各种属性，与之相对应的值列在右侧，如图 10.60 所示。选中舞台上的任一视频，然后在以下选项中进行选择。

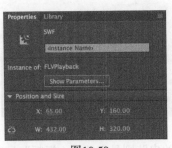

图10.59

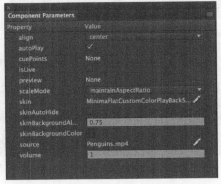

图10.60

- autoPlay：当选中该选项时，视频将自动播放；取消选中时，视频将在第1帧处暂停。
- skinAutoHide：选择该选项可隐藏控制器，并且只有当用户在视频上滚动鼠标光标时，才显示控制器。

- skin：显示当前皮肤文件的名称。单击皮肤的名称，打开Select Skin（选择皮肤）对话框，可在Skin（皮肤）菜单中选择其他选项。

- skinBackgroundAlpha：要更改皮肤的透明度，可输入一个从0（完全透明）~1（完全不透明）的小数值。

- skinBackgroundColor：要更改皮肤的颜色，可单击色块，然后选择一个新颜色。

- source：用来显示Animate要播放的视频文件的名称和位置。要修改名称或位置，可单击文件信息。在出现的Content Path（内容路径）对话框中，输入一个新文件名，然后单击Folder（文件夹）图标，选择要播放的新文件。路径与Animate文件的位置有关。

使用HTML5 Canvas视频组件

　　要在HTML5 Canvas文档中显示视频，可使用Video（视频）组件，该组件与本课前面学到的FLVPlayback组件很相似。

　　用户必须自己将Video（视频）组件从Components（组件）面板添加到舞台上。与ActionScript 3.0或AIR文档相反，Video组件没有Import（导入）向导可带读者完成添加视频的步骤，但是这个过程很简单。

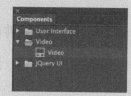

图10.61

　　要在HTML5 Canvas文档中添加视频，请打开Components（组件）面板（Window > Components），然后展开Video（视频）类别，如图10.61所示。

　　将"视频"组件从"组件"面板拖动到舞台。"属性"面板的Component Parameters（组件参数）区域显示了使用"视频"组件进行视频播放的属性。

　　在"属性"面板的Component Parameters（组件参数）区域中，单击source（源）旁边的Edit（编辑）按钮（铅笔图标），如图10.62所示。

图10.62

这将打开Content Path（内容路径）对话框，如图10.63所示。输入H.264编码视频文件（.mp4）的路径，或选择文件夹图标，导航到计算机上的视频文件。Animate会检索视频的正确尺寸。使用"属性"面板中的播放和UI选项可更改视频在浏览器中播放的方式。

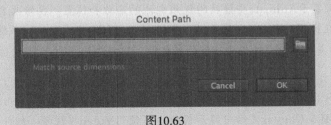

图10.63

10.8　添加不带播放控件的视频

在动物视频中显示的播放控件，可让观众暂停、倒回或重新播放视频，以便收听与每种动物相关的信息。但是，有时可能想显示不包含控件的视频文件，以便给观众一个更无缝、更完整的体验。对该项目来说，动物园负责人会在动画刚开始播放时弹出并进行介绍。视频将在 FLVPlayback 组件中播放，但是控件将被隐藏起来。

下面将导入视频文件，该文件已经被正确地编码为 H.264 格式。

10.8.1　导入视频剪辑

1. 选择 videos 图层中的第 1 帧。

2. 选择 File（文件）>Import（导入）>Import Video（导入视频）。

3. 在 Import Video（导入视频）向导中选择 On your computer（在您的计算机上），然后选择 Load external video with playbook component（使用播放组件加载外部视频），再单击 Browse（浏览）按钮。选择 Lesson10/10Start 文件夹中的 Popup.mp4 文件，然后单击 Open（打开）按钮。

4. 单击 Next（下一步）或 Continue（继续）按钮。

5. 在 Skin（皮肤）菜单中选择 None（无），如图 10.64 所示。单击 Next 或 Continue 按钮。

没有皮肤也就意味着视频没有播放控件。但是，视频仍然使用 Video（视频）组件来播放。

6. 单击 Finish（完成）按钮，播放视频，结果如图 10.65 所示。

带有黑色背景的动物园负责人的视频将出现在舞台上。移动视频，以便底部边缘与声音按钮上方的红色长条的顶部边缘对齐。

7. 选择 Control（控制）>Test（测试）。

在音乐介绍过后，动物园负责人将出现，并进行简短讲话，如图 10.66 所示。如果视频无法播放，请确保视频文件所在的文件夹与 FLA 项目文件相同。

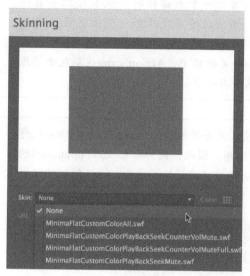

图10.64

图10.65

图10.66

现在项目已经完成！在本书的最后一课，将学习如何发布项目，以传递给观众，无论项目是一个视频文件、网站，还是像这个动物园信息亭项目一样的独立程序。

注意：如果在导航到包含第二个视频的另外一个关键帧时，没有停止当前视频的播放，这会发生声音重叠的情况。预防该情况发生的一种方式是，使用SoundMixer.stopAll()命令停止所有声音，然后再开始播放一个新视频。在10_workingcopy.fla文件actions图层的第一个关键帧中，ActionScript代码包含了正确的代码，可以停止播放所有的声音，然后再去导航一个新的动物视频。

注意：在本书写作时，当在不同的关键帧之间导航时，Animate中的一个bug使得Animate无法识别视频组件新实例的大小信息。因此，因为初始视频Popup.mp4的缘故，动物视频可能显得更小。一种解决办法是在videos图层上的视频组件实例之间插入空白关键帧，如图10.67所示。

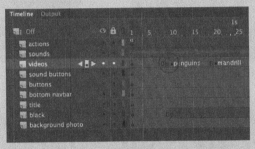

图10.67

10.9　复习题

1. 如何编辑一个音频剪辑的长度？

2. 什么是视频的皮肤？

3. 在 HTML5 Canvas 文档中使用视频的正确格式是什么？

4. FLVPlayback 组件和 Video 组件之间的区别是什么？

5. 如何自定义视频播放控件的外观？

10.10　复习题答案

1. 要编辑一个声音剪辑的长度，可选中包含该剪辑的关键帧，在"属性"面板中单击"编辑声音封套"按钮。然后在"编辑封套"对话框中移动时间滑块，以便从文件的开头或末尾裁剪声音。

2. 皮肤是视频控件的功能和外观的组合，如 Play（播放）、Fast Forward（快进）和 Pause（暂停）按钮。可以将按钮放在不同的位置，以得到各种组合，还可以使用不同的颜色或透明度级别来自定义皮肤。如果不想让观众去控制视频，可以从 Skin（皮肤）菜单中选择 None（无）。

3. 要使用 Animate 视频播放控件来播放视频，视频文件必须被编码为 H.264 格式。用户可以使用 Adobe Media Encoder CC 这款独立的应用程序，导入各种媒体类型，对其进行修剪、裁切，并导出为 H.264 编码的 MP4 视频文件。

4. 在播放来自 ActionScript 3.0 或 AIR 文档的 H.264 编码的外部视频时，需要使用 FLVPlayback 组件。在播放来自 HTML5 Canvas 文档的 H.264 编码的外部视频时，需要使用 Video 组件。可以从 Components（组件）面板中添加任何一个组件到舞台上，或者针对 ActionScript 3.0 或 AIR 文档使用 Import Video（导入视频）向导。

5. 要更改可用的控件类型或者视频播放界面的设计，可从 Component Parameters（组件参数）面板中选择一种不同的皮肤。

第11课 发布

课程概述

本课将介绍如下内容：

- 理解运行时环境；
- 理解不同Animate文档类型的输出文件；
- 修改发布设置；
- 将一个Animate文档类型转换为不同的文档类型；
- 针对桌面端发布Adobe AIR应用程序；
- 发布HTML5 Canvas文档；
- 针对Windows和macOS发布放映文件；
- 在AIR Debug Launcher中测试移动交互；
- 理解解针对iPhone或Android的发布。

本课大约要用90分钟完成。

开始之前，请先将本书的课程资源下载到本地硬盘中，并进行解压。在学习本课时，将覆盖相应的课程文件。建议先做好原始课程文件的备份工作，以免后期用到这些原始文件时，还需重新下载。

在Adobe Animate CC中使用各种文档类型，可以创建面向各种平台和用途的内容，包括用于Web浏览器的HTML5多媒体、用于Flash Player的多媒体、桌面应用程序、高清视频或移动设备应用程序。利用Animate强大、熟悉的动画和绘图工具，可以将内容呈现在任何地方。

11.1 理解发布

发布指的是为观众创建一个或多个文件，以播放最终的 Adobe Animate CC 项目的过程。请注意，Animate CC 是进行创作时使用的应用程序，它与观众体验电影时的环境不同。在 Animate CC 中，用户在创作内容，这意味着用户正在创建艺术和动画，以及添加文字、视频、声音、按钮和代码。在目标环境（比如桌面浏览器或移动设备）中，观众会看到内容的播放或运行。因此，开发人员需要区分"开发时"（author-time）环境和"运行时"（runtime）环境。

 注意：如果还没有将本课的项目文件下载到计算机上，请现在就这样做。具体可见本书的"前言"。

Animate 可以将内容发布到各种运行时环境，并且用户所需的运行时环境决定了首次开始项目时选择的 Animate 文档类型。

有时，单个文档类型可以为多个运行时环境发布内容。例如，ActionScript 3.0 文档可以导出一个高清视频，或者为 Flash Player 导出一个 Web 页面。

11.1.1 文档类型

第 1 课中讲解了各种 Animate 文档类型，并且本书的项目中使用了其中几个。例如，第 2 课创建了一个 HTML5 Canvas 文档，第 6 课创建了一个 ActionScript 3.0 文档，第 10 课创建了一个 AIR for Desktop 文档。每个项目都为其目标运行时环境发布了一组不同的文件，但每个项目都保存为可以在 Animate CC 中编辑的 FLA（Animate 文档）或 XFL（未压缩的 Animate 文档）文件。

本课将更详细地介绍文档类型的各种发布选项。

11.1.2 运行时环境

如果将 ActionScript 3.0 文档发布到 SWF 并在桌面 Web 浏览器中使用 Flash Player 播放，则 Flash Player 是该 ActionScript 3.0 文档的运行时环境。Flash Player 26 是最新版本，支持 Animate CC 中的所有新功能。Flash Player 是 Adobe 网站提供的一个免费插件，可用于所有主流的浏览器和平台。

 注意：ActionScript 3.0文档还支持将内容作为macOS或Windows的放映文件（projector）发布。放映文件作为桌面上的独立应用程序播放，不需要浏览器。

但是，到 2020 年底，Adobe 将不再为 Web 浏览器提供 Flash Player 支持。越来越多的主流浏览器自动阻止 Flash Player，用户必须手动启用 Flash Player 插件。出于这些原因，最好使用 ActionScript 3.0 文档来为导出文件（比如高清视频、精灵表单或 PNG 序列）或放映文件（本课将讲解）创建动画素材。

如果针对的是不需要 Flash Player 的 Web 浏览器，则使用 HTML5 Canvas 或 WebGL 文档开始 Animate 项目。要将交互性集成到 HTML5 Canvas 或 WebGL 文档中，可以使用 JavaScript 而不是 ActionScript。可以直接在 Actions（动作）面板中添加 JavaScript，或在"动作"面板中使用 Actions 代码向导。

提示：当在Publish Settings（发布设置）对话框中更改设置时，Animate会将设置保存在文档中。

Adobe AIR 是另一个运行时环境。AIR（Adobe Integrated Runtime，Adobe 集成运行时）直接从桌面运行内容，而无须使用浏览器。当为 AIR 发布内容时，可以将其生成为能够创建独立应用程序的一个安装程序，或者可以使用已安装的运行时（称为"运行时绑定"）构建应用程序。

还可以将 AIR 应用程序发布为可在 Android 设备和 iOS 设备上安装、运行的移动应用程序，如 Apple iPhone 或 iPad，其浏览器不支持 FlashPlayer。

 注意：并非所有的文档类型都支持所有的特性。例如，WebGL文档不支持文本，HTML5 Canvas文档不支持3D旋转和平移工具。不支持的工具呈灰色显示。

11.2　转换为 HTML5 Canvas

我们可能有许多创建为 ActionScript 3.0 文档的旧动画，但是客户希望将其用作 HTML5 动画。不要担心，我们不必重做所有的工作。Animate CC 包含了将 ActionScript3.0 文档转换为 HTML5 Canvas 文档的选项，因此我们的动画可以覆盖最广泛的受众群体。

有两种方法可以使用 Animate 素材创建 HTML5 Canvas 文档。第一种方法，可以创建一个新的 HTML5 Canvas 文档，然后将图层从一个文件复制并粘贴到新文件。第二种方法，可以打开 ActionScript 3.0 文档，然后选择 File（文件）>Convert To（转换为）>HTML5 Canvas。Animate 将进行转换，可以将新文件保存为 HTML5 Canvas 文档。

 注意：要知道ActionScript 3.0文档没有必要一定包含ActionScript 3.0。ActionScript 3.0文档只是一个Animate动画文档，默认情况下针对浏览器中的Flash Player发布。ActionScript 3.0文档只能由动画构成。

11.2.1　将 ActionScript 3.0 文档转换为 HTML5 Canvas 文档

现在将把上一课中作为 ActionScript 3.0 文档构建的动画转换为 HTML5 Canvas 文档。

1. 打开 11Start 文件夹中的 11Start_convert.fla 文件，如图 11.1 所示。

图11.1

该项目是上一节课中为虚构的电影 Double Identity 创建的一个宣传片。ActionScript 3.0 文档中包含位图和运动补间（其位置、缩放、色彩效果、3D 效果和滤镜都有改变）。

文件针对的是 Flash Player。帧速率设置为 30 帧每秒，其中黑色舞台固定为宽度 1280 像素，高度 787 像素。

2. 选择 File（文件）>Convert To（转换为）>HTML5 Canvas。

Animate 将询问用户转换后的新文件保存在哪里。

3. 单击 Save（保存）按钮，将文件存放到 11Start 文件夹中。

Animate 将内容复制到一个新 HTML5 Canvas 文档中，并保存为一个新文件。新的 HTML5 Canvas 文档包含转换后的内容。

4. 查看 Output（输出）面板中的警告，如图 11.2 所示。

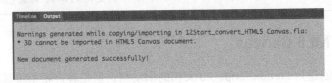

图11.2

"输出"面板显示以下警告：

*3D cannot be imported in HTML5 Canvas document.（不能在 HTML5 Canvas 文档中导入 3D）

HTML5 Canvas 文档不支持 3D 旋转和 3D 平移工具，因此不显示补间。请留意 Output（输出）面板中的消息，以确保理解了 Animate 如何将内容实现从 Flash Player 到 HTML5 的转换，以及哪些特性未成功移植。通常，在每次转换后，必须对动画进行额外的修改。

5. 选择 Control（控制）>Test（测试），测试转换的内容，如图 11.3 所示。

图11.3

Animate 导出 HTML5 和 JavaScript，并在浏览器中显示动画。转换后的动画在播放时显示了所有的运动补间，包括汽车在急速时的嵌套动画。标题的 3D 动画（没有得到支持）出现在结尾，没有任何动画效果。此外，Blur（模糊）滤镜也没有动画效果，这是 HTML5 Canvas 文档的另外一个限制。

"输出"面板显示了包含在动画中的有关特性的其他警告。

11.3　针对 HTML5 的发布

HTML5 是用于为浏览器标记网页的 HTML 规范的最新版本。HTML5、CSS3 和 JavaScript 是用于在桌面端、手机和平板电脑上为 Web 创建内容的现代标准。在 Animate 中选择 HTML5 Canvas 文档类型，将会把 HTML5 定义为发布的运行时环境，并输出 HTML5 和 JavaScript 文件的集合。

11.3.1　什么是 HTML5 Canvas

Canvas 指的是 canvas（画布）元素，这是 HTML5 中的一个标记，允许 JavaScript 对 2D 图形进行渲染和动画处理。Animate CC 依赖于 CreateJS JavaScript 库来生成 HTML5 项目 canvas 元素中的图形和动画。

11.3.2　什么是 CreateJS

CreateJS 是一系列 JavaScript 库，可通过 HTML5 实现丰富的互动内容。CreateJS 本身是几个单独的 JavaScript 库（EaselJS、TweenJS、SoundJS 和 PreloadJS）的集合。

- EaselJS 库提供了一个显示列表，允许用户使用浏览器中画布上的对象。
- TweenJS 库提供了动画特性。
- SoundJS 库提供了在浏览器中播放音频的功能。
- PreloadJS库用来管理和协调内容的加载。

借助于 CreateJS，Animate CC 会生成所有必要的 JavaScript 代码，以在舞台上表示图像、图形、元件、动画和声音。Animate 还输出依赖的资源，比如图像和声音。可以轻松配置这些图像和声音资源在发布设置中的组织方式。

还可以直接在 Actions（动作）面板中包含自己的 JavaScript 命令，来控制动画。这些 JavaScript 命令被导出为 JavaScript 文件。

11.3.3　导出到 HTML5

将动画导出到 HTML5 和 JavaScript 的过程相当简单。

1. 选择 File（文件）>Publish（发布）。

Animate 将动画导出为 HTML 和 JavaScript 文件，并将它存放在与 FLA 文件相同的文件夹中（根据默认的"发布设置"选项）。

2. 单击 HTML 文件，将其命名为 11Start_convert_HTML5 Canvas.html。
默认的浏览器将打开并播放动画。

11.3.4 理解导出的文件

这个动画使用了位图图像。必须将导入到 Animate 库中的图像导出来，以便 HTML 和 JavaScript 文档访问。

1. 在桌面端检查保存了 Animate 文件 11Start_convert_HTML5 Canvas.fla 的文件夹，如图 11.4 所示。

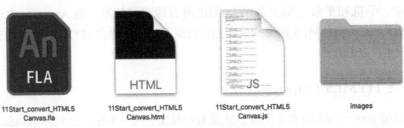

11Start_convert_HTML5 Canvas.fla	11Start_convert_HTML5 Canvas.html	11Start_convert_HTML5 Canvas.js	images

图11.4

Animate 创建了一个 HTML 文件，还有一个包含代码的 JavaScript 文件，这些代码用来对图像资源进行动画处理。

2. 此外，Animate 还创建了一个名为 images 的文件夹，如图 11.5 所示。该文件夹中是存放的是被保存为单个 PNG 图像的动画的所有位图资源。位于导出文件中的 JavaScript 代码，从单个 PNG 图像中只动态载入需要显示的图像（称之为精灵表单）。

要在网络上分享 HTML5 动画，只需要将 HTML 文件、JavaScript 文件和 images 文件夹上传到服务器即可。然后将观众引向 HTML5 文档，让他们看到我们的动画。可以对 HTML5 文档重命名，但是不要重命名 JavaScript 文件、images 文件夹，以及文件夹中的精灵表单。HTML5 文档将引用这些文件，如果重命名了这些文件，则 HTML5 文档将找不到这些文件，动画也就无法运行了。

11Start_convert_HTML5 Canvas_atlas_.png

图11.5

支持的特性

HTML5 Canvas文档不支持所有的Animate CC特性。幸运的是，Output（输出）面板针对Animate文件中无法成功导出的任何文件显示了警告信息。

Animate将禁用无法成功导出到HTML5和JavaScript的任何特性。例如，"工具"面板中的3D旋转工具和3D平移工具将呈灰色显示，表明HTML5 Canvas文档不支持3D旋转和平移。HTML5 Canvas文档还不支持许多混合模式和某些滤镜效果。

11.3.5 发布设置

Publish Settings（发布设置）对话框可以用来更改文件的存储位置和存储方式。

1. 在"属性"面板中单击 Publish Settings（发布设置），或选择 File（文件）>Publish Settings（发布设置），打开"发布设置"对话框，如图 11.6 所示。

2. 在 Basic（基本）选项卡中，执行如下操作。

- 如果只想让时间轴播放一次，则取消选中Loop Timeline（循环时间轴）。
- 单击靠近Output name（输出名称）字段附近的文件夹图标，将发布的文件存储到一个不同的文件夹中或不同的文件名下。
- 如果要将资源存放到不同的文件夹，可修改靠近Export assets（导出资源）选项附近的路径。如果文件中包含图像，则必须选中Export Image assets（导出图像资源）复选框；如果文件中包含声音，则必须选中Export Sound assets（导出声音资源）复选框。
- 选择Center stage（居中舞台），将Animate项目在浏览器窗口中居中对齐。可以使用这个选项附近的菜单，选择影片的居中方式：Horizontally（水平）、Vertically（垂直）或Both（水平和垂直）。
- 选择Make response（做出响应），让Animate项目对浏览器窗口大小的改变做出响应，然后使用该选项附近的菜单，选择项目是响应窗口高度的变化、窗口宽度的变化，还是同时响应这两者。Scale to fill visible area（缩放以填充可见区域）选项决定了项目如何填充浏览器窗口中的可见区域。
- 选择Include preloader（包含预加载器）。该选项包含一个标准的循环播放的小动画，其目的是在动画开始播放之前，让用户知道文件正在下载。

3. 选择 Advanced（高级）选项卡，如图 11.7 所示。

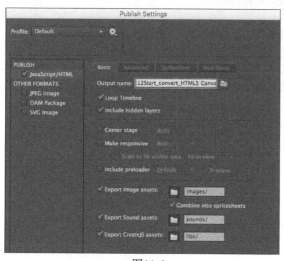

图11.6

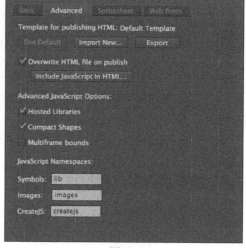

图11.7

如果想发布单个文件，且这个文件包含了项目中所有必要的 JavaScript 和 HTML 代码，则单击 Include JavaScript in HTML（在 HTML 中包含 JavaScript）。如果选择该选项，在每次发布时，Animate 都将覆盖导出的文件。

如果想保留 HTML 文件，只是想更改生成的让动画动起来的 JavaScript 代码，则取消选中 Overwrite HTML file on publish（在发布时覆盖 HTML 文件）复选框。

Hosted Libraries（托管库）选项可以告诉发布的文件在哪里找到 CreateJS JavaScript 库。在选中该选项时，用户的发布文件将指向一个 CDN（内容分发网络），其地址为 CreateJS 的官网，以下载这个库。在选中该选项时，要想让动画能运行，用户必须接入了 Internet。在取消选中 Hosted Libraries 选项时，Animate 将 CreateJS JavaScript 库作为必须伴随项目文件的单独文档包含进来。

保留其他所有 Advanced JavaScript（高级 JavaScript）选项的默认设置。

4. 选择 Spritesheet（精灵表单）选项，如图 11.8 所示。

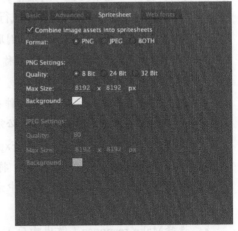

图11.8

 注意：可以在 HTML Canvas 文档中发布一个透明的舞台，方法是在"属性"面板的 Properties（属性）区域，单击带有红色对角线的位置，这表示舞台没有颜色。

如果想为导入到库中的所有位图创建一个单独的图像文件，可以选择 Combine image assets into spritesheets（将图像资源合并到精灵表单）。HTML5 Web 页面可以载入单个图像文件，而且在检索图像的特定部分时，其速度远快于载入多个更小的图像。

 注意：如果在 Basic（基本）选项卡中选择了 Combine into spritesheets（合并到精灵表单）选项（在 Expport Image assets 区域），则在 SpritSheet 选项卡中的 Combine image assets into spritesheets 选项也将选中；反之亦然。

为导出的图像选择 Format（格式）选项，并设置图像的质量、大小和背景颜色。如果选择的尺寸太小，无法适应库中的图像，则 Animate 会根据需要发布多个精灵表单。

5. 单击 OK 按钮，保存所有设置。关闭文件，本课将不再需要这些文件。

11.4 发布桌面端应用程序

用户可能希望发布的影片不需要浏览器也能运行。

可以将影片作为 AIR 文件输出，该文件会在用户的桌面端安装一个应用程序。Adobe AIR 是一个更加健壮的运行时环境，支持的技术范围更为广泛。

观看影片的观众必须从 Adobe 网站上下载免费的 Adobe AIR 运行时。当然，也可以使用

Captive Runtime（运行时绑定）选项输出 AIR 项目，"运行时绑定"选项包含了 AIR 运行时，这样观众就不需要下载任何插件了。

11.4.1 创建 AIR 应用程序

Adobe AIR 允许观众以应用程序的方式在其桌面端查看 Animate 内容。第 10 课讲到，最终的项目是一个互动式动物园信息亭的桌面端应用程序。在本小节，用户将指定必要的发布设置，为一个餐馆手册创建桌面端应用程序。

1. 打开 11Start_restaurantguide.fla。

它与用户在上一课中创建的互动式餐厅指南一样，只是对背景图像做了少量修改。

2. 在"属性"面板的 Publish（发布）区域，从 Target（目标）菜单中选择 AIR 26.0 for Desktop。

3. 单击 Target 菜单附近的 Edit Application Settings（编辑应用程序设置）按钮（扳手图标），如图 11.9 所示。

这将打开 AIR Settings（AIR 设置）对话框，如图 11.10 所示。

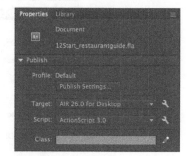

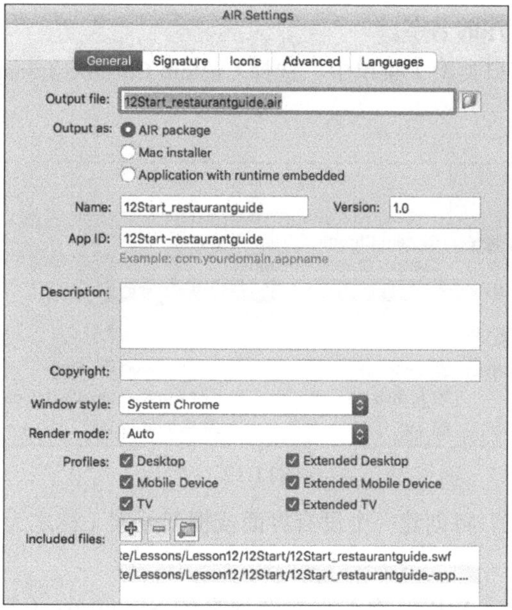

图11.9

图11.10

4. 检查 General（通用）选项卡中的设置。

Output file（输出文件）字段显示了发布的 ARI 安装程序的文件名 11Start_restaurantguide.air。Output as（输出为）选项提供了创建 AIR 应用程序的三种方式。这里应该选择第一个选项 AIR package。下面是每一个选项的功能描述。

- AIR package（AIR包）创建独立于平台的AIR安装程序。

- Windows installer（Windows）/Mac installer（macOS）创建特定于平台的AIR安装程序。

- Application with runtime embedded（嵌入了运行时的应用程序）创建不需要安装程序的应用程序，或者不需要在终端用户的桌面上安装AIR运行时的应用程序。

5. 在 App Name（Windows）或 Name（macOS）字段，输入 Meridien Restaurant Guide，如图 11.11 所示。

图11.11

这将成为发布的应用程序的名字。

6. 从 Window style（窗口类型）菜单中，选择 Custom Chrome（transparent）（自定义镶边）（透明），如图 11.12 所示。

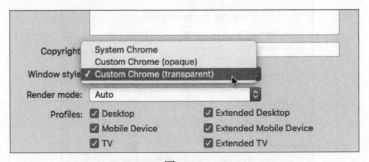

图11.12

"（自定义镶边）（透明）"将创建一个没有界面或框架元素（称之为 chrome）且背景为透明的应用程序。

7. 单击 AIR Settings（AIR 设置）对话框顶部的 Signature（签名）选项卡，如图 11.13 所示。

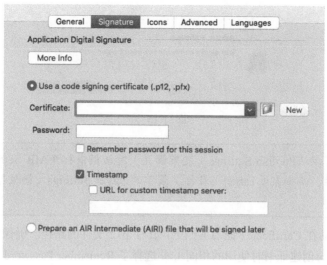

图11.13

创建 AIR 应用程序时，将用到证书，以便用户能够识别和信任 Animate 内容的开发人员。在本课中不需要正式的证书，因此可以创建自签名的证书。

8. 单击 Certificate（证书）附近的 Create（创建）（Windows）或 New（新建）（macOS）按钮。

9. 在空字段中输入信息。可以在 Publisher name（发布者名称）中输入 Meridien Press，在 Organization unit（组织单位）中输入 Digital，在 Organization name（组织姓名）中输入 Interactive。然后在两个密码字段中输入密码，然后在 Save as（另存为）字段中输入 meridienpress.p12。单击 Folder（文件夹）/Browse（浏览）按钮，将其存放到与 .FLA 文件相同的文件夹中。单击 Save（保存），再单击 OK 按钮，如图 11.14 所示。

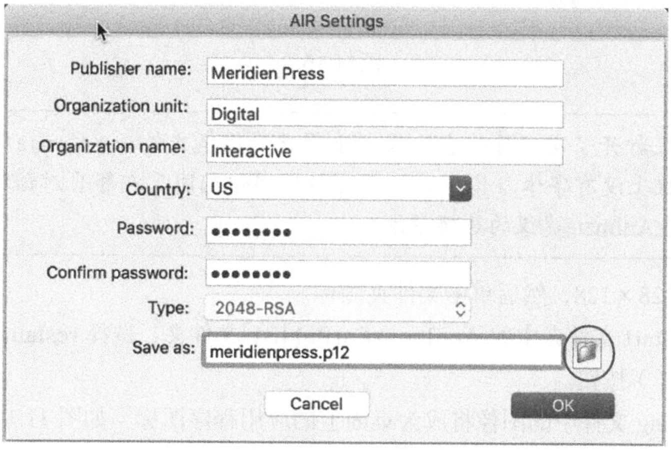

图11.14

Animate 将在计算机上创建一个自签名的证书（.p12），如图 11.15 所示。

图11.15

 提示： 也可以从 Publish Settings（发布设置）对话框中打开 AIR Settings（AIR设置）对话框。单击靠近 Target（目标）菜单的 Player Settings（播放器设置）按钮（扳手图标）。

Animate 将在自动在 Certificate（证书）字段中填写 .p12 文件的路径。确保填写了 Password（密码）字段（密码必须与创建证书时使用的相同），并选择了 Remember Password For This Session（记住这个会话的密码）和 Timestamp（时间戳）选项。

10. 现在单击"AIR 设置"对话框中的 Icons（图标）选项卡，如图 11.16 所示。

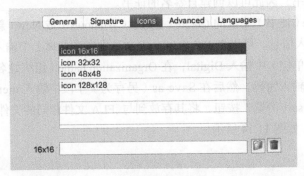

图11.16

 注意： 如果打开了在另外一台计算机上创建的 FLA 文件，Animate 将警告用户：当前计算机上没有字体与构建文件时使用的字体相同。在警告对话框中单击 OK 按钮，接受 Animate 建议的替换字体。

11. 选择 icon 128 × 128，然后单击文件夹图标。

12. 导航到 11Start 文件夹中的 AppIconsForPublish 文件夹，选择 restaurantguide.png 文件，然后单击 Open（打开）按钮。

restaurantguide.png 文件中的图像将成为桌面上的应用程序图标，如图 11.17 所示。

13. 单击"AIR 设置"对话框中的 Advanced（高级）选项卡。

14. 在 Initial window settings（初始窗口设置）中，在 X 字段中输入 0，在 Y 字段中输入 50，如图 11.18 所示。

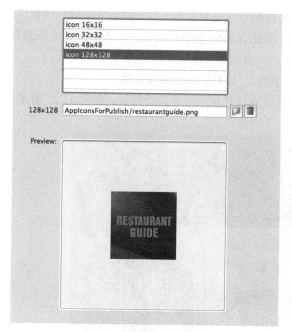

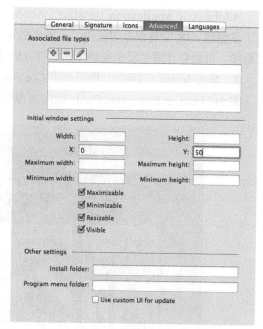

图11.17

图11.18

当应用程序启动时，将出现在屏幕左侧且距离顶部 50 像素的位置。

15. 单击 Publish（发布），然后单击 OK 按钮。

Animate 创建了一个 AIR 安装程序（.air），如图 11.19 所示。

图11.19

11.4.2 安装 AIR 应用程序

AIR 安装程序独立于平台，但是用户的系统上需要安装了 AIR 运行时。

1. 双击刚才创建的 AIR 安装程序 11Start_restaurantguide.air，结果如图 11.20 所示。

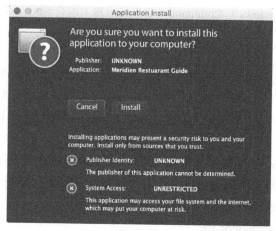

图11.20

Adobe AIR Application Installer（Adobe AIR 应用程序安装程序）打开并请求安装应用程序。由于在创建 AIR 安装程序时使用了自签名的证书，因此 Adobe 会警告这是一个不可信任的未知开发程序，可能存在潜在安全威胁（我们可以信任自己，因此可以往下安全进行）。

2. 单击 Install（安装），然后单击 Continue（继续），以默认设置继续安装。

名为 Meridien Restaurant Guide 的应用程序将安装在计算机上，并自动打开，如图 11.21 所示。

图11.21

> **注意：** 应用程序位于桌面的最左侧，距离顶部边缘50像素（大约1/4或1/2英寸，取决于显示器的分辨率），正如在"AIR设置"对话框中指定的那样。而且还注意到，舞台是透明的，图形元素漂浮在桌面上，就像其他应用程序的外观那样。

3. 按下 Alt + F4（Windows）/Command + Q（macOS）组合键退出应用程序。

11.4.3　创建放映文件

在某些情况下，例如，如果有个应用程序需要安装，但是在安装时会伴随有安全问题，我们不想与这样的程序打交道，此时就可能需要使用低技术含量和简单的分发方法。放映文件是一个包含 Flash Player 运行时的自包含文件，因此观众只需要双击放映文件图标，就可以播放和查看多媒体内容。

可以从 ActionScript 3.0 或 AIR 文档发布 macOS 或 Windows 放映文件。但是，与创建 AIR 应用程序时不同，在发布放映文件时没有发布选项，例如为应用程序图标选择缩略图，或者在应用程序启动时指定透明背景或初始位置。

1. 打开 11Start_restaurantguide.fla。

2. 选择 File（文件）>Publish Settings（发布设置）。

3. 在左侧列中的 OTHER FORMATS（其他格式）下，选择 Mac Projector（放映文件）、WinProjector（放映文件），或两者都选，如图 11.22 所示。Windows 放映文件的文件扩展名为 .exe，Mac 放映文件的文件扩展名为 .app。

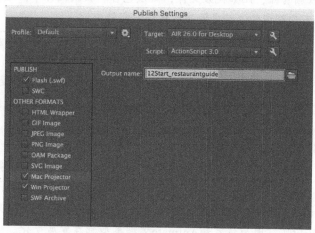

图11.22

4. 指定希望 Animate 保存放映文件的文件名和位置。每个放映文件（Mac 和 Windows）需要一个唯一的文件名，因此突出显示每个选项以输入文件名。

5. 单击 Publish（发布）按钮。

Animate 在输出位置创建选定的放映文件，其文件名与 Output name（输出名称）字段中的相同。单击 OK 按钮。

6. 双击放映文件，结果如图 11.23 所示。

图11.23

餐厅指南作为单独的应用程序在桌面上打开。可以将放映文件应用程序与 AIR 应用程序进行比较。本课中不再用到这个文件，现在将其关闭。

> **注意**：任何依赖资源，比如视频文件，必须包含到放映文件中，这样才能正常播放。Animate不会将这些依赖文件嵌入到放映文件中。

发布WebGL动画

　　WebGL是一种使用JavaScript在Web浏览器中渲染图形（特别是3D图形）的技术。WebGL使用硬件加速来渲染图形，简化了复杂图形的显示。使用Animate WebGL文档类型创建平面图形和动画，以便作为WebGL资源导出。输出文件包含了各种JavaScript文件（包括JSON文件，它是用于存储数据的一种特定类型的JavaScript文件，JSON表示JavaScript Object Notation[JavaScript对象表示法]）和图像资源。

　　尽管Animate WebGL文档类型是有限的（它不支持3D变形、文本或蒙版），但还是要关注WebGL，因为技术和Animate文档类型都在发展变化。

11.5　发布到移动设备

　　还可以将 Animate 内容发布到运行 iOS（比如 iPhone 或 iPad）或 Android 的移动设备上。要将 Animate 内容发布到移动设备上，则需要将目标设置为 AIR for iOS 或 AIR for Android，以便创建一个用户可以在其设备上下载并安装的应用程序。

11.5.1　测试移动应用程序

　　相较于为桌面端创建应用程序，为移动设备创建应用程序要更加复杂，因为需要获得开发和分发所需要的特定证书。例如，如果想将应用程序上传到 iTunes Store，Apple 会要求开发人员按年付费，才能成为一名经过认证的开发人员。为 Android 设备进行开发只需一次性付费。另外，在单独的设备上测试和调试时，还需要考虑因此而来的时间和精力。但是，Animate CC 也提供了几种方法来帮助测试移动设备的内容。

> **注意**：要在iOS设备上测试应用程序，需要加入Apple的iOS Developer计划，在这里可以创建开发、分发和提供证书（create development, distribution, and provisioning certificates）。有了证书之后，可以在iOS设备上安装应用程序进行测试，以及将应用程序上传到iTunes Store。

- 可以使用Animate提供的移动设备模拟器AIR Debug Launcher，来测试移动交互性。与AIR Debug Launcher配套的SimController可以模拟设备倾斜（使用加速度计）、触摸姿势，甚至地理定位功能。

- 对于iOS设备，Animate能够发布一个AIR应用程序，在本地的iOS Simulator中进行测试，这个模拟器能够在macOS桌面端模拟移动应用程序的体验。

 注意：iOS Simulator隶属于Apple的Xcode开发工具集，这个工具集可以从Apple网站免费下载。

- 使用USB线将移动设备连接到计算机，然后Animate就可以直接将AIR应用程序发布到移动设备上了。

11.5.2 模拟移动应用程序

下面将在 Animate CC 中使用 Adobe SimController 和 AIR Debug Launcher 来模拟移动设备的交互。

1. 打开 11Start_mobileapp.fla 文件，如图 11.24 所示。

图11.24

 注意：在Windows中，当使用AIR Debug Launcher时可能会出现一个安全警告。单击Allow Access（运行访问），可以继续。

这个项目是一个很简单的应用程序，它含有 4 个关键帧，用于宣布在 Meridien 城市举行的一项虚构的体育赛事。

这个项目已经包含了可以让观众向舞台左侧或右侧滑动，以分别进入下一帧和上一帧的 ActionScript 代码。

检查 Actions（动作）面板中的代码。这段代码是通过 Code Snippets（代码片段）面板添加的，包含了许多可以用于手机设备交互性的代码片段。

2. 在"属性"检查器中，注意到目标是针对 AIR26.0 for Android 设置的。

3. 选择 Control（控制）>Test Movie（测试影片）>In AIR Debug Launcher（Mobile），它应该已经被选中。

这个项目将发布到一个新窗口中。另外，SimController 还会打开，它提供了与 Animate 内容进行交互的选项，如图 11.25 所示。

图11.25

4. 在 Simulator（模拟器）面板中，单击 TOUCH AND GESTURE（触摸和姿势），展开该区域。

5. 选择 Touch layer（触摸层）。

该模拟器会在 Animate 内容上覆盖一层透明的灰色框，以模拟移动设备的触摸屏。

6. 选择 Gesture（姿势）>Swipe（滑动），如图 11.26 所示。

现在启用了模拟器，以模拟滑动的交互性。面板底部的 Instructions（说明）会提示如何仅通过鼠标光标来创建交互设计。

7. 在 Animate 内容的触摸层上，向左拖动，然后松开鼠标按钮。

黄色的点表示移动设备触摸层上的接触点，如图 11.27 所示。

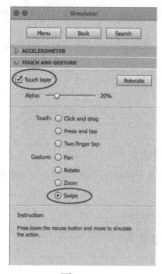

图11.26

图11.27

项目可以识别手指划动交互，并出现第 2 个关键帧。

8. 左右滑动。

Animate 会分别前进一帧或后退一帧。

9. 关闭窗口。

 提示：通过更改Alpha值，可以更改触摸层的不透明度。

 注意：在启用触摸层时，不要移动包含Animate内容（AIR Debug Launcher[ADL]）的窗口。如果这样做了，触摸层将无法与ADL窗口对齐，也就无法准确地测试移动交互性了。

11.6 下一步

恭喜！最后一课顺利完成。目前为止，我们知道了 Adobe Animate CC 具有创建富媒体交互式项目和动画（发布到多个平台上）所需的所有特性。我们已经完成了这些课程，其中许多是从头开始的，因此也就理解了各种工具、面板和代码是如何在真实的应用程序中协同工作的。

但是学无止境。请通过创建自己的动画或互动网站继续练习、实践 Animate 技能。通过在网上寻找动画和多媒体项目，以及探索移动设备上的应用程序，可以激发自己的灵感。通过探索

Adobe Animate 帮助资源和其他精彩的 Adobe Press 出版物，以进一步扩充 Animate 知识。

 注意： 有关将Animate内容发布到AIR for iOS或Android平台的更多知识，请访问 Adobe AIR Developer Center。在这里可以下载相关的教程、技巧、提示以及示例文件。

11.7 复习题

1. 开发时和运行时的区别是什么？

2. 什么是 CreateJS？

3. 在发布 HTML5 Canvas 文档时，会生成哪种类型的文件？

4. 应该去哪里寻找有关"将 Animate 文件从一种文档类型转换为另外一种文档类型"的警告？

5. 为移动设备测试 Animate 文件时，有哪些不同的方法？

6. 什么是代码签名证书，为什么 AIR 应用程序需要证书？

11.8 复习题答案

1. 开发时（author-time）指的是创建 Animate 内容时所在的环境，比如 Animate CC。运行时（runtime）指的是为观众播放 Animate 内容时所在的环境。Animate 内容的运行时可以是桌面浏览器中的 Flash Player，也可以是桌面上或移动设备上的 AIR 应用程序。

2. CreateJS 是一系列开源的 JavaScript 库，包含 EaselJS、TweenJS、SoundJS 和 PreloadJS。要让 HTML5 Canvas 项目中的动画和交互性能正常运行，需要用到 JavaScript。

3. 在发布或测试 HTML5 Canvas 文档时，Animate 会导出所有必要的 JavaScript 代码，以表示舞台上的图像、图像、元件、动画和声音。它还可以导出一个 HTML 文件和依赖资源，比如图像和声音。

4. 在将一种类型的 Animate 文档转换为另外一种类型时，在 Output（输出）面板中会出现警告，用来告知用户"交互式或动画特性可能无法正确转换"。

5. 要为移动设备测试 Animate 项目，可以在 Air Debug Launcher 中进行测试，方法是选择 Control（控制）>Test Movie（测试影片）>In AIR Debug Launcher（Mobile）。与之配套的 SimController 允许模拟不同的移动交互，比如滑动屏幕。也可以直接将 Animate 项目发布到相连的 USB 设备（Android 或 iOS），进行测试。最后，也可以在本地的 iOS Simulator 中测试 iOS 应用程序，方法是选择 Control（控制）>Test Movie（测试影片）>On iOS Simulator。

6. 代码签名证书是一份可以作为用户的数字签名的证明文档。用户可以从证书颁发机构购买证书。它提供了一种让观众认证你的身份的方式，以便他们有信心下载和安装桌面 AIR 应用程序，或者是用于 Android 或 iOS 设备的 AIR 应用程序。